高等院校计算机科学与技术专业“十二五”规划教材

数值计算方法——算法及其程序设计

主　编　爨　莹

副主编　马军星　梁锦锦

潘少伟　谢文昊

西安电子科技大学出版社

内容简介

本书比较全面地介绍了科学与工程计算中一些基本的数值计算方法。全书共10章，主要内容包括线性方程组的直接解、线性方程组的迭代解、非线性方程的近似解、插值、曲线拟合的最小二乘法、积分与微分的数值方法、常微分方程的数值方法、数值计算方法的编程实现及工程数值计算方法实验指导等。同时每章配有一定的算例分析、小结及习题，并在书末给出了部分习题的参考答案。

本书的特色是：注重算法与程序实现，强调理论知识与程序设计的紧密结合，既有理论性，也有实用性；书中精选了相当数量的算法，配备有N－S流程图算法描述及其相应的C程序和MATLAB程序，所有程序都已调试通过；重点突出，解释详尽；例题、习题丰富；最后一章是与所学内容紧密结合的上机实验与指导。全书阐述严谨、脉络清晰，深入浅出，便于教学。

本书可作为高等理工科院校各专业本科生、研究生“数值计算方法”课程的教材或教学参考书，也可供从事数值计算的科技工作人员学习参考。

图书在版编目(CIP)数据

数值计算方法：算法及其程序设计/爨莹主编. 一西安：西安电子科技大学出版社，2014.6
高等院校计算机科学与技术专业“十二五”规划教材
ISBN 978-7-5606-3378-7
Ⅰ. ① 数…　Ⅱ. ① 爨…　Ⅲ. ① 数值计算—计算方法　Ⅳ. ①O241

中国版本图书馆CIP数据核字(2014)第119117号

策划编辑　马乐惠
责任编辑　雷鸿俊　马乐惠
出版发行　西安电子科技大学出版社(西安市太白南路2号)
电　　话　(029)88242885　88201467　　邮　　编　710071
网　　址　www.xduph.com　　电子邮箱　xdupfxb001@163.com
经　　销　新华书店
印刷单位　陕西华沐印刷科技有限责任公司
版　　次　2014年6月第1版　2014年6月第1次印刷
开　　本　787毫米×1092毫米　1/16　印张　16
字　　数　374千字
印　　数　1～3000册
定　　价　28.00元
ISBN 978-7-5606-3378-7/O
XDUP　3670001-1

前　言

“数值计算方法”是高等院校多个专业学生的必修课程。随着科学技术的不断发展与计算机技术的广泛应用，数值计算在工程应用领域越来越凸显出重要作用。笔者从事数值计算方法课程的教学工作多年，在教材内容的选择上，参考了很多相关的资料，吸取了很多同仁的宝贵经验，并融进了作者多年的教学经验。本书与高校40～60学时的教学安排相吻合，也适用于自学。全书尽量凸显算法理论与计算机编程实现的互动性，紧紧围绕工程实际应用需要，注重算法流程图说明和程序实现。在遵循本学科基础性和实用性并重的前提下，尽量注意由浅入深、融会贯通的教学理念，注重培养学生的基本计算能力和编程能力。

本书强调理论知识与程序设计的紧密结合，注重算法与程序实现，既有理论性，也有实用性。全书力求阐述严谨、脉络清晰、深入浅出；把握教学难度、深度、广度、实用度的一体性，以便学生为科学工程技术问题提供有效可靠的数值计算方法。

在学习本课程之前，应先修“高等数学”、“线性代数”和“高级语言程序设计”等课程。

讲授全书约需要40～60学时，各章建议学时为：第1章2～3学时；第2章6～8学时；第3章6～9学时；第4章6～8学时；第5章6～9学时；第6章3～5学时；第7章6～9学时；第8章6～9学时。第10章为上机实验指导，读者可以有针对性地上机实验，提高编程能力，巩固所学知识。

本书由西安石油大学计算机学院爨莹主编。第1章、第3章、第4章、第6章、第9章、第10章由爨莹编写；第2章由长安大学马军星编写；第5章、第7章由西安石油大学潘少伟编写；第8章8.1、8.2、8.5节由西安石油大学谢文昊编写，第8章8.3、8.4节由西安石油大学梁锦锦编写。全书由爨莹、梁锦锦统稿。西安石油大学计算机学院研究生王李凡、赵洋完成了书中代码的编写调试工作。本书在编写过程中，得到了西安电子科技大学出版社的大力支持和帮助，马乐惠编辑为本书的出版付出了辛勤的劳动。在此向相关人员一并表示诚挚的感谢。

限于编者的水平，书中疏漏之处在所难免，恳请各位专家和读者提出宝贵意见，以便再版时加以修正，更好地为读者服务。

编　者

2014年3月

前言

目　　录

第1章　引　论

1.1　工程数值计算的对象特点和意义

在科学研究和工程技术中，经常会遇到数学模型的求解问题。然而在许多情况下，要获得模型问题的精确解往往是十分困难的，甚至是不可能的。因此，研究各种数学问题的近似解法是非常必要的。

数值计算是数学中关于计算的一门学科，它研究如何借助计算工具求得数学问题的数值解答，即从给出一组原始数值(如模型中的某些参数)出发，按照确定的运算规则进行有限步运算，最终获得数学问题的满足精度要求的数值形式近似解。函数的计算、方程的求根都是数值计算的典型例子。

工程数值计算主要研究能用于解决工程实际问题，适合于在计算机上使用的理论可靠、计算复杂性好的数值计算方法。它提供的算法(包括计算公式、整个计算方案、计算过程)具有以下特点：

(1) 面向计算机。要根据计算机的特点提供实际可行的算法，即算法只能由计算机可执行的加减乘除四则运算和各种逻辑运算组成，调用计算机的内部函数。

(2) 要有可靠的理论分析。数值计算中的算法理论主要是连续系统的离散化及离散型方程数值求解，需要进行必要的理论分析，例如误差分析、数值稳定性分析、收敛性分析等。这些概念刻画了计算方法的可靠性、准确性、使用的方便性，以确保所得数据结果在理论上能任意逼近准确值，在实际计算时获得精度要求的近似值。

(3) 要有良好的复杂性及数值试验。计算复杂性是算法好坏的标志，它包括时间复杂性(指计算时间多少)和空间复杂性(指占用存储单元多少)。对很多数值问题使用不同算法，其计算复杂性将会大不一样，例如对20阶的线性方程组若用代数中的克莱姆法则求解，其乘除法运算次数需要9.7×10^{20}次，若用每秒运算1亿次的计算机计算也要30万年。而用数值计算方法中介绍的高斯(Gauss)消去法求解，其乘除法运算次数只需3060次，这说明了选择算法的重要性。

因此，工程数值计算方法既要重视与方法相关的理论，又要重视方法的应用，内容相当丰富，不能片面地将其理解为各种数值方法的简单罗列或标准程序的介绍。读者在学习中必须注意理解方法的设计原理与处理问题的技巧，重视有关的基本概念和理论，重视误差分析与收敛性、数值稳定性的讨论，认真完成一定量的理论分析题与计算机程序实习题，注重利用计算机进行科学计算能力的培养。

1.2 误差分析

1.2.1 误差分析的重要性

在数值计算工程中，往往会出现各种各样的误差，它们会直接影响到计算的结果。例如，某个参数由于观测引起的误差可能是微不足道的，或者少量的舍入误差对中间的计算结果影响并不大。但是，这些误差经过计算机的千百万次运算之后，误差的积累就可能大得惊人，初始数据的微小误差也可能会引起严重错误，甚至会得到完全错误的结果。

用数值方法解决科学研究或工程技术中的实际问题，产生的误差是不可避免的，几乎不存在绝对的严格和精确性。但是我们可以尽可能认识误差并控制误差，使之局限在最小(或尽量小)的范围内，以满足工程计算精度。

1.2.2 误差来源及误差分类

误差是描述数值计算中近似值的精确程度的一个基本概念，在数值计算中具有十分重要的地位。误差按来源可以分为模型误差、观测误差、截断误差和舍入误差。

1）模型误差

用数学方法解决一个具体的实际问题，首先要建立数学模型，这就要对实际问题进行抽象、简化，因而数学模型本身总含有误差，这种误差叫做模型误差。

2）观测误差

在数学模型中往往包含一些由观测或实验得来的物理量，如电阻、电压、温度、长度等，由于测量工具的精度和测量手段的限制，它们与实际量大小之间必然存在误差，这种误差称为观测误差。

3）截断误差

当数学模型不能得到精确解时，通常要采用数值方法求它的近似解，近似解与精确解之间的误差就称为截断误差或方法误差。

例如，$e^{\frac{1}{2}}=1+\frac{1}{2}+\frac{1}{2!}\left(\frac{1}{2}\right)^2+\frac{1}{3!}\left(\frac{1}{2}\right)^3+\cdots+\frac{1}{n!}\left(\frac{1}{2}\right)^n+\cdots$，用有限项 $1+\frac{1}{2}+\frac{1}{2!}\left(\frac{1}{2}\right)^2+\cdots+\frac{1}{n!}\left(\frac{1}{2}\right)^n$ 近似替代 $e^{\frac{1}{2}}$ 时，截去的 $\frac{1}{(n+1)!}\cdot\left(\frac{1}{2}\right)^{n+1}+\cdots$ 就是截断误差。

4）舍入误差

由于计算机只能对有限位数进行运算，因此在运算中需进行合理的取舍，如 e、$\sqrt{2}$ 等都要按舍入原则保留有限位数，这时产生的误差称为舍入误差。如在10位十进制数的限制下，会出现

$$1\div 3=0.333\ 333\ 333\ 3$$

$$(1.000\ 002)^2-1.000\ 004=0$$

这两个结果都是不准确的，后者的准确结果应为 4×10^{-12}，所产生的误差就是舍入误差。

在数值计算中，我们假定数学模型是准确的，因而不考虑模型误差和观测误差，重点

研究截断误差和舍入误差对计算结果的影响。

1.2.3 绝对误差、相对误差及有效数字

1. 绝对误差

设一实数 x，它的近似值为 x^*，x^*-x 反映了近似值和精确值差异的大小，因此称

$$\varepsilon(x)=x^*-x \tag{1-1}$$

为近似数 x^* 的绝对误差。由于精确值往往是无法知道的，因此近似数的绝对误差也无法得到，但是却能估计出 $\varepsilon(x)$的绝对值的一个上限。如果存在一个正数 η，使得

$$|\varepsilon(x)|\leqslant\eta \tag{1-2}$$

则称 η 为 x^* 的绝对误差限。此时

$$x-\eta\leqslant x^*\leqslant x+\eta$$

通常记为 $x^*=x\pm\eta$。

2. 相对误差

绝对误差通常不能完全反映近似数的精确程度，它还依赖于此数本身的大小，因此有必要引进相对误差的概念。近似数 x^* 的相对误差定义为

$$\varepsilon_r(x)=\frac{\varepsilon(x)}{x}=\frac{x^*-x}{x} \tag{1-3}$$

由于 x 未知，实际使用时总将 x^* 的相对误差取为

$$\varepsilon_r(x)=\frac{\varepsilon(x)}{x^*}=\frac{x^*-x}{x^*} \tag{1-4}$$

如果存在一个正数 σ，使得

$$|\varepsilon_r(x)|\leqslant\sigma \tag{1-5}$$

则称 σ 为 x^* 的相对误差限。

根据上述定义可知，当$|x^*-x|\leqslant 1$ cm 时，测量 10 m 物体时的相对误差为

$$|\varepsilon_r(x)|\leqslant\frac{1}{1000}=0.1\%$$

而测量 100 m 物体时的相对误差为

$$|\varepsilon_r(x)|\leqslant\frac{1}{10\ 000}=0.01\%$$

可见后者的测量结果要比前者精确。所以，在分析误差时，相对误差更能刻画数值的精确性。

例 1-1 已知 $x=14.016\ 25\cdots$的近似数为 $x^*=14.01$，求其绝对误差和相对误差。

解 绝对误差为

$$E(x)=x^*-x=-0.006\ 25\cdots\approx-0.006$$

相对误差为

$$E_r(x)=\frac{x^*-x}{x}\approx-0.0004$$

例 1-2 设 $x^*=4.32$ 是由精确值 x 经过四舍五入得到的近似值，求 x^* 的绝对误差限和相对误差限。

解 由 x^* 是由精确值 x 经过四舍五入得到的近似值，故有

$$4.315\leqslant x<4.325$$

$$-0.005 \leqslant x-x^{*}<0.005$$

因此，绝对误差限为 $\eta=0.005$，相对误差限为 $\sigma=0.005 \div 4.32 \approx 0.12\%$。

3. 有效数字

为了给出一种数的表示法，使之既能表示其大小，又能表示其精确程度，于是需要引进有效数字的概念。在实际计算中，当准确值 x 有很多位数时，我们通常按四舍五入得到 x 的近似值 x^{*}。例如无理数 $\pi=3.141\,592\,653\,589\,7\cdots$，按四舍五入原则分别取 2 位和4 位小数时，则得

$$\pi \approx 3.14, \quad \pi \approx 3.1416$$

不管取几位得到的近似数，其绝对误差不会超过末位数的半个单位，即

$$|\pi-3.14| \leqslant \frac{1}{2} \times 10^{-2}, \quad |\pi-3.1416| \leqslant \frac{1}{2} \times 10^{-4}$$

此时，称 3.14 的有效数字为 3 位，3.1416 的有效数字为 5 位。

定义 1.1　设数 x^{*} 是数 x 的近似值，如果 x^{*} 的绝对误差限是它的某一数位的半个单位，并且从 x^{*} 左起第一个非零数字到该数位共有 n 位，则称这 n 个数字为 x^{*} 的有效数字，也称用 x^{*} 近似 x 时具有 n 位有效数字。

例 1-3　将 22/7 作为 π 的近似值，它有几位有效数字？绝对误差限和相对误差限各为多少？

解
$$\frac{22}{7}=3.1428\cdots, \quad \pi=3.1415\cdots$$

由于

$$\left|\frac{22}{7}-\pi\right| \approx 0.0013<\frac{1}{2} \times 10^{-2}$$

所以由定义 1.1 知，$\frac{22}{7}$作为 π 的近似值有 3 位有效数字。

绝对误差限为

$$E=3.1428-3.1415=0.0013$$

相对误差限为

$$E_{\mathrm{r}}=\frac{E}{\pi}=\frac{0.0013}{3.1415}=0.000\,41$$

一般地，实数 x 经过四舍五入后得到的近似值 x^{*} 可写为如下标准形式：

$$x^{*}=\pm 0.a_{1} a_{2} \cdots a_{n} \times 10^{m} \tag{1-6}$$

所以，当其绝对误差限满足

$$\left|x^{*}-x\right| \leqslant \frac{1}{2} \times 10^{m-n} \tag{1-7}$$

时，则称近似值 x^{*} 具有 n 位有效数字，其中 m 为整数，a_{1} 是 1～9 中的某个数字，a_{2}，…，a_{n} 是 0～9 中的数字。

根据上述有效数字的定义，不难验证 π 的近似值 3.1416 有 5 位有效数字。事实上 $3.1416=0.314\,16 \times 10^{1}$，由于

$$|\pi-3.1416|=|3.141\,592\,653\,5\cdots-3.1416|=0.000\,007\,346\,5<\frac{1}{2} \times 10^{1-5}$$

这里 $m=1$，$n=5$，所以它具有 5 位有效数字。

4. 有效数字与绝对误差、相对误差之间的关系

定理 1.1　若有 $x^*=\pm 10^m(a_1\times 10^{-1}+a_2\times 10^{-2}+\cdots+a_n\times 10^{-n})$表示近似数 x^*，如果它具有 n 位有效数字，则其相对误差限为

$$|e_r(x^*)|\leqslant \frac{1}{2a_1}\times 10^{-(n-1)} \tag{1-8}$$

反之，若 x^* 的相对误差限满足

$$|e_r(x^*)|\leqslant \frac{1}{2(a_1+1)}\times 10^{-(n-1)} \tag{1-9}$$

则 x^* 至少具有 n 位有效数字。

证明　因为

$x^*=\pm 10^m(a_1\times 10^{-1}+a_2\times 10^{-2}+\cdots+a_n\times 10^{-n})$，$a_1\times 10^{m-1}\leqslant |x^*|\leqslant |a_1+1|\times 10^{m-1}$

所以

$$|e_r(x^*)|=\frac{|x-x^*|}{x^*}\leqslant\frac{\frac{1}{2}\times 10^{m-n}}{a_1\times 10^{m-1}}=\frac{1}{2a}\times 10^{-(n-1)}$$

反之

$$\begin{aligned}|x-x^*|&=|x^*|\cdot|e_r(x^*)|\leqslant(a_1+1)\times 10^{m-1}\cdot\frac{1}{2(a_1+1)}\times 10^{-(n-1)}\\&=\frac{1}{2}\times 10^{m-n}\end{aligned}$$

从而，x^* 具有 n 位有效数字。

例 1-4　为使$\sqrt{26}$的近似值的相对误差小于 0.1%，则至少应取几位有效数字？

解　由于$\sqrt{25}<\sqrt{26}<\sqrt{36}$，所以$\sqrt{26}$的首位非零数字是 $a_1=5$，根据定理 1.1 有

$$|\varepsilon_r(x)|\leqslant\frac{1}{2\times 5}\times 10^{-(n-1)}<0.1\%$$

解之得 $n>3$，故取 $n=4$ 即可满足要求。也就是说，只要$\sqrt{26}$的近似值具有 4 位有效数字，就能保证$\sqrt{26}\approx 5.099$ 的相对误差小于 0.1%。

5. 误差传播

数值计算中误差产生与传播情况非常复杂。由于参与运算的数据往往都是些近似数且带有误差，而这些误差在多次运算中又会进行传播，导致计算结果产生一定的误差。

下面针对函数 $y=f(x_1, x_2, \cdots, x_n)$由自变量 $x_1, x_2, \cdots, x_n$小的波动，而导致因变量 y 的变化作误差估计。我们这里假定该函数是可微分的。令$(x_1, x_2, \cdots, x_n)$为准确值，近似值为$(x_1^*, x_2^*, \cdots, x_n^*)$，那么函数 y 的绝对误差可表示为

$$\begin{aligned}e(y^*)=y-y^*&=f(x_1, x_2, \cdots, x_n)-f(x_1^*, x_2^*, \cdots, x_n^*)\\&\approx\sum_{i=1}^{n}\frac{\partial f(x_1^*, x_2^*, \cdots, x_n^*)}{\partial x_i^*}\cdot(x_i-x_i^*)\\&=\sum_{i=1}^{n}\frac{\partial f}{\partial x_i}\cdot E(x_i^*)\end{aligned} \tag{1-10}$$

y 的相对误差为

$$e_r(y^*)=\frac{e(y^*)}{y^*}\approx\sum_{i=1}^{n}\frac{\partial f}{\partial x_i}\cdot E(x_i^*)\cdot\frac{1}{y^*}$$

$$=\sum_{i=1}^{n}\frac{\partial f}{\partial x_i}\cdot\frac{x_i^*}{x_i^*}\cdot\frac{E(x_i^*)}{y^*}=\sum_{i=1}^{n}\frac{\partial f}{\partial x_i}\cdot\frac{x_i^*}{y^*}\cdot E_r(x_i^*) \tag{1-11}$$

例 1-5 已测得某长方形场地长 a 的值为 $a^*=110$ m，宽 d 的值 $d^*=80$ m，若已知 $|a-a^*|\leqslant 0.2$ m，$|d-d^*|\leqslant 0.1$ m，试求其面积的绝对误差限与相对误差限。

解 $S=ad$，由式(1-10)知

$$\Delta s=\frac{\partial s}{\partial a}\bigg|_{\substack{a=a^*\\d=d^*}}(a-a^*)+\frac{\partial s}{\partial d}\bigg|_{\substack{a=a^*\\d=d^*}}(d-d^*)$$

$$|\Delta s|\leqslant|d^*||a-a^*|+|a^*||d-d^*|$$

故 $|\Delta s|\leqslant 80\times 0.2+110\times 0.1=27\ \text{m}^2$，而相对误差限为

$$\left|\frac{\Delta s}{s^*}\right|\leqslant\frac{|a-a^*|}{|a^*|}+\frac{|d-d^*|}{|d^*|}\leqslant 0.31\%$$

1.3 算法特性及 N-S 流程图

1.3.1 算法特性

广义地说，为解决一个问题而采取的方法和步骤，称为“算法”。例如，描述太极拳动作的图解，就是“太极拳的算法”。一首歌曲的乐谱，也可以称为该歌曲的算法，因为它指定了演奏该歌曲的每一个步骤，按照它的规定就能演奏出预定的曲子。

一个算法具有以下特点：

1) 有穷性

一个算法应包含有限的操作步骤，而不能是无限的。事实上，“有穷性”往往指在合理的范围之内。如果让计算机执行一个历时 1000 年才结束的算法，这虽然是有穷的，但超过了合理的限度，人们也不把它视作有效算法。究竟什么算“合理限度”，并无严格标准，由人们的常识和需要而定。

2) 确定性

算法中的每一个步骤都应当是确定的，而不应当是含糊的、模棱两可的。例如，一个健身操的动作要领中的一个动作“手举过头顶”，这个步骤就是不确定的、含糊的。是双手都举过头，还是左手或右手？不同的人可以有不同的理解。算法中的每一个步骤应当不致被解释成不同的含义，而应是十分明确无误的。也就是说，算法的含义应当是唯一的，而不应当产生“歧义性”。所谓“歧义性”，是指可以被理解为两种(或多种)的可能含义。

3) 有零个或多个输入

所谓输入，是指在执行算法时需要从外界取得必要的信息。例如，求两个整数 m 和 n 的最大公约数，则需要输入 m 和 n 的值。一个算法也可以没有输入，例如求 5!，在执行算法时则不需要输入任何信息。

4) 有一个或多个输出

算法的目的是为了求解，“解”就是输出。没有输出的算法是没有意义的。

5）有效性

算法中的每一个步骤都应当能有效地执行，并得到确定的结果。例如，计算 A/B，如果 $B=0$，则执行 A/B 是无法有效执行的。

1.3.2 N－S流程图表示

1973年，美国学者I. Nassi和B. Shneiderman提出了一种新的流程图形式，即将全部算法写在一个矩形框内，在该框内还可以包含其它的从属于它的框，或者说，由一些基本的框组成一个大的框。这种流程图又称N－S结构化流程图(N和S是两位美国学者的英文姓名的第一个字母)。这种流程图适于结构化程序设计，因而很受欢迎。

N－S流程图有以下流程图符号：

1）顺序结构

顺序结构用图1－1的形式表示。A和B两个框组成一个顺序结构。

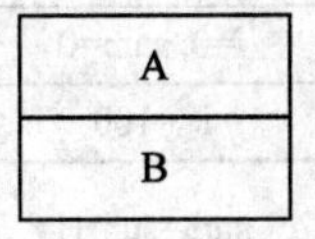

图1－1 顺序结构流程图

例如，

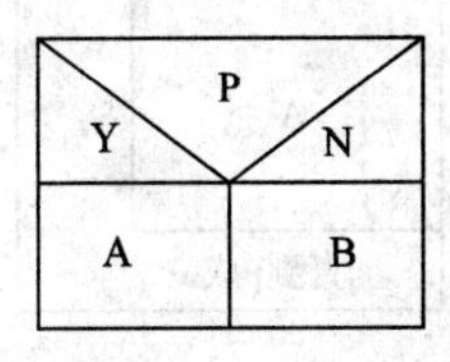

表示先给i和j赋值，i=5，j=10；再输出i和j的值。

2）选择结构

选择结构用图1－2的形式表示。当P成立时执行A操作，P不成立则执行B操作。

图1－2 选择结构流程图

例如，

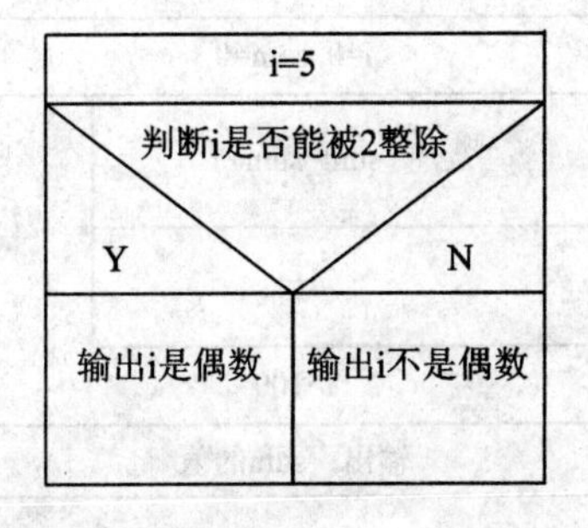

表示首先给变量 i 赋值：i＝5；判断 i 能否被 2 整除，如果能被 2 整除，则输出 i 是偶数，否则输出 i 不是偶数；最后输出为：i 不是偶数。

3）当型循环结构

当型循环结构用图 1－3 的形式表示。当 P 成立时反复执行 A 操作，直到 P 条件不成立。

图 1－3　当型循环结构流程图

例如，

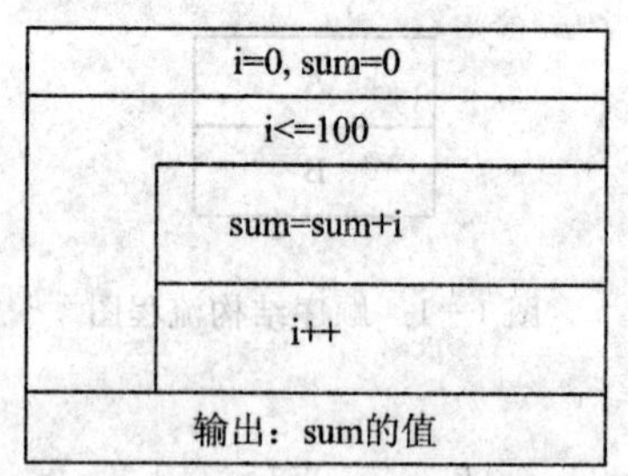

表示首先给 i 和 sum 赋值：i＝0，sum＝0；当 i⩽100 时，反复执行 sum＝sum＋i 与 i＋＋，直到 i⩽100 不成立；最后输出 sum 的值。

4）直到型循环结构

直到型循环结构用图 1－4 的形式表示。执行 A，再判断 P 是否成立；反复执行 A，并判断 P 是否成立，若 P 成立则跳出循环，执行下面的语句。

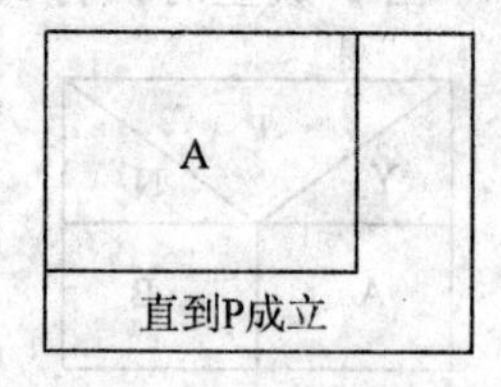

图 1－4　直到型循环结构流程图

例如，

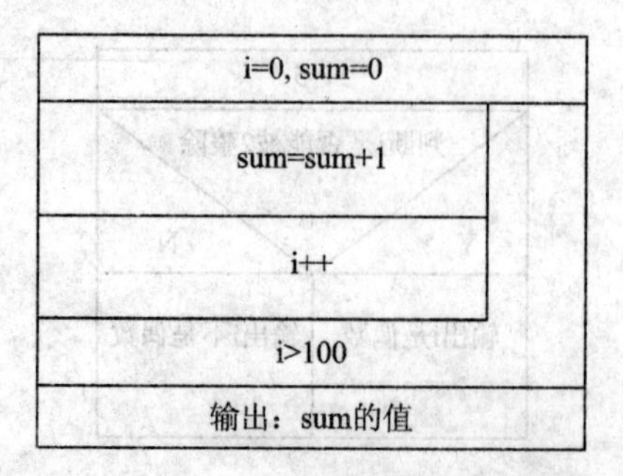

表示首先给 i 和 sum 赋值，i=0，sum=0；然后执行 sum=sum+i 与 i++；再判断 i>100 是否成立，若不成立，则继续执行 A 并判断，若成立则跳出循环，执行下面的语句。

这几种基本结构都只有一个入口和一个出口，结构内的每一部分都有可能被执行，并且不会出现无终止循环的情况。

例 1-6 用键盘输入一个数 n，求 n! 的值。

程序的算法设计如下：

step1：输入一个数并赋值给 n。

step2：判断 n 的值。如果 n≥0，则顺序向下执行，否则输出 error 并结束。

step3：设变量 s 的初值为 1。

step4：判断 n 的值。如果 n>0，则顺序向下执行，否则跳转至 step7。

step5：设变量 i 的初值为 1。

step6：当 i≤n 时，反复执行 s=s×i 和 i=i+1。

step7：输出 s 的值。

该程序的 N-S 流程图如图 1-5 所示。

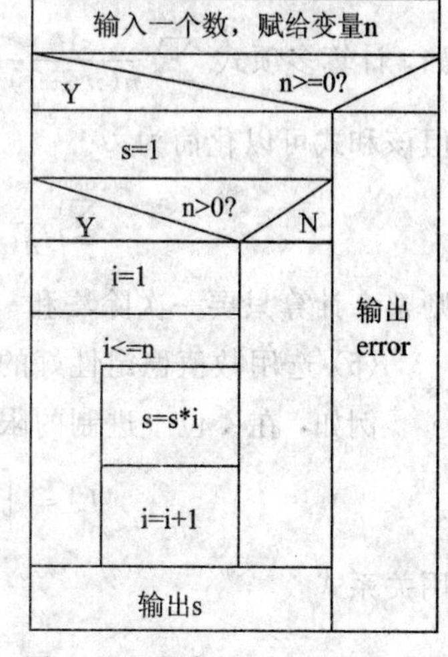

图 1-5 程序的 N-S 流程图

1.4 选用算法时遵循的原则

解决一个计算问题往往有多种算法，但其计算结果的精度却往往大不相同。其原因是初始数据的误差或计算中的舍入误差在计算过程中的传播，因算法不同而相异。一个算法如果输入数据有误差，而在计算过程中舍入误差不增长，则称此算法是稳定的；否则，称此算法为不稳定的。

在数值计算中，每一步骤都可能产生误差，我们不可能也不必要步步进行分析，下面仅从误差的某些传播规律和计算机字长有限的特点出发，指出在数值运算中必须注意的几个原则，以提高计算结果的可靠性。

(1) 要防止“大数吃小数”。在数值计算中，“大数吃小数”是指计算机在计算工程中，较小的数加较大的数，此时小数太小，从而加不到大数中，几乎是忽略不计了。因此，在做数值求和运算时，常先将同号数按从小到大的顺序排列后再计算。

例如，对 a、b、c 三数进行加法运算，其中 $a=10^{12}$，$b=10$，$c\approx -a$，若按 $(a+b)+c$ 的顺序编制程序，在八位计算机上计算，则 a“吃掉”b，且 a 与 c 相互抵消，其结果接近于零，但若按 $(a+c)+b$ 的顺序编制程序，则可以得到接近于 10 的真实结果。

(2) 要避免两相近的数相减。两个相近数相减会引起有效数字的严重失真，从而导致相对误差的增大。要避免这种情况，通常可采用一定的数学方法将相应的计算公式转化为等价的计算公式的变形来计算。例如，x 充分大时，计算 $\sqrt{x+1}-\sqrt{x}$ 时，$\sqrt{x+1}$ 与 $\sqrt{x}$ 很接近，直接计算会造成有效数字的严重失真，可将原式转化为一个等价公式 $\frac{1}{\sqrt{x+1}+\sqrt{x}}$ 来计算，以减少误差。

(3) 要避免绝对值很小的数作除数。绝对值很小的数作除数会直接影响计算结果的精度。例如，当 x 接近于 0，将$\dfrac{1-\cos x}{\sin x}$转化为等价式$\dfrac{\sin x}{1+\cos x}$来计算，可避免这种情况发生。

(4) 要减少运算次数，避免误差积累。较少的运算次数，能减少舍入误差及其传播。例如，计算多项式 $\sum\limits_{n=1}^{1000}\dfrac{1}{n(n+1)}$ 的值，如果直接逐项求和，其运算次数多且误差积累也不小。但该和式可以化简为

$$\sum_{n=1}^{1000}\frac{1}{n(n+1)}=\sum_{n=1}^{1000}\left(\frac{1}{n}-\frac{1}{n+1}\right)=1-\frac{1}{1001}$$

则整个计算只要一次除法和一次减法。

(5) 选用数值稳定性好的公式，以控制舍入误差的积累和传播。

例如，在 4 位十进制的限制下计算积分：

$$I_n=\int_0^1\frac{x^n}{x+5}\mathrm{d}x \qquad (n=0,1,2,\cdots,100)$$

用关系式

$$I_n+5I_{n-1}=\frac{1}{n}$$

可得出算法：

$$\begin{cases}I_0=\ln 6-\ln 5\approx 0.1823\\ I_n=\dfrac{1}{n}-5I_{n-1} \qquad (n=1,2,\cdots,100)\end{cases}$$

这个算法不具有数值稳定性，因为 $I_0\approx 0.1823$ 的舍入误差传播到 I_1 时，该误差放大 5 倍，传到 I_{100} 时，该误差将是 5^{100} 倍。现在利用估计式

$$\frac{1}{6(n+1)}<I_n<\frac{1}{5(n+1)}$$

并取 $I_{100}\approx\dfrac{1}{2}\left(\dfrac{1}{606}+\dfrac{1}{505}\right)\approx 0.001\,815$，得出另一种算法：

$$\begin{cases}I_{100}\approx 0.001\,815\\ I_{n-1}=\dfrac{1}{5}\left(\dfrac{1}{n}-I_n\right) \qquad (n=100,99,\cdots,1)\end{cases}$$

这个算法是稳定的，因为由 I_{100} 引起的误差在以后的计算工程中将逐渐减小。

本 章 小 结

误差分析是工程数值计算中一项重要的研究内容，本章简要介绍了误差的来源及相关的一些概念，例如绝对误差、相对误差、有效数字、截断误差、舍入误差及算法的数值稳定性等理论，讨论了在工程计算中减少误差、尽量避免误差的方法；介绍了 N－S 流程图设计，着重讨论了选用和设计算法时应遵循的原则，这对如何防止误差的传播和积累，以及如何确定计算的稳定性与判别计算结果的可靠性等有一定的帮助。

习 题

1. 数值计算方法的主要研究对象、任务与特点是什么？

2. 误差为什么是不可避免的？用什么标准来衡量近似值是准确的？为减少计算误差，应当采取哪些措施？

3. 何谓绝对误差、相对误差、准确数字和有效数字？

4. 何谓算法，评价算法优劣的标准有哪些？选用与设计算法时应注意些什么？

5. 指出如下有效数的绝对误差限、相对误差限和有效数字位数：

$$49\times10^2, 0.0490, 490.00$$

6. 要使$\sqrt{101}$的相对误差不超过$\frac{1}{2}\times10^{-4}$，至少需要保留多少位有效数字？

7. 设 x^* 为 x 的近似数，证明$\sqrt[n]{x^*}$的相对误差约为 x^* 的相对误差的 $1/n$ 倍。

8. $(\sqrt{5}-2)^6=(9-4\sqrt{5})^3=1/(\sqrt{5}+2)^6$，其中$\sqrt{5}\approx2.24$，代入后得 0.000 19，0.000 064，0.000 172，则近似程度最好的近似值是多少？

9. 已知 $x=6018.018$，分别求取满足下述条件的近似数，并求出所求取的近似数各有几位有效数字。

(1) 绝对误差限为$\frac{1}{2}\times10^{-2}$；(2) 相对误差限为$\frac{1}{2}\times10^{-6}$。

10. 设 x 的相对误差为 1%，求 x^n的相对误差。

11. 为使$\sqrt{70}$的近似值的相对误差小于 0.1%，则至少应取几位有效数字？

12. 求二次方程 $x^2-16x+1=0$ 的较小正根，要求有 3 位有效数字。

13. 下列各式如何计算才比较准确？

(1) $\frac{1}{x}-\frac{\cos x}{x}$，$x$ 接近于零；

(2) $\tan x-\sin x$，x 接近于零；

(3) $\sqrt{x+\frac{1}{x}}-\sqrt{x-\frac{1}{x}}$，$|x|\gg1$；

(4) e^x-1，x 接近于零。

14. 设 x 的相对误差为 2%，求 x^n的相对误差。

15. 当 N 充分大时，如何计算定积分$\int_N^{N+1}\frac{1}{1+x^2}dx$？

16. 证明：各数和的绝对误差限不超过各和数绝对误差限之和。

17. 正方形的边长大约为 100 cm，应怎样测量才能使其面积误差不超过 1 cm^2？

18. 数列 x_n满足递推公式 $x_n=10x_{n-1}-1(n=1, 2, \cdots)$，若 $x_0=\sqrt{2}\approx1.41$(三位有效数字)，则按上述递推公式，从 x_0到 x_{10}时误差有多大？这个计算过程稳定吗？

第 2 章 线性方程组的直接解

线性方程组的求解是工程实践中经常遇到的问题，其求解方法可分为直接法和迭代法两大类。所谓直接法，就是通过有限步的四则运算，直接求得线性方程组的解。理论上讲，如果不考虑舍入误差，直接法可求得方程组的精确解。与直接法不同，迭代法不能通过有限次的四则运算求得方程组的精确解，而是逐步逼近，最终求得满足精度要求的近似解。本章主要介绍直接法，迭代法将在第 3 章介绍。

2.1 高斯消去法

高斯消去法是求解线性方程组的常用方法，该方法首先通过消元过程将原方程组转化为同解的上三角形方程组，再通过回代过程求出其解，进而得到原方程组的解。根据消元过程是否有意识地改变消元次序，高斯消去法又分为顺序高斯消去法和选主元高斯消去法，其中选主元高斯消去法中列主元消去法最为常用。

2.1.1 顺序高斯消去法

这里先通过一个简单的例子，介绍顺序高斯消去法的基本思路。

例 2-1 用顺序高斯消去法求解方程组：

$$\begin{cases} 7x_1+8x_2+11x_3=-3 & (1) \\ 5x_1+x_2-3x_3=-4 & (2) \\ x_1+2x_2+3x_3=1 & (3) \end{cases} \tag{2-1}$$

解 式(2-1)中，给方程(1)乘$-5/7$加到方程(2)，乘$-1/7$加到方程(3)，即可消去方程(2)、(3)中的 x_1 项，得到式(2-1)的同解方程组：

$$\begin{cases} 7x_1+8x_2+11x_3=-3 & (1) \\ -\dfrac{33}{7}x_2-\dfrac{76}{7}x_3=-\dfrac{13}{7} & (2) \\ \dfrac{6}{7}x_2+\dfrac{10}{7}x_3=\dfrac{10}{7} & (3) \end{cases} \tag{2-2}$$

式(2-2)中，给方程(2)乘$\dfrac{6}{33}$加到方程(3)，得到同解的三角形方程组：

$$\begin{cases} 7x_1+8x_2+11x_3=-3 & (1) \\ -\dfrac{33}{7}x_2-\dfrac{76}{7}x_3=-\dfrac{13}{7} & (2) \\ -\dfrac{6}{11}x_3=\dfrac{12}{11} & (3) \end{cases} \tag{2-3}$$

与原方程组相比，同解的三角形方程组(2-3)的求解容易得多，其求解过程为：先由方程(3)得到 $x_3=-2$，将 x_3 代入式(2)可得 $x_2=5$，再将 x_3、x_2 代入式(1)，求得 $x_1=-3$。

若用矩阵来描述该例中顺序高斯消去法的消元过程，即为

$$[\boldsymbol{A}\quad \boldsymbol{b}]=\begin{bmatrix}7 & 8 & 11 & -3\\ 5 & 1 & -3 & -4\\ 1 & 2 & 3 & 1\end{bmatrix}\rightarrow\begin{bmatrix}7 & 8 & 11 & -3\\ 0 & -33/7 & -76/7 & -13/7\\ 0 & 6/7 & 10/7 & 10/7\end{bmatrix}\rightarrow\begin{bmatrix}7 & 8 & 11 & -3\\ 0 & -33/7 & -76/7 & -13/7\\ 0 & 0 & -6/11 & 12/11\end{bmatrix}$$

可以看出，顺序高斯消去法求解时，并不交换方程组增广矩阵各行位置，仅是用一个数乘某一行再加到另一行上，达到消元的目的。经过 $n-1$ 次消元，方程组系数矩阵化为上三角矩阵，而三角形方程组很容易经过简单的回代求解。

为便于讨论顺序高斯消去法对一般线性方程组的求解过程，假设有 n 阶线性方程组

$$\begin{cases}a_{11}x_1+a_{12}x_2+\cdots+a_{1n}x_n=b_1\\ a_{21}x_1+a_{22}x_2+\cdots+a_{2n}x_n=b_2\\ \qquad\cdots\\ a_{n1}x_1+a_{n2}x_2+\cdots+a_{nn}x_n=b_n\end{cases}\tag{2-4}$$

或记为

$$\boldsymbol{Ax}=\boldsymbol{b}$$

其中

$$\boldsymbol{A}=\begin{bmatrix}a_{11} & a_{12} & \cdots & a_{1n}\\ a_{21} & a_{22} & \cdots & a_{2n}\\ \vdots & \vdots & \cdots & \vdots\\ a_{n1} & a_{n2} & \cdots & a_{nn}\end{bmatrix}\quad \boldsymbol{x}=\begin{bmatrix}x_1\\ x_2\\ \vdots\\ x_n\end{bmatrix}\quad \boldsymbol{b}=\begin{bmatrix}b_1\\ b_2\\ \vdots\\ b_n\end{bmatrix}$$

为叙述方便，用上角标表示消元次数，则方程组(2-4)的增广矩阵为

$$[\boldsymbol{A}^{(1)}\quad \boldsymbol{b}^{(1)}]=\begin{bmatrix}a_{11}^{(1)} & a_{12}^{(1)} & \cdots & a_{1n}^{(1)} & b_1^{(1)}\\ a_{21}^{(1)} & a_{22}^{(1)} & \cdots & a_{2n}^{(1)} & b_2^{(1)}\\ \vdots & \vdots & \vdots & \vdots & \vdots\\ a_{n1}^{(1)} & a_{n2}^{(1)} & \cdots & a_{nn}^{(1)} & b_n^{(1)}\end{bmatrix}\tag{2-5}$$

第一步：若 $a_{11}^{(1)}\neq 0$，计算乘数

$$m_{i1}=\frac{a_{i1}^{(1)}}{a_{11}^{(1)}}\quad (i=2,\ 3,\ \cdots,\ n)\tag{2-6}$$

用 $(-m_{i1})$ 乘增广矩阵式(2-5)第一行并加到第 $i(i=2,\ 3,\ \cdots,\ n)$ 行，得

$$[\boldsymbol{A}^{(2)}\quad \boldsymbol{b}^{(2)}]=\begin{bmatrix}a_{11}^{(1)} & a_{12}^{(1)} & \cdots & a_{1n}^{(1)} & b_1^{(1)}\\ & a_{22}^{(2)} & \cdots & a_{2n}^{(2)} & b_2^{(2)}\\ & \vdots & & \vdots & \vdots\\ & a_{n2}^{(2)} & \cdots & a_{nn}^{(2)} & b_n^{(2)}\end{bmatrix}\tag{2-7}$$

以式(2-7)为增广矩阵的线性方程组

$$\boldsymbol{A}^{(2)}x=\boldsymbol{b}^{(2)}\tag{2-8}$$

与原方程组(2-4)同解，式(2-7)中的第一行元素与式(2-5)中的第一行元素相同，右上角标为 2 的各元素可按下式求出：

$$\begin{cases}a_{ij}^{(2)}=a_{ij}^{(1)}-m_{i1}a_{1j}^{(1)}\\ b_i^{(2)}=b_i^{(1)}-m_{i1}b_1^{(1)}\end{cases}\quad (i,\ j=2,\ \cdots,\ n)\tag{2-9}$$

第二步：若 $a_{22}^{(2)} \neq 0$，计算乘数

$$m_{i2} = \frac{a_{i2}^{(2)}}{a_{22}^{(2)}} \quad (i = 3, 4, \cdots, n) \tag{2-10}$$

用$(-m_{i2})$乘增广矩阵式(2-7)第二行并加到第 i($i=3, 4, \cdots, n$)行，则可将 $a_{i2}^{(2)}$($i=3, 4, \cdots, n$)消去。以此类推，经过 $k-1$ 步消元后，增广矩阵具有如下形式：

$$[\boldsymbol{A}^{(k)} \quad \boldsymbol{b}^{(k)}] = \begin{bmatrix} a_{11}^{(1)} & a_{12}^{(1)} & \cdots & & & a_{1n}^{(1)} & b_1^{(1)} \\ & a_{22}^{(2)} & \cdots & & & a_{2n}^{(2)} & b_2^{(2)} \\ & & \ddots & & & \vdots & \vdots \\ & & & a_{kk}^{(k)} & \cdots & a_{kn}^{(k)} & b_k^{(k)} \\ & & & \vdots & & \vdots & \vdots \\ & & & a_{nk}^{(k)} & \cdots & a_{nn}^{(k)} & b_n^{(k)} \end{bmatrix} \tag{2-11}$$

相应的，与原方程组同解的方程组为

$$\boldsymbol{A}^{(k)} x = \boldsymbol{b}^{(k)} \tag{2-12}$$

第 k 步：若 $a_{kk}^{(k)} \neq 0$，计算乘数

$$m_{ik} = \frac{a_{ik}^{(k)}}{a_{kk}^{(k)}} \quad (i = k+1, k+2, \cdots, n) \tag{2-13}$$

用$(-m_{ik})$乘增广矩阵式(2-11)第 k 行并加到第 i($i=k+1, k+2, \cdots, n$)行，则可消去 $a_{ik}^{(k)}$($i=k+1, k+2, \cdots, n$)，得增广矩阵

$$[\boldsymbol{A}^{(k+1)} \quad \boldsymbol{b}^{(k+1)}] = \begin{bmatrix} a_{11}^{(1)} & a_{12}^{(1)} & \cdots & & & & a_{1n}^{(1)} & b_1^{(1)} \\ & a_{22}^{(2)} & \cdots & & & & a_{2n}^{(2)} & b_2^{(2)} \\ & & \ddots & & & & \vdots & \vdots \\ & & & a_{kk}^{(k)} & \cdots & & a_{kn}^{(k)} & b_k^{(k)} \\ & & & & a_{k+1,k+1}^{(k+1)} & \cdots & a_{k+1,n}^{(k+1)} & b_{k+1}^{(k+1)} \\ & & & & \vdots & & \vdots & \\ & & & & a_{n,k+1}^{(k+1)} & \cdots & a_{n,n}^{(k+1)} & b_n^{(k+1)} \end{bmatrix} \tag{2-14}$$

以式(2-14)为增广矩阵的线性方程组

$$\boldsymbol{A}^{(k+1)} x = \boldsymbol{b}^{(k+1)} \tag{2-15}$$

与原方程组同解。$\boldsymbol{A}^{(k+1)}$ 和 $\boldsymbol{b}^{(k+1)}$ 中前 k 行元素分别与 $\boldsymbol{A}^{(k)}$ 和 $\boldsymbol{b}^{(k)}$ 中前 k 行元素相同，其余元素的计算公式为

$$\begin{cases} a_{ij}^{(k+1)} = a_{ij}^{(k)} - m_{ik} a_{kj}^{(k)} \\ b_i^{(k+1)} = b_i^{(k)} - m_{ik} b_k^{(k)} \end{cases} \quad (i, j = k+1, \cdots, n) \tag{2-16}$$

经过 $n-1$ 次消元后得到

$$[\boldsymbol{A}^{(n)} \quad \boldsymbol{b}^{(n)}] = \begin{bmatrix} a_{11}^{(1)} & a_{12}^{(1)} & \cdots & a_{1n}^{(1)} & b_1^{(1)} \\ & a_{22}^{(2)} & \cdots & a_{2n}^{(2)} & b_2^{(2)} \\ & & \ddots & \vdots & \vdots \\ & & & a_{nn}^{(n)} & b_n^{(n)} \end{bmatrix} \tag{2-17}$$

以式(2-17)为增广矩阵的三角形方程组与原方程组同解，其矩阵表达式为

$$\begin{bmatrix} a_{11}^{(1)} & a_{12}^{(1)} & \cdots & a_{1n}^{(1)} \\ & a_{22}^{(2)} & \cdots & a_{2n}^{(2)} \\ & & \ddots & \vdots \\ & & & a_{nn}^{(n)} \end{bmatrix} \begin{bmatrix} x_1 \\ x_2 \\ \vdots \\ x_n \end{bmatrix} = \begin{bmatrix} b_1^{(1)} \\ b_2^{(2)} \\ \vdots \\ b_n^{(n)} \end{bmatrix} \tag{2-18}$$

对于式(2-18)所示三角形方程组，可以从最后一个方程开始，采用逐步回代的方法求解，计算公式为

$$\begin{cases} x_n = \dfrac{b_n^{(n)}}{a_{nn}^{(n)}} \\ x_i = \dfrac{\left(b_i^{(i)} - \sum\limits_{j=i+1}^{n} a_{ij}^{(i)} x_j\right)}{a_{ii}^{(i)}} \qquad (i = n-1,\ n-2,\ \cdots,\ 1) \end{cases} \tag{2-19}$$

下面估计顺序高斯消去法的运算量。由于乘除运算时间远超过加减运算，因此估计一种算法的计算量时往往只估计乘除次数。由式(2-13)和式(2-16)可知，消元过程第 $k(k=1, 2, \cdots, n-1)$ 步计算乘数 m_{ik} 需 $n-k$ 次除法运算，计算 $a_{ij}^{(k+1)}$ 需 $(n-k)^2$ 次乘法运算，计算 $b_{\mathrm{i}}^{(k+1)}$ 需 $n-k$ 次乘法运算。因此，完成 $n-1$ 步后，消去过程的总运算量为

$$N_1 = 2\sum_{k=1}^{n-1}(n-k) + \sum_{k=1}^{n-1}(n-k)^2 = \frac{n^3}{3} + \frac{n^2}{2} - \frac{5n}{6}$$

由公式(2-19)知，回代过程运算量为

$$N_2 = \sum_{k=1}^{n-1}(n-k+1) = \frac{n^2}{2} + \frac{n}{2}$$

于是，顺序高斯消去法的总运算量为

$$N = N_1 + N_2 = \frac{n^3}{3} + n^2 - \frac{n}{3} \tag{2-20}$$

2.1.2　列主元消去法

在顺序高斯消去法中，$a_{kk}^{(k)}$ 称为第 k 步的主元素(简称主元)，每一步的主元都是由原始增广矩阵 $[\boldsymbol{A}\quad \boldsymbol{b}]$ 按自然顺序消元时产生的。在方程组系数矩阵 $\boldsymbol{A}$ 为非奇异矩阵的前提下，也可能出现 $a_{kk}^{(k)}=0$ 的情况，导致顺序高斯消去法无法进行。即使 $a_{kk}^{(k)} \neq 0$，但其绝对值很小时，用 $a_{kk}^{(k)}$ 作除数，也会引起较大的舍入误差，使计算结果不可靠。

例 2-2　解线性方程组

$$\begin{cases} 0.000\,01x_1 + 2x_2 = 1 \\ 2x_1 + 3x_2 = 2 \end{cases}$$

要求在四位浮点数系中计算。

解 1　采用顺序高斯消去法求解。

$$[\boldsymbol{A}\quad \boldsymbol{b}] = \begin{bmatrix} 0.1000 \times 10^{-4} & 0.2000 \times 10 & 0.1000 \times 10 \\ 0.2000 \times 10 & 0.3000 \times 10 & 0.2000 \times 10 \end{bmatrix}$$

$$\xrightarrow{m_{21} = 200\,000} \begin{bmatrix} 0.1000 \times 10^{-4} & 0.2000 \times 10 & 0.1000 \times 10 \\ 0 & -0.4000 \times 10^{6} & -0.2000 \times 10^{6} \end{bmatrix}$$

回代得 $x_2=0.5000$，$x_1=0.0000$，而该线性方程组准确到小数点后第九位的解为 $x_1=0.250\,001\,875$，$x_2=0.499\,998\,749$，显然顺序高斯消去法对该方程组的求解误差较大。

解 2　交换两方程位置，即交换其增广矩阵两行位置后再消元求解。

$$[\boldsymbol{A}\quad \boldsymbol{b}]=\begin{bmatrix}0.1000\times 10^{-4} & 0.2000\times 10 & 0.1000\times 10\\ 0.2000\times 10 & 0.3000\times 10 & 0.2000\times 10\end{bmatrix}$$

$$\xrightarrow{r_1\Leftrightarrow r_2}\begin{bmatrix}0.2000\times 10 & 0.3000\times 10 & 0.2000\times 10\\ 0.1000\times 10^{-4} & 0.2000\times 10 & 0.1000\times 10\end{bmatrix}$$

$$\xrightarrow{m_{21}=0.5000\times 10^{-5}}\begin{bmatrix}0.2000\times 10 & 0.3000\times 10 & 0.2000\times 10\\ 0 & 0.2000\times 10 & 0.1000\times 10\end{bmatrix}$$

回代得 $x_2=0.5000$，$x_1=0.2500$。显然，与顺序高斯消去法相比，求解精度显著提高。

上例中顺序高斯消去法求解失败的原因在于用 0.000 01 作为主元素，其绝对值过小(指在四位数系中而言)，作除数带入了较大的舍入误差，再经传播，误差变得更大。为避免这一现象，可以采用选主元的方法。所谓选主元，简单地说就是选取绝对值最大的元素作为主元素。主元素可以按列选取也可以在系数矩阵全部元素中选取，相对于按列选取，全面选取需要对系数的绝对值进行更多的比较，才能找到主元素。实践证明，按列选取主元素往往可以得到满意的结果，因此，列主元消去法被广泛应用。

对于式(2-4)所示 n 阶线性方程组，采用列主元消去法求解时，首先将 x_1 的系数 a_{i1} $(1\leqslant i\leqslant n)$中绝对值最大者选作主元素，交换增广矩阵$[\boldsymbol{A}^{(1)}\quad \boldsymbol{b}^{(1)}]$第一行和此主元素所在行，再进行消去法的第一步，得到增广矩阵$[\boldsymbol{A}^{(2)}\quad \boldsymbol{b}^{(2)}]$。进行第二步消元前，在第二列 $a_{i2}^{(2)}$ $(2\leqslant i\leqslant n)$中选取绝对值最大者为主元素，并将该主元素所在行与第二行交换，再进行第二步消元。以此类推，一般地在第 k 步对增广矩阵$[\boldsymbol{A}^{(k)}\quad \boldsymbol{b}^{(k)}]$进行消元前，首先在 k 列的元素 $a_{ik}^{(k)}$ $(k\leqslant i\leqslant n)$中选取绝对值最大者，比如为 $a_{pk}^{(k)}$，然后把$[\boldsymbol{A}^{(k)}\quad \boldsymbol{b}^{(k)}]$的第 k 行与第 p 行交换，最后再对交换后的$[\boldsymbol{A}^{(k)}\quad \boldsymbol{b}^{(k)}]$进行第 k 步消元。只要 $\det\boldsymbol{A}\neq 0$，这样的消元过程一定能进行到底。由于作为第 k 步消元的主元素 $a_{pk}^{(k)}$ 是在一列中选出的绝对值最大者，因此这种方法被称为列主元消去法。例 2-2 中的解 2 即采用的就是列主元消去法。

2.1.3　列主元消去法算法设计

1. 列主元消去法的基本思想

当进行第 k 步消元时，从第 k 列的 $a_{kk}^{(k)}$ 以下(包括 $a_{kk}^{(k)}$)的各元素中选出绝对值最大者，然后通过行交换将它交换到 $a_{kk}^{(k)}$ 的位置上，再进行消元过程。完成全部消元过程后，原方程组自然被转换为同解的上三角形方程组，最后采用与顺序高斯消去法相同的回代过程，即可求得原方程组的解。

- 输入参数：方程组的阶数 n，增广矩阵$[\boldsymbol{A}\quad \boldsymbol{b}]$。
- 输出参数：方程组的解 x_i $(i=1,2,\cdots,n)$或求解失败信息。
- 算法步骤：

Step 1：对 $k=1,2,\cdots,n-1$，执行 Step 1.1～Step 1.4。

Step 1.1：选主元，即求 i_k，使

$$|a_{i_k,k}|=\max_{k\leqslant i\leqslant n}|a_{ik}|$$

Step 1.2：如果$|a_{i_k,k}|=0$，则$\boldsymbol{A}$为奇异矩阵，输出求解失败信息，停止计算。

Step 1.3：如果$i_k \neq k$，则交换$[\boldsymbol{A}\ \ \boldsymbol{b}]$第$i_k$行与第$k$行元素。

Step 1.4：对$i=k+1, k+2, \cdots, n$，执行Step 1.4.1～Step 1.4.2。

Step 1.4.1：$a_{ik} \leftarrow \dfrac{a_{ik}}{a_{kk}}$。

Step 1.4.2：对$j=k+1, k+2, \cdots, n$

$$a_{ij} \leftarrow a_{ij} - a_{ik}a_{kj}$$

$$b_j \leftarrow b_j - a_{ik}b_k$$

Step 2：如果$a_{nn}=0$，输出求解失败信息，停止计算，否则

$$b_n \leftarrow \frac{b_n}{a_{nn}}$$

Step 3：对$i=n-1, n-2, \cdots, 2, 1$

$$b_i \leftarrow \frac{b_i - \sum_{j=i+1}^{n} a_{ij}b_j}{a_{ii}}$$

这里，$b_i(i=1, 2, \cdots, n)$即为方程组的解。

2. N-S流程图

用列主元消去法求解线性方程组的N-S流程图如图2-1所示。

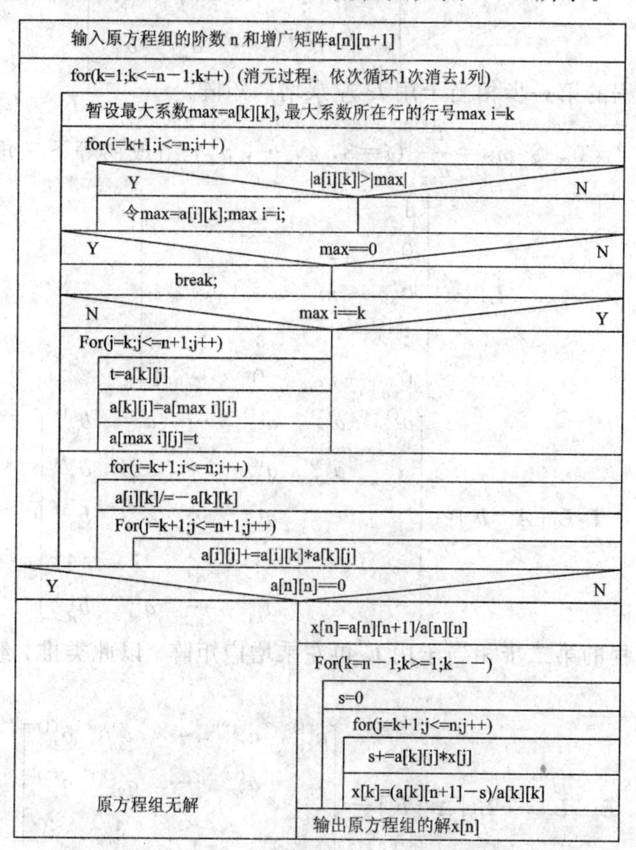

图2-1　列主元消去法求解线性方程组的N-S流程图

2.2 对称正定矩阵的平方根法

2.2.1 矩阵的三角分解

换个角度去分析高斯消去法，不难发现，高斯消去法的消元过程可以通过对增广矩阵$[\boldsymbol{A}\quad\boldsymbol{b}]$作一系列初等变换来实现。

第一步　若 $a_{11}^{(1)}\neq 0$，令 $m_{i1}=\dfrac{a_{i1}^{(1)}}{a_{11}^{(1)}}(i=2, 3, \cdots, n)$，组成初等下三角矩阵：

$$\boldsymbol{L}_1=\begin{bmatrix}1 & & & & \\ -m_{21} & 1 & & & \\ -m_{31} & 0 & 1 & & \\ \vdots & \vdots & \vdots & \ddots & \\ -m_{n1} & 0 & 0 & \cdots & 1\end{bmatrix}$$

则

$$\boldsymbol{L}_1[\boldsymbol{A}\quad\boldsymbol{b}]=\begin{bmatrix}a_{11}^{(1)} & a_{12}^{(1)} & \cdots & a_{1n}^{(1)} & b_1^{(1)} \\ & a_{22}^{(2)} & \cdots & a_{2n}^{(2)} & b_2^{(2)} \\ & \vdots & & \vdots & \vdots \\ & a_{n2}^{(2)} & \cdots & a_{nn}^{(2)} & b_n^{(2)}\end{bmatrix}$$

显然，消元过程的第一步相当于用 $\boldsymbol{L}_1$ 左乘增广矩阵。

第二步　若 $a_{22}^{(2)}\neq 0$，令 $m_{i2}=\dfrac{a_{i2}^{(2)}}{a_{22}^{(2)}}(i=3, 4, \cdots, n)$，组成初等下三角矩阵：

$$\boldsymbol{L}_2=\begin{bmatrix}1 & & & & \\ 0 & 1 & & & \\ 0 & -m_{32} & 1 & & \\ \vdots & \vdots & \vdots & \ddots & \\ 0 & -m_{n2} & 0 & \cdots & 1\end{bmatrix}$$

则

$$\boldsymbol{L}_2\boldsymbol{L}_1[\boldsymbol{A}\quad\boldsymbol{b}]=\begin{bmatrix}a_{11}^{(1)} & a_{12}^{(1)} & a_{13}^{(1)} & \cdots & a_{1n}^{(1)} & b_1^{(1)} \\ & a_{22}^{(2)} & a_{23}^{(2)} & \cdots & a_{2n}^{(2)} & b_2^{(2)} \\ & & a_{33}^{(3)} & \cdots & a_{3n}^{(3)} & b_3^{(3)} \\ & & \vdots & & \vdots & \vdots \\ & & a_{n3}^{(3)} & \cdots & a_{nn}^{(3)} & b_n^{(3)}\end{bmatrix}$$

显然，消元过程的第二步相当于用 $\boldsymbol{L}_2$ 再左乘增广矩阵。以此类推，经 $n-1$ 步后，可以得到

$$\boldsymbol{L}_{n-1}\boldsymbol{L}_{n-2}\cdots\boldsymbol{L}_1[\boldsymbol{A}\quad\boldsymbol{b}]=\begin{bmatrix}a_{11}^{(1)} & a_{12}^{(1)} & \cdots & a_{1n}^{(1)} & b_1^{(1)} \\ & a_{22}^{(2)} & \cdots & a_{2n}^{(2)} & b_2^{(2)} \\ & & \ddots & \vdots & \vdots \\ & & & a_{nn}^{(n)} & b_n^{(n)}\end{bmatrix}$$

由于 $\boldsymbol{L}_k(k=1, 2, \cdots, n-1)$ 均为非奇异矩阵，逆阵 $\boldsymbol{L}_k^{-1}$ 均存在。令

$$\boldsymbol{L}=\boldsymbol{L}_1^{-1}\boldsymbol{L}_2^{-1}\cdots\boldsymbol{L}_{n-1}^{-1},\ \boldsymbol{U}=\begin{bmatrix} a_{11}^{(1)} & a_{12}^{(1)} & \cdots & a_{1n}^{(1)} \\ & a_{22}^{(2)} & \cdots & a_{2n}^{(2)} \\ & & \ddots & \vdots \\ & & & a_{nn}^{(n)} \end{bmatrix}$$

$$\boldsymbol{y}=\begin{bmatrix} b_1^{(1)} \\ b_2^{(2)} \\ \vdots \\ b_n^{(n)} \end{bmatrix}$$

则有

$$\boldsymbol{L}^{-1}[\boldsymbol{A}\quad \boldsymbol{b}]=[\boldsymbol{U}\quad \boldsymbol{y}]$$

或

$$\boldsymbol{L}^{-1}\boldsymbol{A}=\boldsymbol{U},\ \boldsymbol{L}^{-1}\boldsymbol{b}=\boldsymbol{y}$$

其中 $\boldsymbol{L}^{-1}=\boldsymbol{L}_{n-1}\boldsymbol{L}_{n-2}\cdots\boldsymbol{L}_1$ 是一个对角元素为 1 的下三角阵，称为单位下三角阵。高斯消去法的回代过程，就是求解

$$\boldsymbol{U}\boldsymbol{x}=\boldsymbol{y}$$

又由 $\boldsymbol{L}^{-1}\boldsymbol{A}=\boldsymbol{U}$，可得

$$\boldsymbol{A}=\boldsymbol{L}\boldsymbol{U} \tag{2-21}$$

其中

$$\boldsymbol{L}=\boldsymbol{L}_1^{-1}\boldsymbol{L}_2^{-1}\cdots\boldsymbol{L}_{n-1}^{-1}=\begin{bmatrix} 1 & & & \\ m_{21} & 1 & & \\ \vdots & \vdots & \ddots & \\ m_{n1} & m_{n2} & \cdots & 1 \end{bmatrix}$$

上式表明，在 $a_{kk}^{(k)}\neq 0(k=1, 2, \cdots, n-1)$ 的前提下，高斯消去法实质上是将 $\boldsymbol{A}$ 分解为单位下三角阵 $\boldsymbol{L}$ 与上三角阵 $\boldsymbol{U}$ 的乘积，这种分解被称为矩阵 $\boldsymbol{A}$ 的 $\boldsymbol{LU}$ 分解。可以证明，当矩阵 $\boldsymbol{A}$ 的各阶顺序主子式均不为零时，$\boldsymbol{A}$ 的 $\boldsymbol{LU}$ 分解可以实现，且是唯一的。

如果能对线性方程组 $\boldsymbol{Ax}=\boldsymbol{b}$ 的系数矩阵 $\boldsymbol{A}$ 作 $\boldsymbol{LU}$ 分解，即 $\boldsymbol{A}=\boldsymbol{LU}$，则方程组等价于

$$\boldsymbol{LUx}=\boldsymbol{b} \tag{2-22}$$

原方程组的求解可以转化为求解方程组

$$\boldsymbol{Ly}=\boldsymbol{b} \tag{2-23}$$

$$\boldsymbol{Ux}=\boldsymbol{y} \tag{2-24}$$

式(2-23)和式(2-24)分别是下三角方程组和上三角方程组，很容易用回代公式求解。

矩阵 $\boldsymbol{A}$ 的 $\boldsymbol{LU}$ 分解，也可以用比较法直接导出其计算公式。式(2-21)可写为

$$\begin{bmatrix} a_{11} & a_{12} & \cdots & a_{1n} \\ a_{21} & a_{22} & \cdots & a_{2n} \\ \vdots & \vdots & \cdots & \vdots \\ a_{n1} & a_{n2} & \cdots & a_{nn} \end{bmatrix}=\begin{bmatrix} 1 & & & \\ l_{21} & 1 & & \\ \vdots & \vdots & \ddots & \\ l_{n1} & l_{n2} & \cdots & 1 \end{bmatrix}\begin{bmatrix} u_{11} & u_{12} & \cdots & u_{1n} \\ & u_{22} & \cdots & u_{2n} \\ & & \ddots & \vdots \\ & & & u_{nn} \end{bmatrix} \tag{2-25}$$

其中，矩阵 $\boldsymbol{L}$ 和 $\boldsymbol{U}$ 中的元素待定。

由矩阵乘法运算法则，先比较等式两边第一行和第一列元素，可以求得 $\boldsymbol{U}$ 中第一行元素，即

$$u_{1j} = a_{1j} \quad (j = 1, 2, \cdots, n) \tag{2-26}$$

由

$$a_{i1} = l_{i1} u_{11} \quad (i = 2, 3, \cdots, n)$$

可得 $\boldsymbol{L}$ 中第一列元素，即

$$l_{i1} = \frac{a_{i1}}{u_{11}} \quad (i = 2, 3, \cdots, n) \tag{2-27}$$

设已经求出 $\boldsymbol{U}$ 的第 $1 \sim r-1$ 行元素和 $\boldsymbol{L}$ 的第 $1 \sim r-1$ 列元素，现要计算 $\boldsymbol{U}$ 的第 r 行元素和 $\boldsymbol{L}$ 的第 r 列元素。由于 a_{rj} $(j=r, r+1, \cdots, n)$ 是矩阵 $\boldsymbol{L}$ 的第 r 行向量 $(l_{r1}, l_{r2}, \cdots, l_{r,r-1}, 1, 0, \cdots, 0)$ 与矩阵 $\boldsymbol{U}$ 的第 j 列向量 $(u_{1j}, u_{2j}, \cdots, u_{r-1,j}, u_{rj}, \cdots, u_{jj}, 0, \cdots, 0)^{\mathrm{T}}$ 的内积，因此有

$$a_{rj} = \sum_{k=1}^{n} l_{rk} u_{kj} = \sum_{k=1}^{r-1} l_{rk} u_{kj} + u_{rj} \quad (j = r, r+1, \cdots, n)$$

所以

$$u_{rj} = a_{rj} - \sum_{k=1}^{r-1} l_{rk} u_{kj} \quad (j = r, r+1, \cdots, n) \tag{2-28}$$

同理，由

$$a_{ir} = \sum_{k=1}^{n} l_{ik} u_{kr} = \sum_{k=1}^{r-1} l_{ik} u_{kr} + l_{ir} u_{rr} \quad (i = r+1, r+2, \cdots, n)$$

得

$$l_{ir} = \frac{a_{ir} - \sum\limits_{k=1}^{r-1} l_{ik} u_{kr}}{u_{rr}} \quad (i = r+1, r+2, \cdots, n) \tag{2-29}$$

式(2-28)和式(2-29)就是 $\boldsymbol{LU}$ 分解的一般计算公式，其结果与高斯消去法所得结果完全一样，但它却避免了中间过程的计算，所以被称为矩阵 $\boldsymbol{A}$ 的直接分解公式。

对矩阵 $\boldsymbol{A}$ 直接分解时，先分别采用式(2-26)和式(2-27)计算矩阵 $\boldsymbol{U}$ 的第一行元素和矩阵 $\boldsymbol{L}$ 的第一列元素；$\boldsymbol{U}$ 和 $\boldsymbol{L}$ 的其余元素分别采用式(2-28)和式(2-29)进行计算，$\boldsymbol{U}$ 的元素按行求，$\boldsymbol{L}$ 的元素按列求；先求 $\boldsymbol{U}$ 的第 r 行元素，然后求 $\boldsymbol{L}$ 的第 r 列元素，$\boldsymbol{U}$ 和 $\boldsymbol{L}$ 的一行和一列元素交叉进行计算。

当矩阵 $\boldsymbol{A}$ 完成 $\boldsymbol{LU}$ 分解后，原线性方程组 $\boldsymbol{Ax}=\boldsymbol{b}$ 的解就等价于式(2-23)和式(2-24)所示两个三角方程组的解。求解式(2-23)三角方程组的递推公式为

$$\begin{cases} y_1 = b_1 \\ y_i = b_i - \sum\limits_{k=1}^{i-1} l_{ik} y_k \quad (i = 2, 3, \cdots, n) \end{cases} \tag{2-30}$$

求解式(2-24)三角方程组的递推公式与式(2-19)类似，可写为

$$\begin{cases} x_n = \dfrac{y_n}{u_{nn}} \\ x_i = \dfrac{y_i - \sum\limits_{k=i+1}^{n} u_{ik} x_k}{u_{ii}} \quad (i = n-1, n-2, \cdots, 1) \end{cases} \tag{2-31}$$

例 2－3　利用矩阵的三角分解，求解线性方程组 $\boldsymbol{Ax}=\boldsymbol{b}$，其中

$$\boldsymbol{A}=\begin{bmatrix}2 & 1 & 5\\ 4 & 1 & 12\\ -2 & -4 & 5\end{bmatrix},\ \boldsymbol{b}=\begin{bmatrix}11\\ 27\\ 12\end{bmatrix}$$

解　由式(2－26)和式(2－27)计算矩阵 $\boldsymbol{U}$ 的第一行元素和 $\boldsymbol{L}$ 的第一列元素，有

$$u_{11}=a_{11}=2,\ u_{12}=a_{12}=1,\ u_{13}=a_{13}=5$$

$$l_{21}=\frac{a_{21}}{u_{11}}=2,\ l_{31}=\frac{a_{31}}{u_{11}}=-1$$

由式(2－28)和式(2－29)计算矩阵 $\boldsymbol{U}$ 和 $\boldsymbol{L}$ 的其余元素，有

$$u_{22}=a_{22}-l_{21}u_{12}=-1,\ u_{23}=a_{23}-l_{21}u_{13}=2$$

$$l_{32}=\frac{a_{32}-l_{31}u_{12}}{u_{22}}=3,\ u_{33}=a_{33}-(l_{31}u_{13}+l_{32}u_{23})=4$$

于是有

$$\boldsymbol{A}=\boldsymbol{LU}=\begin{bmatrix}1 & & \\ 2 & 1 & \\ -1 & 3 & 1\end{bmatrix}\begin{bmatrix}2 & 1 & 5\\ & -1 & 2\\ & & 4\end{bmatrix}$$

求解方程组 $\boldsymbol{Ly}=\boldsymbol{b}$，得

$$y_1=11,\ y_2=5,\ y_3=8$$

求解方程组 $\boldsymbol{Ux}=\boldsymbol{y}$，得

$$x_3=2,\ x_2=-1,\ x_1=1$$

2.2.2　对称正定矩阵的平方根法

在工程技术问题中，例如用有限元法进行结构分析时，常常需要求解系数矩阵为对称正定矩阵的线性方程组，对于这种具有特殊性质的矩阵，利用矩阵的三角分解法求解，就能得到一种很有效的方法，被称为平方根法。

设有方程组 $\boldsymbol{Ax}=\boldsymbol{b}$，其中 $\boldsymbol{A}\in R^{n\times n}$。若 $\boldsymbol{A}$ 满足下列条件，则称 $\boldsymbol{A}$ 为对称正定矩阵。

(1) $\boldsymbol{A}$ 对称，即 $\boldsymbol{A}^{\mathrm{T}}=\boldsymbol{A}$。

(2) 对任意非零向量 $\boldsymbol{x}\in R^n$，则有 $(\boldsymbol{Ax},\ \boldsymbol{x})=\boldsymbol{x}^{\mathrm{T}}\boldsymbol{Ax}>0$。

对称正定矩阵 $\boldsymbol{A}$ 具有以下性质：

(1) $\boldsymbol{A}$ 的顺序主子式都大于零，即 $\det(\boldsymbol{A})>0\quad(k=1,\ 2,\ \cdots,\ n)$；

(2) $\boldsymbol{A}$ 的特征值 $\lambda_i>0\quad(i=1,\ 2,\ \cdots,\ n)$。

定理 2.1　设 $\boldsymbol{A}$ 为对称正定矩阵，则存在唯一的三角分解

$$\boldsymbol{A}=\bar{\boldsymbol{L}}\bar{\boldsymbol{L}}^{\mathrm{T}} \tag{2-32}$$

其中 $\bar{\boldsymbol{L}}$ 为下三角阵，且对角线元素大于零。

证明　由对称正定矩阵性质(1)可知，$\boldsymbol{A}$ 的各阶子式都大于零，故存在唯一的三角分解 $\boldsymbol{A}=\boldsymbol{LU}$。若以 $\boldsymbol{A}_p$、$\boldsymbol{L}_p$ 和 $\boldsymbol{U}_p$ 依次表示 $\boldsymbol{A}$、$\boldsymbol{L}$ 和 $\boldsymbol{U}$ 的 p 阶顺序主子阵，则有

$$\det(\boldsymbol{A}_p)=\det(\boldsymbol{L}_p\boldsymbol{U}_p)=\det(\boldsymbol{L}_p)\det(\boldsymbol{U}_p)=u_{11}u_{22}\cdots u_{pp}>0$$

因此有

$$u_{pp}>0\quad(p=1,\ 2,\ \cdots,\ n)$$

再将矩阵 $\boldsymbol{U}$ 分解为对角阵 $\boldsymbol{D}$ 和上三角阵 $\boldsymbol{U}_0$，即

$$\boldsymbol{U}=\boldsymbol{D}\boldsymbol{U}_0=\begin{bmatrix} u_{11} & & & \\ & u_{22} & & \\ & & \ddots & \\ & & & u_{nn}\end{bmatrix}\begin{bmatrix} 1 & \dfrac{u_{12}}{u_{11}} & \dfrac{u_{13}}{u_{11}} & \cdots & \dfrac{u_{1n}}{u_{11}} \\ & 1 & \dfrac{u_{23}}{u_{22}} & \cdots & \dfrac{u_{2n}}{u_{22}} \\ & & \ddots & \vdots & \vdots \\ & & & 1 & \dfrac{u_{n-1,n}}{u_{n-1,n-1}} \\ & & & & 1\end{bmatrix}$$

由于 $\boldsymbol{A}$ 为对称矩阵，则有

$$\boldsymbol{A}=\boldsymbol{A}^{\mathrm{T}}=(\boldsymbol{L}\boldsymbol{D}\boldsymbol{U}_0)^{\mathrm{T}}=\boldsymbol{U}_0^{\mathrm{T}}\boldsymbol{D}\boldsymbol{L}^{\mathrm{T}}$$

其中 $\boldsymbol{U}_0^{\mathrm{T}}$ 为单位下三角阵，$\boldsymbol{D}\boldsymbol{L}^{\mathrm{T}}$ 为上三角阵。而 $\boldsymbol{A}$ 的三角分解是唯一的，故有 $\boldsymbol{U}_0^{\mathrm{T}}=\boldsymbol{L}$，即

$$\boldsymbol{A}=\boldsymbol{L}\boldsymbol{D}\boldsymbol{L}^{\mathrm{T}} \tag{2-33}$$

由于对角阵 $\boldsymbol{D}$ 的对角元素 $u_{ii}(i=1, 2, \cdots, n)$ 均大于零，若记

$$\boldsymbol{D}^{\frac{1}{2}}=\begin{bmatrix} \sqrt{u_{11}} & & & \\ & \sqrt{u_{22}} & & \\ & & \ddots & \\ & & & \sqrt{u_{nn}}\end{bmatrix}$$

$$\bar{\boldsymbol{L}}=\boldsymbol{L}\boldsymbol{D}^{\frac{1}{2}}$$

则式(2-33)可写为

$$\boldsymbol{A}=\boldsymbol{L}\boldsymbol{D}^{\frac{1}{2}}\boldsymbol{D}^{\frac{1}{2}}\boldsymbol{L}^{\mathrm{T}}=\bar{\boldsymbol{L}}\,\bar{\boldsymbol{L}}^{\mathrm{T}}$$

其中 $\bar{\boldsymbol{L}}=\boldsymbol{L}\boldsymbol{D}^{\frac{1}{2}}$ 为下三角阵。将对称正定矩阵 $\boldsymbol{A}$ 分解为 $\boldsymbol{A}=\bar{\boldsymbol{L}}\bar{\boldsymbol{L}}^{\mathrm{T}}$，并称这种分解为乔列斯基(Cholesky)分解。

下面推导乔列斯基分解时下三角阵 $\bar{\boldsymbol{L}}$ 中元素的计算公式。

设下三角阵 $\bar{\boldsymbol{L}}$ 中元素为 $\bar{l}_{ij}$，当 $i<j$ 时有 $\bar{l}_{ij}=0$。由矩阵乘法规则有

$$a_{ij}=\sum_{k=1}^{j}\bar{l}_{ik}\bar{l}_{jk}\quad(i\geqslant j)$$

只要 $\bar{\boldsymbol{L}}$ 的前 $i-1$ 行元素已经求出，则由上式可知 $\bar{\boldsymbol{L}}$ 的前 i 行非零元素为

$$\bar{l}_{ij}=\frac{a_{ij}-\sum\limits_{k=1}^{j-1}\bar{l}_{ik}\bar{l}_{jk}}{\bar{l}_{jj}}\quad(j=1, 2, \cdots, i-1) \tag{2-34}$$

$$\bar{l}_{ii}=\left(a_{ii}-\sum_{k=1}^{i-1}\bar{l}_{ik}^2\right)^{\frac{1}{2}}\quad(i=1, 2, \cdots, n) \tag{2-35}$$

这里约定，当求和号 $\sum$ 的上限小于下限时，其求和值定义为零。借助式(2-34)和式(2-35)即可求出下三角阵 $\bar{\boldsymbol{L}}$ 中的所有元素。

对矩阵 $\boldsymbol{A}$ 进行乔列斯基分解后，对称正定方程组 $\boldsymbol{A}\boldsymbol{x}=\boldsymbol{b}$ 的解就简化为解两个三角形方程组，即

$$\begin{cases} \bar{L}y = b \\ \bar{L}^{T}x = y \end{cases} \tag{2-36}$$

从上述推导过程可以看出，式(2-32)分解过程中，会出现开平方运算，这给计算带来不便。为避免开平方运算的不便，基于式(2-33)构造了改进的平方根法。改进的平方根法应用更为广泛。此时，线性方程组 $Ax=b$ 的求解等价于求解

$$\begin{cases} Ly = b \\ L^{T}x = D^{-1}y \end{cases} \tag{2-37}$$

运用矩阵乘法，可以直接推导出式(2-33)中矩阵 L 和 D 中的元素。这里假设

$$L=\begin{bmatrix} 1 & & & \\ l_{21} & 1 & & \\ \vdots & \vdots & \ddots & \\ l_{n1} & l_{n2} & \cdots & 1 \end{bmatrix}$$

$$D=\begin{bmatrix} d_1 & & & \\ & d_2 & & \\ & & \ddots & \\ & & & d_n \end{bmatrix}$$

根据矩阵乘法公式，由式(2-33)有

$$a_{ij} = \sum_{k=1}^{j} l_{ik} l_{jk} d_k \quad (j \leqslant i)$$

当 $j=i$ 时，由上式可得矩阵 D 中元素

$$d_i = a_{ii} - \sum_{k=1}^{i-1} l_{ik}^2 d_k \quad (i = 1, 2, \cdots, n) \tag{2-38}$$

当 $j<i$ 时，有

$$a_{ij} = \sum_{k=1}^{j-1} l_{ik} l_{jk} d_k + l_{ij} d_j$$

可得矩阵 L 中元素为

$$l_{ij} = \frac{a_{ij} - \sum_{k=1}^{j-1} l_{ik} l_{jk} d_k}{d_j} \quad (j = 1, 2, \cdots, i-1) \tag{2-39}$$

例 2-4　设有系数矩阵为对称正定矩阵的线性方程组

$$\begin{bmatrix} 1 & 2 & 1 & -3 \\ 2 & 5 & 0 & -5 \\ 1 & 0 & 14 & 1 \\ -3 & -5 & 1 & 15 \end{bmatrix}\begin{bmatrix} x_1 \\ x_2 \\ x_3 \\ x_4 \end{bmatrix} = \begin{bmatrix} 1 \\ 2 \\ 16 \\ 8 \end{bmatrix}$$

试用改进的平方根法求解该方程组。

解　按式(2-38)和式(2-39)计算矩阵 L 和 D 中元素

$$d_1 = a_{11} = 1$$

$$l_{21} = \frac{a_{21}}{d_1} = 2,\ d_2 = a_{22} - l_{21}^2 d_1 = 1$$

$$l_{31}=\frac{a_{31}}{d_1}=1,\ l_{32}=\frac{a_{32}-l_{31}l_{21}d_1}{d_2}=-2$$

$$d_3=a_{33}-(l_{31}^2d_1+l_{32}^2d_2)=9$$

$$l_{41}=\frac{a_{41}}{d_1}=-3,\ l_{42}=\frac{a_{42}-l_{41}l_{21}d_1}{d_2}=1$$

$$l_{43}=\frac{a_{43}-(l_{41}l_{31}d_1+l_{42}l_{32}d_2)}{d_3}=\frac{2}{3}$$

$$d_4=a_{44}-(l_{41}^2d_1+l_{42}^2d_2+l_{43}^2d_3)=1$$

于是有

$$\boldsymbol{A}=\boldsymbol{LDL}^{\mathrm{T}}=\begin{bmatrix}1&&&\\2&1&&\\1&-2&1&\\-3&1&\frac{2}{3}&1\end{bmatrix}\begin{bmatrix}1&&&\\&1&&\\&&9&\\&&&1\end{bmatrix}\begin{bmatrix}1&2&1&-3\\&1&-2&1\\&&1&\frac{2}{3}\\&&&1\end{bmatrix}$$

解 $\boldsymbol{Ly}=\boldsymbol{b}$ 得

$$y_1=1,\ y_2=0,\ y_3=15,\ y_4=1$$

解 $\boldsymbol{L}^{\mathrm{T}}\boldsymbol{x}=\boldsymbol{D}^{-1}\boldsymbol{y}$ 得

$$x_4=1,\ x_3=1,\ x_2=1,\ x_4=1$$

2.2.3　改进的平方根法算法设计

1. 改进的平方根法算法的基本思想

- 输入参数：方程组的阶数 n，矩阵 $\boldsymbol{A}$ 和 $\boldsymbol{b}$。
- 输出参数：方程组的解 $x_i(i=1,2,\cdots,n)$或求解失败信息。
- 算法步骤：

Step 1：$d_1=a_{11}$。

Step 2：对 $i=2,3,\cdots,n$ 执行 Step 2.1～Step 2.2。

Step 2.1：对 $j=1,2,\cdots,i-1$ 执行

$$t_{ij}=a_{ij}-\sum_{k=1}^{j-1}t_{ik}l_{jk}$$

$$l_{ij}=\frac{t_{ij}}{d_j}$$

Step 2.2：$d_i=a_{ii}-\sum_{k=1}^{i-1}t_{ik}l_{ik}$。

Step 3：解 $\boldsymbol{Ly}=\boldsymbol{b}$。

$$y_1=b_1,\ y_i=b_i-\sum_{k=1}^{i-1}l_{ik}y_k,\ (i=2,3,\cdots,n)$$

Step 4：解 $\boldsymbol{L}^{\mathrm{T}}\boldsymbol{x}=\boldsymbol{D}^{-1}\boldsymbol{y}$。

$$x_n=\frac{y_n}{d_n},\ x_i=\frac{y_i}{d_i}-\sum_{k=i+1}^{n}l_{ki}x_k,\ (i=n-1,n-2,\cdots,1)$$

Step 5：输出 $x_i(i=1,2,\cdots,n)$。

2. N－S 流程图

改进的平方根法的 N－S 流程图如图 2－2 所示。

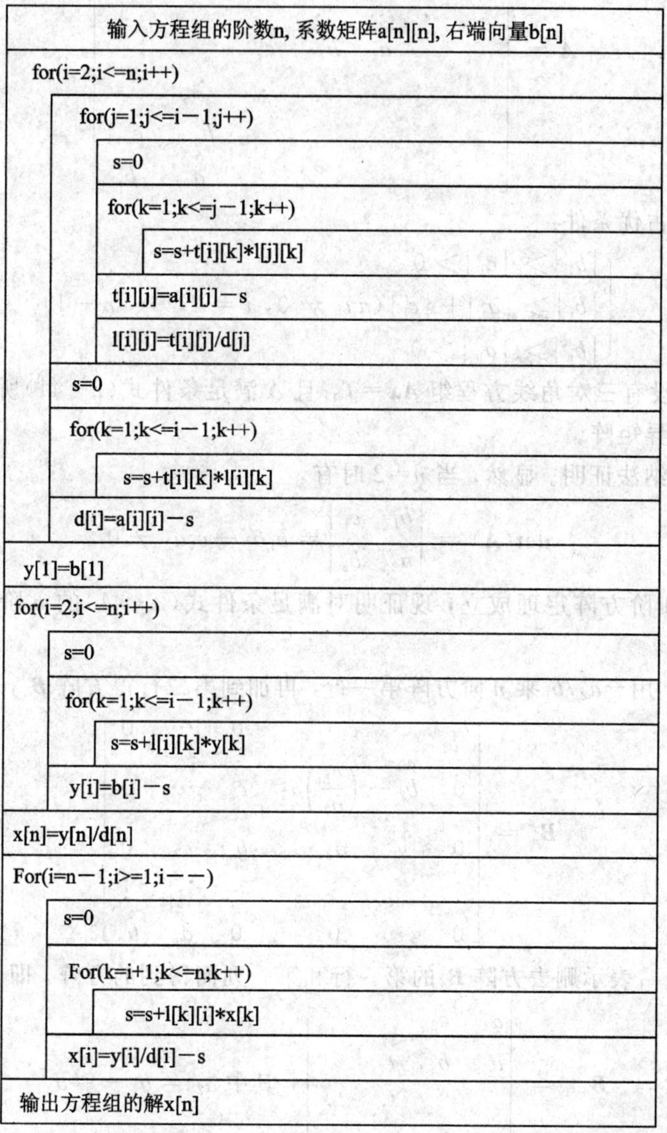

```
输入方程组的阶数n, 系数矩阵a[n][n], 右端向量b[n]
for(i=2;i<=n;i++)
    for(j=1;j<=i－1;j++)
        s=0
        for(k=1;k<=j－1;k++)
            s=s+t[i][k]*l[j][k]
        t[i][j]=a[i][j]－s
        l[i][j]=t[i][j]/d[j]
    s=0
    for(k=1;k<=i－1;k++)
        s=s+t[i][k]*l[i][k]
    d[i]=a[i][i]－s
y[1]=b[1]
for(i=2;i<=n;i++)
    s=0
    for(k=1;k<=i－1;k++)
        s=s+l[i][k]*y[k]
    y[i]=b[i]－s
x[n]=y[n]/d[n]
For(i=n－1;i>=1;i－－)
    s=0
    For(k=i+1;k<=n;k++)
        s=s+l[k][i]*x[k]
    x[i]=y[i]/d[i]－s
输出方程组的解x[n]
```

图 2－2　改进的平方根法求解对称正定矩阵方程组的 N－S 流程图

2.3　三对角线性方程组的追赶法

2.3.1　三对角方程组

在一些实际问题中，如三次样条函数的插值问题、二阶线性常微分方程边值问题等，最后都归结为求解系数矩阵为对角占优的三对角线性方程组 $\boldsymbol{A}\boldsymbol{x}=\boldsymbol{f}$。其中系数矩阵 $\boldsymbol{A}$ 为三对角矩阵，具有如下形式：

$$A=\begin{bmatrix} b_1 & c_1 & & & & & \\ a_2 & b_2 & c_2 & & & & \\ & \ddots & \ddots & \ddots & & & \\ & & a_i & b_i & c_i & & \\ & & & \ddots & \ddots & \ddots & \\ & & & & a_{n-1} & b_{n-1} & c_{n-1} \\ & & & & & a_n & b_n \end{bmatrix} \tag{2-40}$$

且满足如下对角占优条件：

$$\begin{cases} |b_1|>|c_1|>0 \\ |b_i|\geqslant|a_i|+|c_i|\,(a_ic_i\neq 0,\ i=2,\ \cdots,\ n-1) \\ |b_n|>|a_n|>0 \end{cases} \tag{2-41}$$

定理 2.2　设有三对角线方程组 $\boldsymbol{Ax}=\boldsymbol{f}$，且 $\boldsymbol{A}$ 满足条件式(2-41)所示对角占优的条件，则 $\boldsymbol{A}$ 为非奇异矩阵。

证明　用归纳法证明。显然，当 $n=2$ 时有

$$\det(\boldsymbol{A})=\begin{vmatrix} b_1 & c_1 \\ a_2 & b_2 \end{vmatrix}=b_1b_2-c_1a_2\neq 0$$

假设对 $n-1$ 阶方阵定理成立，现证明对满足条件式(2-41)的 n 阶三对角阵定理亦成立。

因为 $b_1\neq 0$，用 $-a_2/b_1$ 乘 n 阶方阵第一行，再加到第二行得方阵 $\boldsymbol{B}_n$，即

$$\boldsymbol{B}_n=\begin{bmatrix} b_1 & c_1 & 0 & \cdots & 0 \\ 0 & b_2-\left(\dfrac{c_1}{b_1}\right)a_2 & c_2 & \cdots & 0 \\ 0 & a_3 & b_3 & c_3 & 0 \\ \vdots & \vdots & \ddots & \ddots & \vdots \\ 0 & 0 & 0 & a_n & b_n \end{bmatrix}$$

若用矩阵 $\boldsymbol{B}_{n-1}$ 表示删去方阵 $\boldsymbol{B}_n$ 的第一行和第一列而得到的方阵，即

$$\boldsymbol{B}_{n-1}=\begin{bmatrix} \alpha_2 & c_2 & & \\ a_3 & b_3 & c_3 & \\ & \ddots & \ddots & \ddots \\ & & a_n & b_n \end{bmatrix}，其中\ \alpha_2=b_2-\frac{c_1}{b_1}a_2$$

显然

$$\det(\boldsymbol{A})=b_1\det(\boldsymbol{B}_{n-1})$$

且有

$$|\alpha_2|=\left|b_2-\left(\frac{c_1}{b_1}\right)a_2\right|\geqslant|b_2|-\left|\frac{c_1}{b_1}\right||a_2|>|b_2|-|a_2|\geqslant|c_2|\neq 0$$

显然 $\boldsymbol{B}_{n-1}$ 满足式(2-41)的条件，于是由归纳法假设，有 $\det(\boldsymbol{B}_{n-1})\neq 0$，故 $\det(\boldsymbol{A})\neq 0$，这就完成了归纳法对该定理的证明。

定理 2.3　设有三对角线方程组 $\boldsymbol{Ax}=\boldsymbol{f}$，且 $\boldsymbol{A}$ 满足条件式(2-41)所示对角占优的条件，则 $\boldsymbol{A}$ 的所有顺序主子式都不为零，即

$$\det(\boldsymbol{A}_k)\neq 0 \quad (k=1,\ 2,\ \cdots,\ n)$$

证明　由于 $\boldsymbol{A}$ 是满足式(2-41)的 n 阶三对角阵，因此，$\boldsymbol{A}$ 的任一个顺序主子阵 $\boldsymbol{A}_k$ 亦是满足式(2-41)的 k 阶三对角阵，由定理 2.2，则有 $\det(\boldsymbol{A}_k)\neq 0(k=1,\ 2,\ \cdots,\ n)$。

定理 2.2 和定理 2.3 保证了三对角方程组的系数矩阵 $\boldsymbol{A}$ 可以进行 $\boldsymbol{LU}$ 分解。

2.3.2　追赶法

对于系数矩阵满足式(2-41)条件的三对角方程组，追赶法是非常有效的求解方法。假设有三对角线方程组 $\boldsymbol{Ax}=\boldsymbol{f}$，且 $\boldsymbol{A}$ 满足条件式(2-41)所示对角占优的条件，对三对角矩阵 $\boldsymbol{A}$ 进行三角分解，有

$$\boldsymbol{A}=\boldsymbol{LU}$$

其中，$\boldsymbol{L}$ 为下三角矩阵，$\boldsymbol{U}$ 为单位上三角矩阵，设

$$\begin{bmatrix} b_1 & c_1 & & & & \\ a_2 & b_2 & c_2 & & & \\ & a_3 & b_3 & c_3 & & \\ & & \ddots & \ddots & \ddots & \\ & & & a_{n-1} & b_{n-1} & c_{n-1} \\ & & & & a_n & b_n \end{bmatrix}=\begin{bmatrix} \alpha_1 & & & & & \\ \gamma_2 & \alpha_2 & & & & \\ & \gamma_3 & \alpha_3 & & & \\ & & \gamma_4 & \ddots & & \\ & & & \ddots & \alpha_{n-1} & \\ & & & & \gamma_n & \alpha_n \end{bmatrix}\begin{bmatrix} 1 & \beta_1 & & & & \\ & 1 & \beta_2 & & & \\ & & 1 & \beta_3 & & \\ & & & \ddots & \ddots & \\ & & & & 1 & \beta_{n-1} \\ & & & & & 1 \end{bmatrix} \tag{2-42}$$

由矩阵乘法，比较式(2-42)两端可得

$$\alpha_1=b_1,\ \beta_1=\frac{c_1}{b_1}$$

$$\gamma_i=a_i \qquad (i=2,\ 3,\ \cdots,\ n)$$

$$\begin{cases} \alpha_i=b_i-a_i\beta_{i-1} \\ \beta_i=\dfrac{c_i}{\alpha_i} \end{cases} \qquad (i=2,\ 3,\ \cdots,\ n-1)$$

$$\alpha_n=b_n-a_n\beta_{n-1}$$

于是，求解三对角方程组 $\boldsymbol{Ax}=\boldsymbol{f}$ 便等价于解两个三角形方程组 $\boldsymbol{Ly}=\boldsymbol{f}$ 和 $\boldsymbol{Ux}=\boldsymbol{y}$，这两个方程组的解分别为

$$\begin{cases} y_1=\dfrac{f_1}{b_1} \\ y_i=\dfrac{f_i-a_iy_{i-1}}{\alpha_i} \quad (i=2,\ 3,\ \cdots,\ n) \end{cases}$$

$$\begin{cases} x_n=y_n \\ x_i=y_i-\beta_ix_{i+1} \quad (i=n-1,\ \cdots,\ 2,\ 1) \end{cases}$$

计算 $\beta_1\to\beta_2\to\cdots\to\beta_{n-1}$ 及 $y_1\to y_2\to\cdots\to y_n$ 的过程称为追的过程，计算方程组的解 $x_n\to x_{n-1}\to\cdots\to x_2\to x_1$ 的过程称为赶的过程。追赶法具有算法简单、稳定、计算量少等优点，求解三对角方程组 $\boldsymbol{Ax}=\boldsymbol{f}$，仅需要 $5n-4$ 次乘除运算。

例 2-5　求解线性方程组

$$\begin{bmatrix} 4 & -1 & 0 \\ -1 & 4 & -1 \\ 0 & -1 & 4 \end{bmatrix}\begin{bmatrix} x_1 \\ x_2 \\ x_3 \end{bmatrix}=\begin{bmatrix} 2 \\ 4 \\ 10 \end{bmatrix}$$

解 由于方程组为三对角方程组，可采用追赶法求解

$$\beta_1=\frac{c_1}{b_1}=-\frac{1}{4}$$

$$\alpha_2=b_2-a_2\beta_1=\frac{15}{4},\ \beta_2=\frac{c_2}{\alpha_2}=-\frac{4}{15}$$

$$\alpha_3=b_3-a_3\beta_2=\frac{56}{15}$$

计算$\{y_i\}$：

$$y_1=\frac{f_1}{b_1}=\frac{1}{2},\ y_2=\frac{f_2-a_2y_1}{\alpha_2}=\frac{6}{5},\ y_3=\frac{f_3-a_3y_2}{\alpha_3}=3$$

计算$\{x_i\}$：

$$x_3=y_3=3,\ x_2=y_2-\beta_2x_3=2,\ x_1=y_1-\beta_1x_2=1$$

2.3.3 追赶法算法设计

1. 追赶法算法的基本思想

用追赶法解三对角线性方程组 $\boldsymbol{Ax}=\boldsymbol{f}$ 时，需要用 3 个一维数组分别存储 $\boldsymbol{A}$ 的系数$\{a_i\}$、$\{b_i\}$和$\{c_i\}$，且还需要用两个一维数组保存计算的中间结果$\{\beta_i\}$和$\{y_i\}$(或$\{x_i\}$)。下面给出追赶法的具体步骤。

- 输入参数：方程组的阶数 n，矩阵 $\boldsymbol{A}$ 的系数$\{a_i\}$、$\{b_i\}$、$\{c_i\}$及 $\boldsymbol{f}$。
- 输出参数：方程组的解 $x_i(i=1, 2, \cdots, n)$或求解失败信息。
- 算法步骤：

Step 1：若 $b_1=0$，则输出“求解失败”信息，算法终止。

Step 2：计算 $\alpha_1=b_1$，$\beta_1=\dfrac{c_1}{b_1}$。

Step 3：对 $i=2, 3, \cdots, n-1$，执行 Step 3.1～Step 3.3。

　Step 3.1：计算 $\alpha_i=b_i-a_i\beta_{i-1}$。

　Step 3.2：若 $\alpha_i=0$，则输出“求解失败”信息，算法终止。

　Step 3.3：计算 $\beta_i=\dfrac{c_i}{\alpha_i}$。

Step 4：计算 $\alpha_n=b_n-a_n\beta_{n-1}$。

Step 5：若 $\alpha_n=0$，则输出“求解失败”信息，算法终止。

Step 6：解下三角方程组 $\boldsymbol{Ly}=\boldsymbol{f}$，执行 Step 6.1～Step 6.2。

　Step 6.1：计算 $y_1=\dfrac{f_1}{b_1}$。

　Step 6.2：对 $i=2, 3, \cdots, n$，计算 $y_i=\dfrac{f_i-a_iy_{i-1}}{\alpha_i}$。

Step 7：解上三角方程组 $\boldsymbol{Ux}=\boldsymbol{y}$，执行 Step 7.1～Step 7.2。

　Step 7.1：计算 $x_n=y_n$。

Step 7.2：对 $i=n-1, n-2, \cdots, 1$，计算 $x_i=y_i-\beta_i x_{i+1}$。

Step 8：输出方程组的解 $x_i(i=1, 2, \cdots, n)$。

2. N－S 流程图

求解三对角阵线性方程组的追赶法程序的 N－S 流程图如图 2－3 所示。

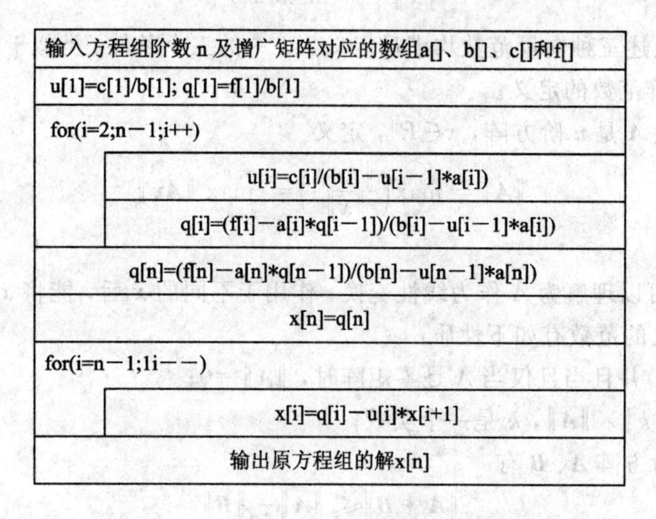

图 2－3　追赶法程序的 N－S 流程图

2.4　误差分析

在没有舍入误差的前提下，用直接解法求得的线性方程组的解都应该是精确的，但受机器字长限制，实际计算中舍入误差是不可避免的。为了估计误差的大小，需引入衡量向量和矩阵"大小"的度量概念，即向量和矩阵的范数。

2.4.1　向量和矩阵的范数

定义 2.1　设向量 $\boldsymbol{x}$ 是 R^n 中的任意向量，称对应于 $\boldsymbol{x}$ 且满足下列三个条件的实数为向量 $\boldsymbol{x}$ 的范数(或模)，记作 $\|\boldsymbol{x}\|$：

(1) $\|\boldsymbol{x}\|\geqslant 0$，当且仅当 $\boldsymbol{x}=\boldsymbol{0}$ 时，$\|\boldsymbol{x}\|=0$；

(2) $\|k\boldsymbol{x}\|=|k|\,\|\boldsymbol{x}\|$，$k$ 是任意实数；

(3) 对任意实向量 $\boldsymbol{x}$ 和 $\boldsymbol{y}$ 有

$$\|\boldsymbol{x}+\boldsymbol{y}\|\leqslant\|\boldsymbol{x}\|+\|\boldsymbol{y}\|$$

容易看出，实数的绝对值、复数的模、三维向量的模都满足以上三条，n 维向量范数的概念是它们的自然推广。

一个向量空间可以定义多种范数，最常用的向量范数有三种。设 $\boldsymbol{x}=[x_1\quad x_2\quad\cdots\quad x_n]^{\mathrm{T}}$，则有

向量的 1－范数：

$$\|\boldsymbol{x}\|_1=\sum_{i=1}^{n}|x_i| \tag{2-43}$$

向量的 2－范数：

$$\|x\|_2 = \left(\sum_{i=1}^{n} x_i^2 \right)^{\frac{1}{2}} \tag{2-44}$$

向量的∞-范数：

$$\|x\|_\infty = \max_{1\leqslant i\leqslant n} |x_i| \tag{2-45}$$

容易验证，上述三种向量范数均满足定义 2.1 中的三个条件。类似于向量范数的定义，这里给出 n 阶方阵范数的定义。

定义 2.2　设 A 是 n 阶方阵，$x\in R^n$，定义

$$\|A\| = \max_{x\neq 0}\left(\frac{\|Ax\|}{\|x\|}\right) = \max_{\|x\|=1} \|Ax\| \tag{2-46}$$

为矩阵 A 的范数。

矩阵的范数可以理解为 A 作为线性变换，作用于不同的 x 后，能将 x 的范数放大的最大倍数。这样定义的范数有如下性质：

(1) $\|A\|\geqslant 0$，并且当且仅当 A 是零矩阵时，$\|A\|=0$；

(2) $\|kA\| = |k|\times\|A\|$，k 是一个实数；

(3) 两个同阶方阵 A、B 有

$$\|A+B\| \leqslant \|A\| + \|B\|$$

(4) A 是 n 阶方阵，x 是 n 维向量，则有

$$\|Ax\| \leqslant \|A\|\times\|x\|$$

(5) A、B 都是 n 阶方阵，有

$$\|AB\| \leqslant \|A\|\times\|B\|$$

矩阵范数最常用的有以下三种：

$$\|A\|_1 = \max_{1\leqslant j\leqslant n} \sum_{i=1}^{n} |a_{ij}| \tag{2-47}$$

$$\|A\|_2 = \sqrt{\lambda_1}\,(\lambda_1 \text{ 是 } A^{\mathrm{T}}A \text{ 的最大特征值}) \tag{2-48}$$

$$\|A\|_\infty = \max_{1\leqslant j\leqslant n} \sum_{i=1}^{n} |a_{ij}| \tag{2-49}$$

它们分别与向量的三种范数对应，即用一种向量范数可定义相应的矩阵范数。

有了向量和矩阵范数的概念，就可以描述其误差，定义向量和矩阵序列的收敛。

定义 2.3　如果向量 x 是准确值，则 $x^{(k)}$ 是它的一个近似值，$\|x^{(k)}\| - \|x\|$ 是 $x^{(k)}$ 对 x 的误差，$\dfrac{\|x^{(k)}-x\|}{\|x\|}$ 是 $x^{(k)}$ 对 x 的相对误差。

定义 2.4　如果

$$\lim_{k\to\infty} \|x^{(k)} - x\| = 0$$

称 R^n 中的向量序列 $\{x^{(k)}\}$ 收敛于 R^n 中的向量 x。

定义 2.5　如果

$$\lim_{k\to\infty} \|A^{(k)} - A\| = 0$$

称 n 阶方矩阵序列 $\{A^{(k)}\}$ 收敛于 n 阶方矩阵 A。

定理 2.4　R^n 中的向量序列 $\{x^{(k)}\}$ 收敛于 R^n 中的向量 x 的充要条件是

$$\lim_{k\to\infty} x_j^{(k)} = x_j \quad (j = 1, 2, \cdots, n)$$

其中 $x_j^{(k)}$ 和 x_j 是 $\boldsymbol{x}^{(k)}$ 和 $\boldsymbol{x}$ 中的第 j 个分量。

定理 2.5　n 阶方阵序列 $\{\boldsymbol{A}^{(k)}\}$ 收敛于 n 阶方阵 $\boldsymbol{A}$ 的充要条件是

$$\lim_{k\to\infty} a_{ij}^{(k)} = a_{ij} \quad (i, j = 1, 2\cdots, n)$$

其中 $a_{ij}^{(k)}$ 和 a_{ij} 分别是 $\boldsymbol{A}^{(k)}$ 和 $\boldsymbol{A}$ 在 (i, j) 位置上的元素。

2.4.2　病态方程组与条件数

判断一个计算方法的好坏，可以用方法是否稳定、解的精度高低以及计算量、存储量大小等来衡量。然而，同一种方法，对不同的问题往往却会产生完全不同的效果，这就涉及所分析问题的性态。用直接法进行线性方程组求解时，受机器字长的限制，方程组系数矩阵 $\boldsymbol{A}$ 和右端向量 $\boldsymbol{b}$ 中的元素均不可避免地存在误差，这也势必对解向量 $\boldsymbol{x}$ 带来影响。问题在于，$\boldsymbol{A}$ 和 $\boldsymbol{b}$ 的微小误差 $\Delta\boldsymbol{A}$ 和 $\Delta\boldsymbol{b}$ 对解向量 $\boldsymbol{x}$ 会带来多大的影响？影响的大小又和哪些因素有关？为讨论这些问题，先来观察一个简单例子。

例 2-6　设线性方程组

$$\begin{bmatrix} 1 & 0.99 \\ 0.99 & 0.98 \end{bmatrix}\begin{bmatrix} x_1 \\ x_2 \end{bmatrix} = \begin{bmatrix} 1.99 \\ 1.97 \end{bmatrix}$$

分析系数矩阵 $\boldsymbol{A}$ 和右端向量 $\boldsymbol{b}$ 有微小扰动时，解将产生什么样的变化。

解　该方程的精确解为 $\boldsymbol{x} = (1 \quad 1)^{\mathrm{T}}$。现假设系数矩阵有微小扰动

$$\Delta\boldsymbol{A} = \begin{bmatrix} 0.0001 & 0 \\ 0 & 0 \end{bmatrix}$$

解得 $\tilde{\boldsymbol{x}}^{(1)} = (50 \quad -48.5)^{\mathrm{T}}$。

如果右端向量有一微小扰动

$$\Delta\boldsymbol{b} = \begin{bmatrix} -0.0001 \\ 0.0001 \end{bmatrix}$$

则解得 $\tilde{\boldsymbol{x}}^{(2)} = (2.97 \quad -0.99)^{\mathrm{T}}$。

如果 $\Delta\boldsymbol{A}$ 和 $\Delta\boldsymbol{b}$ 的扰动同时存在，则解得 $\tilde{\boldsymbol{x}}^{(3)} = (148.5 - 148.005)^{\mathrm{T}}$。

$\Delta\boldsymbol{A}$ 和 $\Delta\boldsymbol{b}$ 微小扰动相对误差为

$$\frac{\|\Delta\boldsymbol{A}\|_\infty}{\|\boldsymbol{A}\|_\infty} = 5.025 \times 10^{-5}, \quad \frac{\|\Delta\boldsymbol{b}\|_\infty}{\|\boldsymbol{b}\|_\infty} = 5.025 \times 10^{-5}$$

而不同扰动情况下解向量的相对误差为

$$\frac{\|\Delta\tilde{\boldsymbol{x}}^{(1)}\|_\infty}{\|\boldsymbol{x}\|_\infty} = 50, \quad \frac{\|\Delta\tilde{\boldsymbol{x}}^{(2)}\|_\infty}{\|\boldsymbol{x}\|_\infty} = 2.97, \quad \frac{\|\Delta\tilde{\boldsymbol{x}}^{(3)}\|_\infty}{\|\boldsymbol{x}\|_\infty} = 148.5$$

可以看出，上述方程在系数矩阵和右端向量存在很小相对误差时，解的相对误差却非常大，致使求得的结果不可信。这样的方程组常被称为“病态”方程组。

定义 2.6　如果系数矩阵 $\boldsymbol{A}$ 或右端向量 $\boldsymbol{b}$ 的微小变化，引起线性方程组 $\boldsymbol{Ax} = \boldsymbol{b}$ 的解很大变化，则称该方程组是病态方程组，称矩阵 $\boldsymbol{A}$ 为病态矩阵；否则称该方程组为良态方程组，称矩阵 $\boldsymbol{A}$ 为良态矩阵。

下面进一步分析 $\boldsymbol{A}$ 和 $\boldsymbol{b}$ 的微小变化（扰动）对解的影响，讨论中，假设 $\boldsymbol{A}$ 为非奇异矩阵，$\boldsymbol{b} \neq 0$，因而 $\boldsymbol{x} \neq 0$。

(1) 设 $\boldsymbol{Ax}=\boldsymbol{b}$ 中 $\boldsymbol{b}$ 向量有误差 $\Delta\boldsymbol{b}$，对应的解 $\boldsymbol{x}$ 发生误差 $\Delta\boldsymbol{x}$，即

$$\boldsymbol{A}(\boldsymbol{x}+\Delta\boldsymbol{x})=\boldsymbol{b}+\Delta\boldsymbol{b}$$

注意到 $\boldsymbol{Ax}=\boldsymbol{b}$，所以有

$$\boldsymbol{A}\Delta\boldsymbol{x}=\Delta\boldsymbol{b}$$

若 $\boldsymbol{A}$ 非奇异，有

$$\Delta\boldsymbol{x}=\boldsymbol{A}^{-1}\Delta\boldsymbol{b}$$

根据向量和矩阵范数的性质，有

$$\|\Delta\boldsymbol{x}\|\leqslant\|\boldsymbol{A}^{-1}\|\times\|\Delta\boldsymbol{b}\| \tag{2-50}$$

又因为

$$\|\boldsymbol{b}\|=\|\boldsymbol{Ax}\|\leqslant\|\boldsymbol{A}\|\times\|\boldsymbol{x}\|$$

所以

$$\|\boldsymbol{x}\|\geqslant\frac{\|\boldsymbol{b}\|}{\|\boldsymbol{A}\|} \tag{2-51}$$

式(2-50)和式(2-51)两式相除，有

$$\frac{\|\Delta\boldsymbol{x}\|}{\|\boldsymbol{x}\|}\leqslant\|\boldsymbol{A}\|\times\|\boldsymbol{A}^{-1}\|\times\frac{\|\Delta\boldsymbol{b}\|}{\|\boldsymbol{b}\|} \tag{2-52}$$

式(2-52)给出了当方程组右端向量 $\boldsymbol{b}$ 有误差 $\Delta\boldsymbol{b}$ 时，对应的解向量相对误差的上限，即 $\boldsymbol{x}$ 的相对误差小于等于 $\boldsymbol{b}$ 的相对误差的 $\|\boldsymbol{A}\|\times\|\boldsymbol{A}^{-1}\|$ 倍。

(2) 设 $\boldsymbol{A}$ 有误差 $\Delta\boldsymbol{A}$，而 $\boldsymbol{b}$ 无误差，此时解为 $\boldsymbol{x}+\Delta\boldsymbol{x}$，即

$$(\boldsymbol{A}+\Delta\boldsymbol{A})(\boldsymbol{x}+\Delta\boldsymbol{x})=\boldsymbol{b}$$

考虑到 $\boldsymbol{Ax}=\boldsymbol{b}$，有

$$\boldsymbol{A}\Delta\boldsymbol{x}+\Delta\boldsymbol{A}\boldsymbol{x}+\Delta\boldsymbol{A}\Delta\boldsymbol{x}=\boldsymbol{b}$$

由向量和矩阵范数的性质得

$$\|\Delta\boldsymbol{x}\|\leqslant\|\boldsymbol{A}^{-1}\|\times\|\Delta\boldsymbol{A}\|\times\|\boldsymbol{x}\|+\|\boldsymbol{A}^{-1}\|\times\|\Delta\boldsymbol{A}\|\times\|\Delta\boldsymbol{x}\|$$

两边除以 $\|\boldsymbol{x}\|$，得

$$\frac{\|\Delta\boldsymbol{x}\|}{\|\boldsymbol{x}\|}\leqslant\|\boldsymbol{A}^{-1}\|\times\|\Delta\boldsymbol{A}\|+\|\boldsymbol{A}^{-1}\|\times\|\Delta\boldsymbol{A}\|\times\frac{\|\Delta\boldsymbol{x}\|}{\|\boldsymbol{x}\|}$$

$$(1-\|\boldsymbol{A}^{-1}\|\times\|\Delta\boldsymbol{A}\|)\times\frac{\|\Delta\boldsymbol{x}\|}{\|\boldsymbol{x}\|}\leqslant\|\boldsymbol{A}^{-1}\|\times\|\Delta\boldsymbol{A}\|$$

一般情况，$\Delta\boldsymbol{A}$ 是一个由微小元素组成的矩阵，故 $\|\Delta\boldsymbol{A}\|$ 相当小，$1-\|\boldsymbol{A}^{-1}\|\times\|\Delta\boldsymbol{A}\|\geqslant 0$ 成立，因此

$$\frac{\|\Delta\boldsymbol{x}\|}{\|\boldsymbol{x}\|}\leqslant\frac{\|\boldsymbol{A}^{-1}\|\times\|\Delta\boldsymbol{A}\|}{1-\|\boldsymbol{A}^{-1}\|\times\|\Delta\boldsymbol{A}\|}=\frac{\|\boldsymbol{A}^{-1}\|\times\|\boldsymbol{A}\|\times\dfrac{\|\Delta\boldsymbol{A}\|}{\|\boldsymbol{A}\|}}{1-\|\boldsymbol{A}^{-1}\|\times\|\boldsymbol{A}\|\times\dfrac{\|\Delta\boldsymbol{A}\|}{\|\boldsymbol{A}\|}} \tag{2-53}$$

式(2-53)反映了 $\boldsymbol{x}$ 的相对误差和 $\boldsymbol{A}$ 的相对误差的关系。不难看出，当 $\boldsymbol{A}$ 的相对误差 $\dfrac{\|\Delta\boldsymbol{A}\|}{\|\boldsymbol{A}\|}$ 一定时，$\|\boldsymbol{A}^{-1}\|\times\|\boldsymbol{A}\|$ 增大，不等式右端分子增大，分母减小，右端的值增大，说明由系数矩阵误差引起的解的相对误差的上限增大。

以上分析可知，数 $\|\boldsymbol{A}^{-1}\|\times\|\boldsymbol{A}\|$ 反映了线性方程组 $\boldsymbol{Ax}=\boldsymbol{b}$ 的解对系数矩阵和右端向量误差的灵敏度，该数只与系数矩阵的元素有关，是方程组本身的固有属性，与求解该方程

组的方法无关。$\|\boldsymbol{A}^{-1}\|\times\|\boldsymbol{A}\|$的大小决定了$\boldsymbol{x}$的相对误差的上限，其值越大，解的相对误差的可能性就越大，问题的"病态"程度就越严重。

定义 2.7　若n阶方阵$\boldsymbol{A}$非奇异，则称$\|\boldsymbol{A}^{-1}\|\times\|\boldsymbol{A}\|$为$\boldsymbol{A}$的条件数，记为

$$\mathrm{cond}(\boldsymbol{A})=\|\boldsymbol{A}^{-1}\|\times\|\boldsymbol{A}\| \tag{2-54}$$

由此，式(2-52)和式(2-53)可改写为

$$\frac{\|\Delta\boldsymbol{x}\|}{\|\boldsymbol{x}\|}\leqslant\mathrm{cond}(\boldsymbol{A})\frac{\|\Delta\boldsymbol{b}\|}{\|\boldsymbol{b}\|} \tag{2-55}$$

$$\frac{\|\Delta\boldsymbol{x}\|}{\|\boldsymbol{x}\|}\leqslant\frac{\mathrm{cond}(\boldsymbol{A})\dfrac{\|\Delta\boldsymbol{A}\|}{\|\boldsymbol{A}\|}}{1-\mathrm{cond}(\boldsymbol{A})\dfrac{\|\Delta\boldsymbol{A}\|}{\|\boldsymbol{A}\|}} \tag{2-56}$$

条件数具有如下性质：

(1) $\mathrm{cond}(\boldsymbol{A})\geqslant1$；

(2) $\mathrm{cond}(k\boldsymbol{A})=\mathrm{cond}(\boldsymbol{A})$，$k\neq0$是常数；

(3) $\mathrm{cond}(\boldsymbol{A}^{-1})=\mathrm{cond}(\boldsymbol{A})$；

(4) $\mathrm{cond}(\boldsymbol{AB})\leqslant\mathrm{cond}(\boldsymbol{A})\mathrm{cond}(\boldsymbol{B})$。

条件数反映了方程组的"病态"程度。条件数越小，方程组的性态越好，条件数很大时，称方程组为病态方程组。但多大的条件数才算病态则要视具体问题而定，病态的说法只是相对而言。判断一个矩阵是否病态，需要计算条件数，而条件数的计算是很困难的，单就求$\boldsymbol{A}^{-1}$的计算量已超过求解方程组$\boldsymbol{Ax}=\boldsymbol{b}$，何况当$\boldsymbol{A}$确实为病态时，$\boldsymbol{A}^{-1}$也很难准确求出。根据实践经验，如下一些现象可以作为判断病态矩阵的参考：

(1) 采用列主元消去法求解时出现了小主元；

(2) 系数矩阵中某些行(或列)近似线性相关，或系数行列式的值接近于零；

(3) 系数矩阵元素间数量级相差很大，并且无一定规则。

病态方程组的求解应十分小心，一般可采用下面的方法改善和减轻病态矩阵的影响：

(1) 采用双精度的算术运算；

(2) 对方程组进行预处理，即选择适当的非奇异对角阵$\boldsymbol{D}$、$\boldsymbol{C}$，把求解$\boldsymbol{Ax}=\boldsymbol{b}$的问题转化为求解如下等价线性方程组的问题：

$$\begin{cases}\boldsymbol{DACy}=\boldsymbol{Db}\\ \boldsymbol{y}=\boldsymbol{C}^{-1}\boldsymbol{x}\end{cases}$$

如果对角阵$\boldsymbol{D}$、$\boldsymbol{C}$选择合适，经过这样的转化可使矩阵$\boldsymbol{DAC}$的条件数减小，方程组性态得到改善。

2.5 算例分析

例 1　用顺序高斯消去法求解方程组

$$\begin{cases}2x_1+3x_2+4x_3=6\\ 3x_1+5x_2+2x_3=5\\ 4x_1+3x_2+30x_3=32\end{cases}$$

解 增广矩阵为

$$[\boldsymbol{A}\quad \boldsymbol{b}]=\begin{bmatrix}2 & 3 & 4 & 6\\3 & 5 & 2 & 5\\4 & 3 & 30 & 32\end{bmatrix}$$

第 1 步消元，乘子 $m_{21}=\dfrac{3}{2}$，$m_{31}=\dfrac{4}{2}=2$。

$$[\boldsymbol{A}\quad \boldsymbol{b}]=\begin{bmatrix}2 & 3 & 4 & 6\\3 & 5 & 2 & 5\\4 & 3 & 30 & 32\end{bmatrix}\xrightarrow{r_2-m_{21}r_1,\ r_3-m_{31}r_1}\begin{bmatrix}2 & 3 & 4 & 6\\0 & \dfrac{1}{2} & -4 & -4\\0 & -3 & 22 & 20\end{bmatrix}$$

第 2 步消元，乘子 $m_{32}=-6$。

$$\begin{bmatrix}2 & 3 & 4 & 6\\0 & \dfrac{1}{2} & -4 & -4\\0 & -3 & 22 & 20\end{bmatrix}\xrightarrow{r_3-m_{32}r_2}\begin{bmatrix}2 & 3 & 4 & 6\\0 & \dfrac{1}{2} & -4 & -4\\0 & 0 & -2 & -4\end{bmatrix}$$

从而得到上三角方程组：

$$\begin{bmatrix}2 & 3 & 4\\ & \dfrac{1}{2} & -4\\ & & -2\end{bmatrix}\begin{bmatrix}x_1\\x_2\\x_3\end{bmatrix}=\begin{bmatrix}6\\-4\\-4\end{bmatrix}$$

由回代过程解得方程组的解为 $x_3=2$，$x_2=8$，$x_1=-13$。

例 2 用列主元消去法求解线性方程组

$$\begin{cases}x_1-x_2+x_3=2\\-3x_1+x_2-2x_3=6\\3x_1+x_2-x_3=12\end{cases}$$

解 方程组增广矩阵为

$$[\boldsymbol{A}\quad \boldsymbol{b}]=\begin{bmatrix}1 & -1 & 1 & 2\\-3 & 1 & -2 & 6\\3 & 1 & -1 & 12\end{bmatrix}$$

第 1 步消元，选绝对值最大的 $a_{21}=-3$ 作为列主元，将增广矩阵中第 2 行与第 1 行交换，有

$$[\boldsymbol{A}\quad \boldsymbol{b}]=\begin{bmatrix}1 & -1 & 1 & 2\\-3 & 1 & -2 & 6\\3 & 1 & -1 & 12\end{bmatrix}\xrightarrow{r_1\leftrightarrow r_2}\begin{bmatrix}-3 & 1 & -2 & 6\\1 & -1 & 1 & 2\\3 & 1 & -1 & 12\end{bmatrix}$$

乘子 $m_{21}=\dfrac{1}{-3}=-\dfrac{1}{3}$，$m_{31}=\dfrac{3}{-3}=-1$。

$$\begin{bmatrix}-3 & 1 & -2 & 6\\1 & -1 & 1 & 2\\3 & 1 & -1 & 12\end{bmatrix}\xrightarrow{r_2-m_{21}r_1,\ r_3-m_{31}r_1}\begin{bmatrix}-3 & 1 & -2 & 6\\0 & -\dfrac{2}{3} & \dfrac{1}{3} & 4\\0 & 2 & -3 & 18\end{bmatrix}$$

第 2 步消元，选绝对值最大的 $a_{32}=-2$ 作为列主元，将增广矩阵中第 3 行与第 2 行交换，有

$$\begin{bmatrix} -3 & 1 & -2 & 6 \\ 0 & -\frac{2}{3} & \frac{1}{3} & 4 \\ 0 & 2 & -3 & 18 \end{bmatrix} \xrightarrow{r_2 \leftrightarrow r_3} \begin{bmatrix} -3 & 1 & -2 & 6 \\ 0 & 2 & -3 & 18 \\ 0 & -\frac{2}{3} & \frac{1}{3} & 4 \end{bmatrix}$$

乘子 $m_{32}=\dfrac{-\frac{2}{3}}{2}=-\dfrac{1}{3}$。

$$\begin{bmatrix} -3 & 1 & -2 & 6 \\ 0 & 2 & -3 & 18 \\ 0 & -\frac{2}{3} & \frac{1}{3} & 4 \end{bmatrix} \xrightarrow{r_3 - m_{32} r_2} \begin{bmatrix} -3 & 1 & -2 & 6 \\ 0 & 2 & -3 & 18 \\ 0 & 0 & -\frac{2}{3} & 10 \end{bmatrix}$$

至此，从而得到上三角方程组：

$$\begin{bmatrix} -3 & 1 & -2 \\ & 2 & -3 \\ & & -\frac{2}{3} \end{bmatrix} \begin{bmatrix} x_1 \\ x_2 \\ x_3 \end{bmatrix} = \begin{bmatrix} 6 \\ 18 \\ 10 \end{bmatrix}$$

由回代过程解得方程组的解为 $x_3=-15$，$x_2=-\dfrac{27}{2}$，$x_1=\dfrac{7}{2}$。

例 3　试用平方根法和改进的平方根法解方程组

$$\begin{cases} 6x_1 + x_2 = 6 \\ x_1 + 4x_2 + x_3 = 24 \\ x_2 + 14x_3 = 322 \end{cases}$$

解　(1) 平方根法。由式(2 - 34)和式(2 - 35)求得矩阵 $\overline{\boldsymbol{L}}$ 中的元素如下：

$$l_{11}=\sqrt{a_{11}}=\sqrt{6}=2.4495$$

$$l_{21}=\frac{a_{21}}{\sqrt{6}}=\frac{1}{\sqrt{6}}=0.408\ 25$$

$$l_{31}=\frac{a_{13}}{\sqrt{6}}=0$$

$$l_{22}=\sqrt{a_{22}-l_{21}^2}=\sqrt{\frac{23}{6}}=1.9579$$

$$l_{32}=\frac{a_{32}-l_{31}l_{21}}{l_{22}}=\sqrt{\frac{6}{23}}=0.510\ 76$$

$$l_{33}=\sqrt{a_{33}-l_{31}^2 l_{32}^2}=\sqrt{14-\frac{6}{23}}=3.7066$$

于是有系数矩阵 $\boldsymbol{A}=\overline{\boldsymbol{L}}\overline{\boldsymbol{L}}^{\mathrm{T}}$ 分解

$$\boldsymbol{A}=\begin{bmatrix} 6 & 1 & 0 \\ 1 & 4 & 1 \\ & 1 & 14 \end{bmatrix}=\begin{bmatrix} 2.4495 & 0 & 0 \\ 0.40825 & 1.9579 & 0 \\ 0 & 0.51075 & 3.7066 \end{bmatrix}\begin{bmatrix} 2.4495 & 0.40825 & 0 \\ 0 & 1.9579 & 0.51075 \\ 0 & 0 & 3.7066 \end{bmatrix}$$

由

$$\begin{bmatrix} 2.4495 & 0 & 0 \\ 0.40825 & 1.9579 & 0 \\ 0 & 0.51075 & 3.7066 \end{bmatrix}\begin{bmatrix} y_1 \\ y_2 \\ y_3 \end{bmatrix}=\begin{bmatrix} 6 \\ 24 \\ 322 \end{bmatrix}$$

解得 $y_1=2.4495$，$y_2=11.247$，$y_3=85.254$。

由

$$\begin{bmatrix} 2.4495 & 0.40825 & 0 \\ 0 & 1.9579 & 0.51075 \\ 0 & 0 & 3.7066 \end{bmatrix}\begin{bmatrix} x_1 \\ x_2 \\ x_3 \end{bmatrix} - \begin{bmatrix} 2.4495 \\ 11.247 \\ 85.254 \end{bmatrix}$$

解得 $x_1=1$，$x_2=0$，$x_3=23$。

(2) 改进的平方根法。根据对称正定矩阵的 $\boldsymbol{A}=\boldsymbol{LDL}^{\mathrm{T}}$ 分解算法，矩阵 $\boldsymbol{L}$ 和 $\boldsymbol{D}$ 中的元素如下：

$$d_1=a_{11}=6$$

$$l_{21}=\frac{a_{21}}{d_1}=\frac{1}{6}=0.166\ 67,\ d_2=a_{22}-l_{21}^2 d_1=3.8333$$

$$l_{31}=\frac{a_{31}}{d_1}=0,\ l_{32}=\frac{a_{32}-l_{31}l_{21}d_1}{d_2}=0.260\ 87,\ d_3=a_{33}-(l_{31}^2 d_1+l_{32}^2 d_2)=14-0.260\ 87=13.739$$

于是有

$$\boldsymbol{A}=\begin{bmatrix} 6 & 1 & 0 \\ 1 & 4 & 1 \\ & 1 & 14 \end{bmatrix}=\begin{bmatrix} 1 & 0 & 0 \\ 0.1667 & 1 & 0 \\ 0 & 0.26087 & 1 \end{bmatrix}\begin{bmatrix} 6 & 0 & 0 \\ 0 & 3.8333 & 0 \\ 0 & 0 & 13.739 \end{bmatrix}\begin{bmatrix} 1 & 0.1667 & 0 \\ 0 & 1 & 0.26087 \\ 0 & 0 & 1 \end{bmatrix}$$

解 $\boldsymbol{Ly}=\boldsymbol{b}$ 得 $y_1=6$，$y_2=23$，$y_3=316$。

解 $\boldsymbol{L}^{\mathrm{T}}\boldsymbol{x}=\boldsymbol{D}^{-1}\boldsymbol{y}$ 得 $x_3=23$，$x_2=0$，$x_1=1$。

例 4　用追赶法解方程组

$$\begin{bmatrix} 2 & -1 & 0 & 0 \\ -1 & 2 & -1 & 0 \\ 0 & -1 & 2 & -1 \\ 0 & 0 & -1 & 2 \end{bmatrix}\begin{bmatrix} x_1 \\ x_2 \\ x_3 \\ x_4 \end{bmatrix}=\begin{bmatrix} 1 \\ 0 \\ 0 \\ 1 \end{bmatrix}$$

解　(1) 计算 $\{\beta_i\}$：

$$\beta_1=\frac{c_1}{b_1}=-\frac{1}{2}$$

$$\alpha_2=b_2-a_2\beta_1=\frac{3}{2},\ \beta_2=\frac{c_2}{\alpha_2}=-\frac{2}{3}$$

$$\alpha_3=b_3-a_3\beta_2=\frac{4}{3},\ \beta_3=\frac{c_3}{\alpha_3}=-\frac{3}{4}$$

$$\alpha_4=b_4-a_4\beta_3=\frac{5}{4}$$

(2) 计算 $\{y_i\}$：

$$y_1=\frac{f_1}{b_1}=\frac{1}{2},\ y_2=\frac{f_2-a_2y_1}{\alpha_2}=\frac{1}{3},\ y_3=\frac{f_3-a_3y_2}{\alpha_3}=\frac{1}{4},\ y_4=\frac{f_4-a_4y_3}{\alpha_4}=1$$

(3) 求解计算 $\{x_i\}$：

$$x_4=y_4=1,\ x_3=y_3-\beta_3x_4=1,\ x_2=y_2-\beta_2x_3=1,\ x_1=y_1-\beta_1x_2=1$$

例 5　计算例 2-6 中线性方程组系数矩阵的条件数，并说明方程组的性态。

解　系数矩阵为

$$A=\begin{bmatrix}1 & 0.99\\0.99 & 0.98\end{bmatrix}$$

逆阵为

$$A^{-1}=\begin{bmatrix}-9800 & 9900\\9900 & 10000\end{bmatrix}$$

则

$$\|A^{-1}\|_\infty=19900,\ \|A\|_\infty=1.99$$

$$\text{cond}(A)_\infty=\|A^{-1}\|_\infty\times\|A\|_\infty=39601\gg 1$$

系数矩阵条件数远远大于 1，故方程组是病态的。

本章小结

本章介绍了求解线性方程组的几种常用直接解法，探讨了各方法的求解原理，给出了详细算法，并对线性方程组解的误差进行了分析。

顺序高斯消去法是解线性方程组最基本的方法，该方法思路清楚，算法较简单，但消元过程出现主元素绝对值很小时会引起舍入误差的扩散，使得最终计算结果不可靠。列主元消去法在消元过程中引进了选主元的技巧，减小了舍入误差对计算结果的影响，提高了算法的稳定性，是一种常用的线性方程组直接解法。本章从矩阵分析的角度研究了高斯消去法的消元过程，证实方程组系数矩阵的 $A=LU$ 分解实质上是顺序高斯消去法的变形，通过三角分解，原方程组的求解可转换成两个三角方程组的求解。平方根法、改进的平方根法和追赶法均源于矩阵的 $A=LU$，具有算法稳定、计算量和存储量小的特点。其中平方根法和改进的平方根法适用于系数矩阵是对称正定矩阵的线性方程组的求解，而追赶法仅适用于对角占优的三对角方程组的求解。

直接法计算量小、精度高，但程序复杂，特别是对高阶线性方程组的求解易受计算机容量的限制，因此多用于求解阶数低且系数矩阵稠密的线性方程组。对于高阶特别是高阶稀疏矩阵，迭代法是更有效的求解方法。

在引进向量范数和矩阵范数的概念后，分析了采用直接解法时，方程组初始数据扰动对求解结果的影响。介绍了条件数的概念，指出条件数是判别线性方程组性态的依据。

习　题

1. 用顺序高斯消去法和列主元消去法分别求解下列线性方程组。

(1) $\begin{bmatrix}1 & 2 & -1\\-3 & 1 & 2\\3 & -2 & 1\end{bmatrix}\begin{bmatrix}x_1\\x_2\\x_3\end{bmatrix}=\begin{bmatrix}1\\2\\3\end{bmatrix}$；(2) $\begin{bmatrix}2 & 3 & 5\\3 & 4 & 7\\1 & 3 & 3\end{bmatrix}\begin{bmatrix}x_1\\x_2\\x_3\end{bmatrix}=\begin{bmatrix}5\\6\\5\end{bmatrix}$。

2. 将矩阵 $A=\begin{bmatrix}2 & 1 & 4\\4 & 4 & 1\\6 & 5 & 12\end{bmatrix}$ 进行 LU 分解，并求线性方程组 $Ax=b$ 的解，其中 $b=\begin{bmatrix}1\\6\\14\end{bmatrix}$。

3. 设 n 阶方阵 $\boldsymbol{A}$ 的各阶主子式 $\det(\boldsymbol{A}_k)\neq 0(k=1, 2, \cdots, n)$，证明：存在唯一的单位下三角阵 $\boldsymbol{L}$ 和上三角阵 $\boldsymbol{U}$，使 $\boldsymbol{A}=\boldsymbol{L}\boldsymbol{U}$。

4. 已知矩阵

$$\boldsymbol{A}=\begin{bmatrix}1 & 2 & 6\\ 2 & 5 & 15\\ 6 & 15 & 46\end{bmatrix}$$

试对矩阵 $\boldsymbol{A}$ 进行 $\boldsymbol{A}=\overline{\boldsymbol{L}}\,\overline{\boldsymbol{L}}^{\mathrm{T}}$ 分解，并利用分解因子矩阵 $\overline{\boldsymbol{L}}$ 求 $\boldsymbol{A}$ 的逆阵 $\boldsymbol{A}^{-1}$。

5. 用平方根法和改进的平方根法求解方程组 $\boldsymbol{A}\boldsymbol{x}=\boldsymbol{b}$，其中

$$\boldsymbol{A}=\begin{bmatrix}3 & 2 & 1\\ 2 & 2 & 1\\ 1 & 1 & 1\end{bmatrix},\ \boldsymbol{b}=\begin{bmatrix}4\\ 3\\ 6\end{bmatrix}$$

6. 用追赶法解三对角方程组 $\boldsymbol{A}\boldsymbol{x}=\boldsymbol{b}$，其中

$$\boldsymbol{A}=\begin{bmatrix}2 & 1 & 0\\ 1 & 4 & 1\\ 0 & 1 & 3\end{bmatrix},\ \boldsymbol{b}=\begin{bmatrix}3\\ 12\\ 11\end{bmatrix}$$

7. 求下列向量的 $\|\boldsymbol{x}\|_1$、$\|\boldsymbol{x}\|_2$、$\|\boldsymbol{x}\|_\infty$。

(1) $\boldsymbol{x}=(1\quad -4\quad 2)^{\mathrm{T}}$；(2) $\boldsymbol{x}=(0\quad 2\quad 4)^{\mathrm{T}}$。

8. 求下列矩阵的 $\|\boldsymbol{A}\|_1$、$\|\boldsymbol{A}\|_2$、$\|\boldsymbol{A}\|_\infty$。

(1) $\boldsymbol{A}=\begin{bmatrix}1 & 3\\ -1 & 2\end{bmatrix}$；(2) $\boldsymbol{A}=\begin{bmatrix}2 & 0 & 1\\ 1 & 7 & 2\\ 6 & 5 & 4\end{bmatrix}$。

9. 设 $\boldsymbol{A}$ 为非奇异阵，证明 $\|\boldsymbol{A}^{-1}\|\geqslant\dfrac{1}{\|\boldsymbol{A}\|}$。

10. 分析方程组

$$\begin{cases}12x_1+35x_2=59\\ 12x_1+35.000\,001x_2=59.000\,001\end{cases}$$

的性态。

第 3 章　线性方程组的迭代解

对于变量个数不多的线性方程组采用直接法是非常有效的一种方法。而对高阶方程组，特别是系数矩阵为无规律的大型的稀疏阵(即矩阵中有许多零元素)，直接法很难克服存储问题，特别是在多次消元、回代的过程中，四则运算的误差积累与传播无法控制，致使计算结果精度也难以保证。因此，我们引入线性方程组的另一类解法——迭代法。由于它具有保持迭代矩阵不变的特点，特别适用于求解大型稀疏系数矩阵的方程组。此外，利用迭代法只要判定系数矩阵满足收敛条件，尽管多次迭代计算量较大，但都能达到预定的精度，在存储和计算方面可不必存储系数矩阵中的零，具有容易编制程序的优势。

本章主要介绍雅可比(Jacobi)迭代法、高斯—赛德尔(Gauss-Seidel)迭代法及逐次超松弛 SOR(Successive Over Relaxation)迭代法。

3.1　迭代法的基本思想

设有 n 元线性方程组：

$$\begin{cases} a_{11}x_1 + a_{12}x_2 + \cdots + a_{1n}x_n = b_1 \\ a_{21}x_1 + a_{22}x_2 + \cdots + a_{2n}x_n = b_2 \\ \quad\vdots \\ a_{n1}x_1 + a_{n2}x_2 + \cdots + a_{nn}x_n = b_n \end{cases} \tag{3-1}$$

其矩阵形式为 $\boldsymbol{Ax}=\boldsymbol{b}$，这里 $\boldsymbol{A}=(a_{ij})_{n\times n}$ 为系数矩阵，$\boldsymbol{x}=(x_1, x_2, \cdots, x_n)^{\mathrm{T}}$，$\boldsymbol{b}=(b_1, b_2, \cdots, b_n)^{\mathrm{T}}$。

将方程组(3-1)等价变形为

$$\begin{cases} x_1 = b_{11}x_1 + b_{12}x_2 + \cdots + b_{1n}x_n + g_1 \\ x_2 = b_{21}x_1 + b_{22}x_2 + \cdots + b_{2n}x_n + g_2 \\ \quad\vdots \\ x_n = b_{n1}x_1 + b_{n2}x_2 + \cdots + b_{nn}x_n + g_n \end{cases} \tag{3-2}$$

记 $\boldsymbol{x}=(x_1, x_2, \cdots, x_n)^{\mathrm{T}}$，$\boldsymbol{B}=(b_{ij})_{n\times n}$，$\boldsymbol{g}=(g_1, g_2, \cdots, g_n)^{\mathrm{T}}$，得到式(3-2)的矩阵形式 $\boldsymbol{x}=\boldsymbol{Bx}+\boldsymbol{g}$，进而建立迭代公式：

$$\begin{cases} x_1^{k+1} = b_{11}x_1^{(k)} + b_{12}x_2^{(k)} + \cdots + b_{1n}x_n^{(k)} + g_1 \\ x_2^{k+1} = b_{21}x_1^{(k)} + b_{22}x_2^{(k)} + \cdots + b_{2n}x_n^{(k)} + g_2 \\ \quad\vdots \\ x_n^{k+1} = b_{n1}x_1^{(k)} + b_{n1}x_2^{(k)} + \cdots + b_{nn}x_n^{(k)} + g_n \end{cases} \tag{3-3}$$

记 $\boldsymbol{x}^k=(x_1^k, x_2^k, \cdots, x_n^k)^{\mathrm{T}}$，其矩阵形式为

$$\boldsymbol{x}^{(k+1)}=\boldsymbol{Bx}^{(k)}+\boldsymbol{g} \quad (k=0, 1, 2, \cdots)$$

取初始向量 $\boldsymbol{x}^0$，则由式(3-3)可产生向量序列$\{\boldsymbol{x}^{(k)}\}$，按式(3-3)进行迭代以求方程组

(3-1)的近似解的方法称为简单迭代法，称式(3-3)为简单迭代公式。

例 3-1　用迭代法解方程组

$$\begin{cases}10x_1-2x_2-x_3=3\\-2x_1+10x_2-x_3=15\\-x_1-2x_2+5x_3=10\end{cases}\qquad(3-4)$$

解　把方程组改写成如下的同解方程组：

$$\begin{cases}x_1= \quad 0.2x_2+0.1x_3+0.3\\x_2=0.2x_1 \quad +0.1x_3+1.5\\x_3=0.2x_1+0.4x_2 \quad +2\end{cases}$$

由此建立迭代公式：

$$\begin{cases}x_1^{(k+1)}= \quad 0.2x_2^{(k)}+0.1x_3^{(k)}+0.3\\x_2^{(k+1)}=0.2x_1^{(k)} \quad +0.1x_3^{(k)}+1.5\\x_3^{(k+1)}=0.2x_1^{(k)}+0.4x_2^{(k)} \quad +2\end{cases}\qquad(3-5)$$

取初始向量 $\boldsymbol{x}^{(0)}=(0,0,0)^{\mathrm{T}}$，用式(3-5)反复迭代得到向量序列$\{\boldsymbol{x}^{(k)}\}$($\boldsymbol{x}^{(k)}=(x_1^{(k)}, x_2^{(k)}, x_3^{(k)})^{\mathrm{T}}$)，见表 3-1。

表 3-1　简单迭代法的运算结果

k	$x_1^{(k)}$	$x_2^{(k)}$	$x_3^{(k)}$
0	0	0	0
1	0.3000	1.5000	2.0000
2	0.8000	1.7600	2.6600
3	0.9180	1.9260	2.8640
4	0.9716	1.9700	2.9540
5	0.9894	1.9897	2.9823
6	0.9963	1.9961	2.9938
7	0.9986	1.9986	2.9977
8	0.9995	1.9995	2.9992
9	0.9998	1.9998	2.9998

方程组的精确解是 $x_1=1$，$x_2=2$，$x_3=3$。从表 3-1 中可看出，随迭代次数的增加，向量序列$\{\boldsymbol{x}^{(k)}\}$逼近解向量 $\boldsymbol{x}=(1,2,3)^{\mathrm{T}}$。在条件 $\max\limits_{1\leqslant i\leqslant 3}|x_i^{(k+1)}-x_i^{(k)}|\leqslant 10^{-3}$ 下，以 $x^{(9)}=(0.9998, 1.9998, 2.9998)^{\mathrm{T}}$为方程组的近似解。

3.2　雅可比迭代法与高斯—赛德尔迭代法

3.2.1　雅可比迭代法

雅可比迭代法是一种求实对称矩阵的全部特征值及对应特征向量的方法。其基本思想是，通过正交相似变换，把实对称矩阵逐步转化为对角矩阵。这种算法的优点是公式简单，迭代矩阵容易计算。在每一步迭代时，用 $x^{(k)}$ 的全部分量代入求出 $x^{(k+1)}$ 的全部分量，因此又称为同步迭代法，计算时需要保留两个近似解向量 $\boldsymbol{x}^{(k)}$ 和 $\boldsymbol{x}^{(k+1)}$。

设方程组(3-1)的系数矩阵 $\boldsymbol{A}$ 的主对角线上的元素 $a_{ij}\neq 0(i=1, 2, \cdots, n)$，则可将方程组(3-1)等价变形为

$$\begin{cases} x_1 = 0x_1 - \dfrac{a_{12}}{a_{11}}x_2 - \cdots - \dfrac{a_{1n}}{a_{11}}x_n + \dfrac{b_1}{a_{11}} \\ x_2 = \dfrac{a_{21}}{a_{22}}x_1 - 0x_2 - \cdots - \dfrac{a_{2n}}{a_{22}}x_n + \dfrac{b_2}{a_{22}} \\ \quad\vdots \\ x_n = \dfrac{a_{n1}}{a_{nn}}x_1 - \cdots - \dfrac{a_{n(n-1)}}{a_{nn}}x_{n-1} - 0x_n + \dfrac{b_n}{a_{nn}} \end{cases} \tag{3-6}$$

其迭代公式为

$$\begin{cases} x_1^{(k+1)} = 0x_1^{(k)} - \dfrac{a_{12}}{a_{11}}x_2^{(k)} - \cdots - \dfrac{a_{1n}}{a_{11}}x_n^{(k)} + \dfrac{b_1}{a_{11}} \\ x_2^{(k+1)} = \dfrac{a_{21}}{a_{22}}x_1^{(k)} - 0x_2^{(k)} - \cdots - \dfrac{a_{2n}}{a_{22}}x_n^{(k)} + \dfrac{b_2}{a_{22}} \\ \quad\vdots \\ x_n^{(k+1)} = \dfrac{a_{n1}}{a_{nn}}x_1^{(k)} - \dfrac{a_{n2}}{a_{nn}}x_2^{(k)} - \cdots - 0x_n^{(k)} + \dfrac{b_n}{a_{nn}} \end{cases} \tag{3-7}$$

其矩阵形式为

$$\boldsymbol{x}^{(k+1)} = (\boldsymbol{E} - \boldsymbol{D}^{-1}\boldsymbol{A})x^{(k)} + \boldsymbol{D}^{-1}b$$

这里，$\boldsymbol{E}$ 为单位矩阵，$\boldsymbol{D}^{-1}=(a_{11}^{-1}, a_{22}^{-1}, \cdots, a_{nn}^{-1})$。

记 $\boldsymbol{B}=\boldsymbol{E}-\boldsymbol{D}^{-1}\boldsymbol{A}$，$\boldsymbol{g}=\boldsymbol{D}^{-1}b$，上式可写为

$$\boldsymbol{x}^{(k+1)} = \boldsymbol{B}\boldsymbol{x}^{(k)} + \boldsymbol{g}$$

这里，$\boldsymbol{g}=\left(\dfrac{b_1}{a_{11}}, \dfrac{b_2}{a_{22}}, \cdots, \dfrac{b_n}{a_{nn}}\right)^{\mathrm{T}}$。迭代公式(3-7)称为雅可比迭代公式，按公式(3-7)进行迭代以求得方程组(3-1)的解的方法称为雅可比迭代法。

记雅可比迭代法的迭代矩阵为

$$\boldsymbol{B}=\boldsymbol{E}-\boldsymbol{D}^{-1}\boldsymbol{A}=\begin{bmatrix} 0 & -\dfrac{a_{12}}{a_{11}} \cdots & -\dfrac{a_{1n}}{a_{11}} \\ -\dfrac{a_{21}}{a_{22}} & 0 & \cdots -\dfrac{a_{2n}}{a_{22}} \\ \vdots & \vdots & \vdots \\ -\dfrac{a_{n1}}{a_{nn}} & -\dfrac{a_{n2}}{a_{nn}} \cdots & 0 \end{bmatrix}$$

例 3-2　用雅可比迭代法求解方程组 $\begin{cases} 10x_1 - x_2 - 2x_3 = 7.2 \\ -x_1 + 10x_2 - 2x_3 = 8.3 \\ -x_1 - x_2 + 5x_3 = 4.2 \end{cases}$，要求 $\max\limits_{1\leqslant i\leqslant 3}|x_i^{(k+1)} - x_i^{(k)}|\leqslant 10^{-4}$ 时迭代终止，迭代初值为 $\boldsymbol{x}^{(0)}=(0, 0, 0)^{\mathrm{T}}$。

解 从方程组中分离出变量 x_1、x_2、x_3，将方程组改写成便于迭代的等价形式：

$$\begin{cases} x_1 = \quad 0.1x_2 + 0.2x_3 + 0.72 \\ x_2 = 0.1x_1 \quad + 0.2x_3 + 0.83 \\ x_3 = 0.2x_1 + 0.2x_2 \quad + 0.84 \end{cases}$$

并建立迭代公式：

$$\begin{cases} x_1^{(k+1)} = \quad 0.1x_2^{(k)} + 0.2x_3^{(k)} + 0.72 \\ x_2^{(k+1)} = 0.1x_1^{(k)} \quad + 0.2x_3^{(k)} + 0.83 \\ x_3^{(k+1)} = 0.2x_1^{(k)} + 0.2x_2^{(k)} \quad + 0.84 \end{cases}$$

取迭代初值 $x_1^{(0)} = x_2^{(0)} = x_3^{(0)} = 0$，计算迭代结果如表 3-2 所示。

表 3-2 雅可比迭代法迭代结果

k	$x_1^{(k)}$	$x_2^{(k)}$	$x_3^{(k)}$
0	0	0	0
1	0.720 00	0.830 00	0.840 00
2	0.971 00	1.070 00	1.150 00
3	1.057 00	1.157 10	1.248 20
4	1.085 35	1.185 34	1.282 82
5	1.095 10	1.195 10	1.294 14
6	1.098 34	1.198 34	1.295 04
7	1.099 44	1.199 81	1.299 34
8	1.099 81	1.199 41	1.299 78

容易验证方程组的精确解为 $x_1^* = 1.1$，$x_2^* = 1.2$，$x_3^* = 1.3$，因为 $|x_i^{(8)} - x_i^{(7)}| \leqslant 10^{-4}$ $(i=1, 2, 3)$，故把迭代 8 次后的 $\boldsymbol{x}^{(8)} = (1.099\,81, 1.199\,41, 1.299\,78)^{\mathrm{T}}$ 作为方程组的近似解。

3.2.2 高斯—赛德尔迭代法

为提高收敛速度，在雅可比迭代法的基础上，首先用 $x^{(k)} = (x_1^{(k)}, x_2^{(k)}, \cdots, x_n^{(k)})^{\mathrm{T}}$ 代入雅可比迭代的第一个方程求出 $x_1^{(k+1)}$ 并用 $x_1^{(k+1)}$ 替换 $x_1^{(k)}$；用 $(x_1^{(k+1)}, x_2^{(k)}, \cdots, x_n^{(k)})^{\mathrm{T}}$ 代入雅可比迭代的第二个方程式求 $x_2^{(k+1)}$，求得 $x_2^{(k+1)}$ 后，即替换 $x_2^{(k)}$；用 $(x_1^{(k+1)}, x_2^{(k+1)}, x_3^{(k)}, \cdots, x_n^{(k)})^{\mathrm{T}}$ 代入雅可比迭代的第三个方程式 $x_3^{(k+1)}$，如此逐个替换，直到 $x^{(k)}$ 的所有分量完成替换，得到 $x^{(k+1)}$。这就是高斯—赛德尔迭代，式(3-8)为高斯—赛德尔迭代公式。

$$\begin{cases} x_1^{(k+1)} = \dfrac{1}{a_{11}}(-a_{12}x_2^{(k)} - a_{13}x_3^{(k)} - \cdots - a_{1n}x_n^{(k)} + b_1) \\ x_2^{(k+1)} = \dfrac{1}{a_{22}}(-a_{21}x_1^{(k+1)} - a_{23}x_3^{(k)} - \cdots - a_{2n}x_n^{(k)} + b_2) \\ \quad\vdots \\ x_n^{(k+1)} = \dfrac{1}{a_{nn}}(-a_{n1}x_1^{(k+1)} - a_{n2}x_2^{(k+1)} - \cdots - a_{n(n-1)}x_{n-1}^{(k+1)} + b_n) \end{cases} \tag{3-8}$$

类似地，表示出式(3－8)的矩阵形式：

$$\boldsymbol{X}^{(k+1)}=-\boldsymbol{D}^{-1}(\boldsymbol{L}\boldsymbol{X}^{(k+1)}+\boldsymbol{U}\boldsymbol{X}^{(k)})+\boldsymbol{D}^{-1}b$$

上式的两端分别左乘 $\boldsymbol{D}$ 得

$$DX^{(k+1)}=-LX^{(k+1)}-UX^{(k)}+b$$

移项得

$$(D+L)X^{(k+1)}=-UX^{(k)}+b$$

因为 $a_{ii}\neq0(i=1,2,\cdots,n)$，所以行列式 $|D+L|\neq0$，故将上式的两端左乘 $(D+L)^{-1}$ 得

$$X^{(k+1)}=-(D+L)^{-1}UX^{(k)}+(D+L)^{-1}b$$

令 $G=-(D+L)^{-1}U$，$d_1=(D+L)^{-1}b$，则

$$X^{(k+1)}=GX^{(k)}+d_1 \tag{3-9}$$

式(3－8)、式(3－9)称为解线性方程组 $\boldsymbol{A}\boldsymbol{x}=\boldsymbol{b}$ 的高斯—赛德尔迭代法，称矩阵 $\boldsymbol{G}$ 为迭代矩阵。

由于当新的分量求得后，马上用它来代替旧的分量，因此计算机计算时不需要两组工作单元存放 $x^{(k)}$ 和 $x^{(k+1)}$，而仅需一组工作单元来存放 $x^{(k)}$ 的分量。这样计算速度加快且存储量减少，我们可以将高斯—赛德尔迭代法看做对雅可比迭代法的一种修正。

例 3－3　用高斯—赛德尔迭代法求解方程组 $\begin{cases}10x_1-2x_2-x_3=3\\-2x_1+10x_2-x_3=15\\-x_1-2x_2+5x_3=10\end{cases}$，取初始向量 $\boldsymbol{x}^{(0)}=(0,0,0)^{\mathrm{T}}$，要求 $\max\limits_{1\leqslant i\leqslant3}|x_i^{(k+1)}-x_i^{(k)}|\leqslant10^{-3}$ 时迭代终止。

解　运用高斯—赛德尔迭代法公式，有

$$\begin{cases}x_1^{(k+1)}= & 0.2x_2^{(k)}+0.1x_3^{(k)}+0.3\\x_1^{(k+1)}=0.2x_1^{(k+1)} & +0.1x_3^{(k)}+1.5\\x_1^{(k+1)}=0.2x_1^{(k+1)}+0.4x_2^{(k+1)} & +2\end{cases}$$

计算结果如表 3－3 所示。

表 3－3　高斯—赛德尔迭代结果

k	$x_1^{(k)}$	$x_2^{(k)}$	$x_3^{(k)}$
0	0	0	0
1	0.300 00	1.560 00	2.684 00
2	0.880 40	1.944 48	2.953 87
3	0.984 28	1.992 24	2.993 75
4	0.997 82	1.998 94	2.999 14
5	0.999 70	1.999 85	2.999 88
6	0.999 96	1.999 98	2.999 98

因为 $|x_i^{(6)}-x_i^{(5)}|\leqslant10^{-3}(i=1,2,3)$，所以 $x^{(6)}$ 可作为方程组的近似向量解。

3.2.3　高斯—赛德尔迭代法算法设计

1. 高斯—赛德尔算法的基本思想

由雅可比迭代公式可知，在迭代的每一步计算过程中是用 $x^{(k)}$ 的全部分量来计算 $x^{(k+1)}$ 的所有分量，显然在计算第 i 个分量 $x_i^{(k+1)}$ 时，已经计算出的最新分量有 $x_1^{(k+1)}$，$x_2^{(k+1)}$，…，$x_{i-1}^{(k+1)}$，而这些最新计算出的分量可能比旧的分量更为精确。因此，第 $k+1$ 次近似 $x^{(k+1)}$ 的分量 $x_i^{(k+1)}$ 可以加以利用，从而得到解方程组的高斯—赛德尔迭代法。

- 输入参数：矩阵 $\boldsymbol{A}$，右端向量 $\boldsymbol{b}$，初始点 $x^{(0)}$，精度要求 ε。
- 输出参数：方程组的近似解 x。
- 算法步骤：

Step 1：输入矩阵 $\boldsymbol{A}$，右端向量 $\boldsymbol{b}$，初始点 $x^{(0)}$，精度要求 ε。

Step 2：计算

$$x_1 = \frac{b_1 - \sum_{j=2}^{n} a_1 x_j^{(0)}}{a_{11}}$$

$$x_i = \frac{b_i - \sum_{j=1}^{i=1} a_{1j} x_j - \sum_{j=i+1}^{n} a_{1j} x_j^{(0)}}{a_{ii}} \quad (i = 2, 3, \cdots, n-1)$$

$$x_n = \frac{b_n - \sum_{j=1}^{n-1} a_{nj} x_j}{a_{nn}}$$

Step 3：若 $\|x - x^{(0)}\| \leqslant \varepsilon$，则循环终止，输出向量 $\boldsymbol{x}$ 作为方程组的近似解；否则转 Step2。

2. N-S 流程图

用高斯—赛德尔迭代法求解方程组的 N-S 流程图如图 3-1 所示。

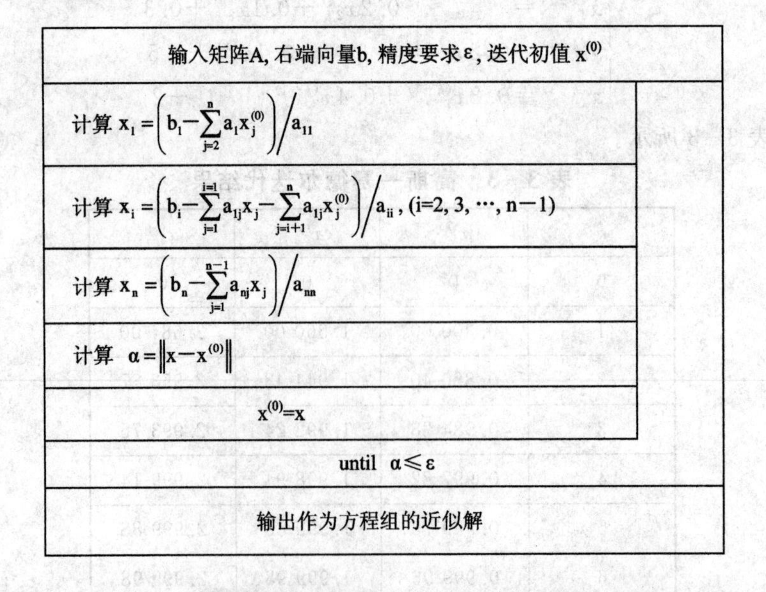

图 3-1　高斯—赛德尔迭代法求解方程组的 N-S 流程图

3.3　逐次超松弛迭代法

逐次超松弛迭代法是高斯—赛德尔迭代法的一种加速改进方法，是解大型稀疏矩阵方程组的有效方法之一；其基本思想是将高斯—赛德尔迭代法得到的第 $k+1$ 次近似解向量 $x^{(k+1)}$ 与第 k 次近似解向量 $x^{(k)}$ 作加权平均，当权因子(即松弛因子)ω 选取适当时，加速效果很显著。因此，这一方法的关键是如何选取最佳的松弛因子，下面具体介绍。

由式(3-8)可将高斯—赛德尔迭代法的第 i 个式子改写为

$$x_i^{(k+1)} = x_i^{(k)} + \frac{1}{a_{ii}}\left(b_i - \sum_{j=1}^{i-1} a_{ij}x_j^{(k+1)} - \sum_{j=i}^{n} a_{ij}x_j^{(k)}\right) \quad (i=1, 2, \cdots, n) \quad (3-10)$$

记 $\gamma_i^{(k)} = b_i - \sum\limits_{j=1}^{i-1} a_{ij}x_j^{(k+1)} - \sum\limits_{j=i}^{n} a_{ij}x_j^{(k)}$，式(3-10)是给 $x_i^{(k)}$ 增加一个修正量 $\frac{1}{a_{ii}}\gamma_i^{(k)}$ 作为 $x_i^{(k+1)}$ 的值。为了收敛得更快，给修正量乘以一个参数 ω，即

$$x_i^{(k+1)} = x_i^{(k)} + \frac{\omega}{a_{ii}}\left(b_i - \sum_{j=1}^{i-1} a_{ij}x_j^{(k+1)} - \sum_{j=i}^{n} a_{ij}x_j^{(k)}\right)$$
$$(i=1, 2, \cdots, n;\ k=0, 1, 2, \cdots) \quad (3-11)$$

为方便计算，将式(3-11)写为

$$x_i^{(k+1)} = (1-\omega)x_i^{(k)} + \frac{\omega}{a_{ii}}\left(b_i - \sum_{j=1}^{i-1} a_{ij}x_j^{(k+1)} - \sum_{j=i+1}^{n} a_{ij}x_j^{(k)}\right)$$
$$(i=1, 2, \cdots, n;\ k=0, 1, 2, \cdots) \quad (3-12)$$

这种迭代法称为逐次超松弛迭代法，简称 SOR 方法，ω 称为松弛因子，适当选取 ω 的值，可以比高斯—赛德尔迭代法收敛得更快。显然，当取 $\omega=1$ 时，式(3-12)就是高斯—赛德尔迭代公式。当 $\omega<1$ 时称做低松弛法，当 $\omega>1$ 时称做超松弛法。

逐次超松弛迭代法具有计算公式简单、程序设计容易、占用计算机内存较少等优点，若能选择较好的松弛因子，其收敛速度就会得到加速。

例 3-4　用逐次超松弛迭代法求解线性方程组，$\omega=1.46$，取初始值为 $\boldsymbol{x}^{(0)}=(0, 0, 0)^{\mathrm{T}}$。

$$\begin{bmatrix} 4 & -2 & -4 \\ -2 & 17 & 10 \\ -4 & 10 & 9 \end{bmatrix}\begin{bmatrix} x_1 \\ x_2 \\ x_3 \end{bmatrix} = \begin{bmatrix} 10 \\ 3 \\ -7 \end{bmatrix}$$

解　该方程组的精确解为

$$x^* = (2, 1, -1)^{\mathrm{T}}$$

用逐次超松弛迭代法，其迭代公式为

$$\begin{cases} x_1^{(k+1)} = x_1^{(k)} + \dfrac{\omega}{4}(10 - 4x_1^{(k)} + 2x_2^{(k)} + 4x_3^{(k)}) \\ x_2^{(k+1)} = x_2^{(k)} + \dfrac{\omega}{17}(3 + 2x_1^{(k+1)} - 17x_2^{(k)} - 10x_3^{(k)}) \quad (k=0, 1, 2, \cdots) \\ x_3^{(k+1)} = x_3^{(k)} + \dfrac{\omega}{9}(-7 + 4x_1^{(k+1)} - 10x_2^{(k)} - 9x_3^{(k)}) \end{cases}$$

取 $\omega=1.46$，$\boldsymbol{x}^{(0)}=(0, 0, 0)^{\mathrm{T}}$，计算结果如表 3-4 所示。

表 3-4　逐次超松弛迭代法计算结果

k	0	1	2	3	…	20
$x_1^{(k)}$	0	3.65	2.321 669	2.566 140	…	1.999 998
$x_2^{(k)}$	0	0.884 588 3	0.423 093 9	0.694 826 0	…	1.000 001
$x_3^{(k)}$	0	−0.202 109 8	−0.222 432 1	−0.495 259 4	…	−1.000 003

迭代到第 20 次，得到 $x_1^{(20)}=1.999\ 998$，$x_2^{(20)}=1.000\ 001$，$x_3^{(20)}=-1.000\ 003$ 为方程组的近似解。

3.4　迭代法的收敛性

迭代法有着算法简单，程序设计容易以及可节省计算机存储单元等优点，但也存在着是否收敛和收敛速度等方面的问题。因此需要讨论迭代方法在什么条件下具有收敛的特性。

首先，引入向量序列收敛和谱半径的概念及迭代法收敛条件。

定义 3.1　设 n 维向量 $\boldsymbol{X}^{(k)}=(x_1^{(k)},\ x_2^{(k)},\ \cdots,\ x_n^{(k)})^{\mathrm{T}}$ 及 $\boldsymbol{X}^*=(x_1^*,\ x_2^*,\ \cdots,\ x_n^*)^{\mathrm{T}}$，若对于 $i=1,\ 2,\ \cdots,\ n$，均有 $\lim\limits_{k\to\infty}x_i^{(k)}=x_i^*$，则称向量序列 $\{\boldsymbol{X}^{(k)}\}$ 收敛于 $\boldsymbol{X}^*$，记为 $\lim\limits_{k\to\infty}\boldsymbol{X}^{(k)}=\boldsymbol{X}^*$，或简记为 $\boldsymbol{X}^{(k)}\xrightarrow{k\to\infty}\boldsymbol{X}^*$。

由高等数学的理论可知，向量序列 $\{\boldsymbol{X}^{(k)}\}$ 收敛于 $\boldsymbol{X}^*$ 的充要条件是

$$\lim_{k\to\infty}\|\boldsymbol{X}^*-\boldsymbol{X}^{(k)}\|_\infty=0$$

定义 3.2　设 n 阶矩阵 $\boldsymbol{A}\in R^{n\times n}$ 的特征值为 $\lambda_i(i=1,\ 2,\ \cdots,\ n)$，称 $\rho(A)=\max\limits_{1\leqslant i\leqslant n}|\lambda_i|$ 为矩阵 $\boldsymbol{A}$ 的谱半径。

在讨论线性方程组迭代法的收敛性时，由于矩阵 $\boldsymbol{A}$ 的谱半径不超过 $\boldsymbol{A}$ 的任何一种范数，当自变量个数较多时，$\rho(A)$ 不容易求，而 $\|A\|$ 较容易求，因此可将条件适当放宽，多采用矩阵的范数 $\|A\|$ 来判断。

定义 3.3　设 $\boldsymbol{A}=(a_{ij})_{n\times n}$，如果矩阵 $\boldsymbol{A}$ 满足条件

$$|a_{ii}|>\sum_{\substack{j=1\\j\neq i}}^{n}|a_{ij}|\quad(i=1,\ 2,\ \cdots,\ n)$$

或

$$|a_{jj}|>\sum_{\substack{i=1\\i\neq j}}^{n}|a_{ij}|\quad(j=1,\ 2,\ \cdots,\ n)$$

即每一行(列)对角线元素的绝对值都严格大于同行(列)其它元素绝对值之和，则称 $\boldsymbol{A}$ 为严格对角占优矩阵。

例如，判断 $\boldsymbol{A}=\begin{bmatrix}10 & -2 & -1\\-2 & 10 & -1\\-1 & -2 & 5\end{bmatrix}$ 是否是严格对角占优矩阵。容易验证 $|a_{11}|>\sum\limits_{\substack{j=1\\j\neq i}}^{3}|a_{1j}|$，$|a_{22}|>\sum\limits_{\substack{j=1\\j\neq i}}^{3}|a_{2j}|$，$|a_{33}|>\sum\limits_{\substack{j=1\\j\neq i}}^{3}|a_{3j}|$，根据定义 3.3，此矩阵是严格对角占优矩阵。

定理 3.1　设简单迭代公式为

$$x^{(k+1)}=\boldsymbol{B}\boldsymbol{x}^{(k)}+\boldsymbol{g}\quad(k=1,2,\cdots,n)$$

对于任意的初始向量 $\boldsymbol{x}^{(0)}$ 和 $\boldsymbol{g}$，简单迭代法收敛的充要条件是 $\rho(B)<1$。

(证明从略)

定理 3.2　设简单迭代公式为

$$x^{(k+1)}=\boldsymbol{B}\boldsymbol{x}^{(k)}+\boldsymbol{g}\quad(k=1,2,\cdots,n)$$

如果 $\|B\|_1=\max\limits_{1\leqslant j\leqslant n}\sum\limits_{i=1}^{n}b_{ij}<1\|B\|_\infty=\max\limits_{1\leqslant i\leqslant n}\sum\limits_{j=1}^{n}b_{ij}<1$，则简单迭代法对任意初始向量 $\boldsymbol{x}^{(0)}$ 和 $\boldsymbol{g}$ 都收敛。

(证明从略)

定理 3.3　如果线性方程组(3-1)的系数矩阵 $\boldsymbol{A}$ 是严格对角占优矩阵，则雅可比迭代法对任意的初始向量 $\boldsymbol{x}^{(0)}$ 和 $\boldsymbol{g}$ 都收敛。

证明　由严格对角占优矩阵的定义有

$$\sum_{j=1}^{n}|b_{ij}|=\sum_{\substack{j=1\\j\neq i}}^{n}\left|\frac{a_{ij}}{a_{ii}}\right|<1\quad(i=1,2,\cdots,n)$$

或

$$\sum_{i=1}^{n}|b_{ij}|=\sum_{\substack{i=1\\i\neq j}}^{n}\left|\frac{a_{ij}}{a_{jj}}\right|<1\quad(i=1,2,\cdots,n)$$

满足定理 3.1 的条件，因此雅可比迭代法对任意的初始向量 $\boldsymbol{x}^{(0)}$ 和 $\boldsymbol{g}$ 都收敛，得证。

定理 3.4　设有高斯—赛德尔迭代公式

$$x^{(k+1)}=\boldsymbol{B}_1x^{(k+1)}+\boldsymbol{B}_2x^{(k)}+\boldsymbol{g}$$

其中

$$\boldsymbol{B}_1=\begin{bmatrix}0&0&\cdots&0\\b_{21}&0&\cdots&0\\\vdots&\vdots&&\vdots\\b_{n1}&b_{n2}&\cdots&0\end{bmatrix},\ \boldsymbol{B}_2=\begin{bmatrix}b_{11}&b_{12}&\cdots&b_{1n}\\0&b_{22}&\cdots&b_{2n}\\\vdots&\vdots&&\vdots\\0&0&\cdots&b_{nn}\end{bmatrix}$$

记矩阵 $\boldsymbol{B}=\boldsymbol{B}_1+\boldsymbol{B}_2=(b_{ij})_{n\times n}$，如果 $\|B\|_1=\max\limits_{1\leqslant j\leqslant n}\sum\limits_{i=1}^{n}|b_{ij}|<1$ 或 $\|B\|_\infty=\max\limits_{i\leqslant 1\leqslant n}\sum\limits_{j=1}^{n}b_{ij}<1$，则高斯 — 赛德尔迭代法对任意的初始向量 $\boldsymbol{x}^{(0)}$ 和 $\boldsymbol{g}$ 都收敛。

证明　以 $\|B\|_\infty=\max\limits_{1\leqslant i\leqslant n}\sum\limits_{j=1}^{n}|b_{ij}|$ 为例进行证明。

记

$$\delta_k=\max_{1\leqslant i\leqslant n}\left|x_i^{(k)}-x_i\right|$$

$$x=xB+g$$

$$x_i=\sum_{j=1}^{n}b_{ij}x_j+g_i$$

$$x_i^{(k+1)}=\sum_{j=1}^{n}b_{ij}x_j^{(k+1)}+\sum_{j=1}^{n}b_{ij}x_j^{(k)}+g_i$$

则

$$x_i^{(k+1)} - x_i = \sum_{j=1}^{i-1} b_{ij}(x_j^{(k+1)} - x_j) + \sum_{j=1}^{n} b_{ij}(x_j^{(k)} - x_j)$$

于是

$$\begin{aligned}|x_i^{(k+1)} - x_i| &\leqslant \sum_{j=1}^{i-1} |b_{ij}| \cdot |x_j^{(k+1)} - x_j| + \sum_{j=1}^{n} |b_{ij}| \cdot |x_j^{(k)} - x_j| \\ &\leqslant \delta_{k+1} \sum_{j=1}^{i-1} |b_{ij}| + \delta_k \sum_{j=1}^{n} |b_{ij}|\end{aligned}$$

令 $\sum_{j=1}^{i-1} |b_{ij}| = \beta_i$，$\sum_{j=1}^{n} |b_{ij}| = \gamma_i$，则

$$|x_i^{(k+1)} - x_i| \leqslant \delta_{k+1}\beta_i + \delta_k\gamma_i \quad (i = 1, 2, \cdots, n)$$

取 $i=i_0$ 使得 $|x_i^{(k+1)} - x_i|$ 达到最大值，则

$$\delta_{k+1} \leqslant \delta_{k+1}\beta_{i_0} + \delta_k\gamma_{i_0}$$

上式变形为 $\delta_{k+1} \leqslant \frac{\gamma_{i_0}}{1-\beta_{i_0}}\delta_k$，递推得

$$\delta_{k+1} \leqslant \left(\frac{\gamma_{i_0}}{1-\beta_{i_0}}\right)^{k+1} \delta_0$$

即

$$\delta_k \leqslant \left(\frac{\gamma_{i_0}}{1-\beta_{i_0}}\right)^{k} \delta_0$$

由已知 $\|B\|_\infty = \max_{1\leqslant i\leqslant n} \sum_{i=1}^{n} |b_{ij}| < 1$，所以

$$\beta_{i_0} + \gamma_{i_0} = \sum_{j=1}^{n} |b_{i_0 j}| < 1$$

故有 $0 < \frac{\gamma_{i_0}}{1-\beta_{i_0}} < 1$，从而

$$\lim_{k\to\infty}\delta_k = 0, \quad \lim_{k\to\infty}(x_i^{(k)} - x_i) = 0 \quad (i=1, 2, \cdots, n)$$

证毕。

定理 3.5　若解 $\boldsymbol{AX}=\boldsymbol{b}$($a_{ii} \neq 0$, $i=1, 2, \cdots, n$)的逐次超松弛迭代法收敛，则 $0<\omega<2$。

定理 3.5 给出了逐次超松弛迭代法收敛的必要条件。只有松弛因子 ω 在(0, 2)内选取时，逐次超松弛迭代法才可能收敛。当系数矩阵 $\boldsymbol{A}$ 为对称矩阵且 ω 满足 $0<\omega<2$ 时，还可证明超越松弛迭代法一定收敛。

定理 3.6　若方程组 $\boldsymbol{Ax}=\boldsymbol{b}$ 的系数矩阵是对称正定矩阵，且 $0<\omega<2$，则对任意初始向量 $\boldsymbol{x}^{(0)}$，逐次超松弛迭代法收敛。

迭代矩阵 $\boldsymbol{B}$ 的谱半径越小，收敛速度越快。使用逐次超松弛迭代法解方程组，选取合适的 ω 值可以使收敛速度大大加快。使逐次超松弛迭代法收敛最快的松弛因子称为最优松弛因子，记为 ω_{opt}，满足 $0<\omega_{\text{opt}}<2$ 且 $\rho(B_{\omega_{\text{opt}}}) \leqslant \rho(B_\omega)$($\omega \in (0, 2)$)。目前还没有确定 ω_{opt} 的理论结果，大多数是靠经验确定 ω_{opt} 的近似值。

例 3-5　试对下列方程组

$$\begin{cases}11x_1 - 3x_2 - 33x_3 = 1 \\ -22x_1 + 11x_2 + x_3 = 0 \\ x_1 - 4x_2 + 2x_3 = 1\end{cases} \tag{3-13}$$

讨论雅可比迭代法和高斯—赛德尔迭代法求解时的收敛性。

解　通过观察可以发现这个方程组的系数矩阵不是对角占优的，但经行变换后可得到下列等价形式：

$$\begin{cases}-22x_1+11x_2+x_3=0\\x_1-4x_2+2x_3=1\\11x_1-3x_2-33x_3=1\end{cases}\tag{3-14}$$

这时方程组(3-13)的系数矩阵

$$\boldsymbol{A}=\begin{bmatrix}-22 & 11 & 1\\1 & -4 & 2\\11 & -3 & -33\end{bmatrix}$$

为对角占优的，据此建立的雅可比迭代公式和高斯—赛德尔迭代公式是收敛的。

3.5　算例分析

例 1　用雅可比迭代法求解方程组

$$\begin{cases}10x_1+3x_2+x_3=14\\2x_1-10x_2+3x_3=-5\\x_1+3x_2+10x_3=14\end{cases}$$

取初值 $\boldsymbol{X}^{(0)}=(0,\ 0,\ 0)^{\mathrm{T}}$，精确到小数后四位。

解　显然，本题的精确解为 $x_1=1,\ x_2=1,\ x_3=1$。

由雅可比迭代公式

$$\begin{cases}x_1^{(n+1)}=\dfrac{-3x_2^{(n)}-x_3^{(n)}+14}{10}\\[2ex]x_2^{(n+1)}=\dfrac{-2x_1^{(n)}-3x_3^{(n)}-5}{-10}\\[2ex]x_3^{(n+1)}=\dfrac{-x_1^{(n)}-3x_2^{(n)}+14}{10}\end{cases}\quad(n=0,\ 1,\ 2,\ \cdots)$$

取 $\boldsymbol{X}^{(0)}=(0,\ 0,\ 0)^{\mathrm{T}}$，迭代六次的计算值如表 3-5 所示。

表 3-5　雅可比迭代法计算结果

n	$\boldsymbol{X}^{(n)}$
1	$(1.4,\ 0.5,\ 1.4)^{\mathrm{T}}$
2	$(1.11,\ 1.20,\ 1.11)^{\mathrm{T}}$
3	$(0.929,\ 1.055,\ 0.929)^{\mathrm{T}}$
4	$(0.9906,\ 0.9645,\ 0.9906)^{\mathrm{T}}$
5	$(1.0116,\ 0.9953,\ 1.0116)^{\mathrm{T}}$
6	$(1.000\ 251,\ 1.005\ 795,\ 1.000\ 251)^{\mathrm{T}}$

例 2　用高斯—赛德尔迭代法求解例 1 中的方程组，取初值 $\boldsymbol{X}^{(0)}=(0,\ 0,\ 0)^{\mathrm{T}}$，精确到小数后四位。

解 由高斯—赛德尔迭代公式可得

$$\begin{cases} x_1^{(n+1)}=\dfrac{-3x_2^{(n)}-x_3^{(n)}+14}{10} \\ x_2^{(n+1)}=\dfrac{-2x_1^{(n+1)}-3x_3^{(n)}-5}{-10} \\ x_3^{(n+1)}=\dfrac{-x_1^{(n+1)}-3x_2^{(n+1)}+14}{10} \end{cases} \quad (n=0, 1, 2, \cdots)$$

同样取初值 $\boldsymbol{X}^{(0)}=(0, 0, 0)^{\mathrm{T}}$，迭代四次就可得

$$\boldsymbol{X}^{(4)}=(0.991\,54, 0.995\,78, 1.0021)^{\mathrm{T}}$$

从而可见，本题用高斯—赛德尔迭代法显然比用雅可比迭代法收敛快。

例 3 用雅可比迭代法解方程组

$$\begin{cases} 2x_1-x_2-x_3=-5 \\ x_1+5x_2-x_3=8 \\ x_1+x_2+10x_3=11 \end{cases}$$

解 方程组的迭代格式为

$$\begin{cases} x_1^{(n+1)}=0.5x_2^{(n)}+0.5x_3^{(n)}-2.5 \\ x_2^{(n+1)}=-0.2x_1^{(n)}+0.2x_3^{(n)}+1.6 \\ x_3^{(n+1)}=-0.1x_1^{(n)}-0.1x_2^{(n)}+1.1 \end{cases}$$

因为$\|B\|_1=0.7$，所以雅可比迭代法收敛。取初值 $\boldsymbol{X}^{(0)}=(1, 1, 1)^{\mathrm{T}}$，计算结果如表 3-6 所示。

表 3-6 雅可比迭代法计算结果

k	$x_1^{(k)}$	$x_2^{(k)}$	$x_3^{(k)}$	$\|X^{(k)}-X^{(k-1)}\|_\infty$
0	1	1	1	
1	−1.5	1.6	0.9	2.5
2	−1.25	2.08	1.09	0.48
3	−0.915	2.068	1.017	0.355
4	−0.9575	1.9864	0.9847	0.0425
5	−1.014 45	1.988 44	0.997 11	0.056 95
6	−1.007 22	2.002 31	1.0026	0.007 23
7	−0.997 543	2.001 97	1.000 49	0.01

方程组的精确解是 $x_1=1$，$x_2=2$，$x_3=1$。

例 4 用高斯—赛德尔方法求解例 3 中的方程组，取初值 $\boldsymbol{X}^{(0)}=(0, 0, 0)^{\mathrm{T}}$。

解 由方程的迭代格式

$$\begin{cases} x_1^{(n+1)}=0.5x_2^{(n)}+0.5x_3^{(n)}-2.5 \\ x_2^{(n+1)}=-0.2x_1^{(n+1)}+0.2x_3^{(n)}+1.6 \\ x_3^{(n+1)}=-0.1x_1^{(n+1)}-0.1x_2^{(n+1)}+1.1 \end{cases}$$

取初值 $\boldsymbol{X}^{(0)}=(0, 0, 0)^{\mathrm{T}}$，计算结果如表 3-7 所示。

表 3－7　高斯—赛德尔法计算结果

k	$x_1^{(k)}$	$x_2^{(k)}$	$x_3^{(k)}$	$\\|X^{(k)}-X^{(k-1)}\\|_\infty$
0	0	0	0	
1	−2.5	2.1	1.14	2.5
2	−0.88	2.004	0.9876	1.62
3	−1.0042	1.9984	1.0006	0.1242
4	−1.0005	2.0002	1.0000	0.0037

方程组的精确解是 $x_1=1$，$x_2=2$，$x_3=1$。

例 5　给定方程组 $\begin{bmatrix}2 & -1 & 1\\ 1 & 1 & 1\\ 1 & 1 & -2\end{bmatrix}\begin{bmatrix}x_1\\ x_2\\ x_3\end{bmatrix}=\begin{bmatrix}1\\ 1\\ 1\end{bmatrix}$，讨论采用雅可比迭代法和高斯—赛德尔迭代法求解时的收敛性。

解　根据构造雅可比迭代法和高斯—赛德尔迭代法系数矩阵的分解形式 $\boldsymbol{A}=\boldsymbol{D}-\boldsymbol{L}-\boldsymbol{U}$，有

$$\boldsymbol{A}=\begin{bmatrix}2 & -1 & 1\\ 1 & 1 & 1\\ 1 & 1 & -2\end{bmatrix}=\boldsymbol{D}-\boldsymbol{L}-\boldsymbol{U}=\begin{bmatrix}2 & & \\ & 1 & \\ & & -2\end{bmatrix}-\begin{bmatrix}0 & & \\ -1 & 0 & \\ -1 & -1 & 0\end{bmatrix}-\begin{bmatrix}0 & 1 & -1\\ & 0 & -1\\ & & 0\end{bmatrix}$$

用雅可比迭代法的迭代矩阵为

$$\boldsymbol{B}_J=\boldsymbol{D}^{-1}(\boldsymbol{L}+\boldsymbol{U})=\begin{bmatrix}\frac{1}{2} & & \\ & 1 & \\ & & -\frac{1}{2}\end{bmatrix}\begin{bmatrix}0 & 1 & -1\\ -1 & 0 & -1\\ -1 & -1 & 0\end{bmatrix}$$

$$=\begin{bmatrix}0 & \frac{1}{2} & -\frac{1}{2}\\ -1 & 0 & -1\\ \frac{1}{2} & \frac{1}{2} & 0\end{bmatrix}$$

其特征方程为

$$|\lambda\boldsymbol{I}-\boldsymbol{B}_J|=\begin{vmatrix}\lambda & -\frac{1}{2} & \frac{1}{2}\\ 1 & \lambda & 1\\ -\frac{1}{2} & -\frac{1}{2} & \lambda\end{vmatrix}=\lambda^3+\frac{5}{4}\lambda=0$$

解得特征值 $\lambda_1=0$，$\lambda_{2,3}=\pm\frac{\sqrt{5}}{2}i$。

由于 $\rho(B_J)=\frac{\sqrt{5}}{2}>1$，故雅可比迭代法发散。

对高斯—赛德尔迭代法，其迭代矩阵为

$$B_{G-S}=(D-L)^{-1}U=\begin{bmatrix}2&0&0\\1&1&0\\1&1&-2\end{bmatrix}^{-1}\begin{bmatrix}0&1&-1\\0&0&-1\\0&0&0\end{bmatrix}=\begin{bmatrix}0&\frac{1}{2}&-\frac{1}{2}\\0&-\frac{1}{2}&-\frac{1}{2}\\0&0&-\frac{1}{2}\end{bmatrix}$$

显然其特征值为 $\lambda_1=0$，$\lambda_{2,3}=-\frac{1}{2}$，$\rho(B_{G-S})=\frac{1}{2}<1$，故高斯—赛德尔迭代法收敛。

本章小结

本章主要介绍了雅可比迭代法、高斯—赛德尔迭代法和逐次超松弛迭代法，详细讨论了各种迭代法的收敛性。迭代法是利用计算机求解方程组时常用的方法，它具有计算公式简单、程序设计容易、占用计算机内存较少、容易上机实现的优点，适用于解大型、稀疏矩阵的线性方程组。逐次超松弛迭代法在实用中比较重要，但要选择好松弛因子，才能加快收敛速度。

习　题

1. 用雅可比迭代法求解线性方程组

$$\begin{cases}20x_1+2x_2+3x_3=24\\x_1+8x_2+x_3=12\\2x_1-3x_2+15x_3=30\end{cases}$$

取初值 $\boldsymbol{X}^{(0)}=(0,0,0)^{\mathrm{T}}$，精确到小数后四位。

2. 用高斯—赛德尔迭代法求解题 1 中的方程组，取初值 $\boldsymbol{X}^{(0)}=(0,0,0)^{\mathrm{T}}$，精确到小数后四位。

3. 线性方程组为 $\begin{cases}-x_1+8x_2=7\\-x_1+9x_3=8\\9x_1-x_2-x_3=7\end{cases}$，怎样改变方程的顺序能使雅可比和高斯—赛德尔迭代收敛？

4. 对方程组 $\begin{cases}2x_1-x_2=1\\-x_1+3x_2-x_3=8\\-x_2+2x_3=-5\end{cases}$，用超松弛迭代（取 $\omega=1.1$）求解（取初值 $\boldsymbol{X}^{(0)}=(0,0,0)^{\mathrm{T}}$），并精确到小数点后三位。

5. 设线性方程组为

$$\begin{cases}5x_1+2x_2+x_3=-12\\-x_1+4x_2+2x_3=20\\2x_1-3x_2+10x_3=3\end{cases}$$

（1）考察用雅可比迭代法、高斯—赛德尔迭代法解此方程组的收敛性。

（2）用雅可比迭代法及高斯—赛德尔迭代法解此方程组，要求当 $\|X^{(k)}-X^{(k-1)}\|_\infty<10^{-4}$ 时迭代终止。

6. 用逐次超松弛迭代法解题 5 中的方程组（取 $\omega=0.9$，$\boldsymbol{X}^{(0)}=(0, 0, 0)^{\mathrm{T}}$），并精确到小数后四位。

7. 用逐次超松弛迭代法解线性方程组（取 $\omega=1.25$，$\boldsymbol{x}^{(0)}=(0, 0, 0)^{\mathrm{T}}$）

$$\begin{cases} 4x_1+3x_2 \quad =1 \\ 3x_1+4x_2-x_3=20 \\ \quad -x_2+4x_3=-12 \end{cases}$$

要求当 $\|X^{(k)}-X^{(k-1)}\|_\infty<5\times10^{-6}$ 时迭代终止。

8. 给定线性方程组

$$\begin{bmatrix} a & c & 0 \\ c & b & a \\ 0 & a & c \end{bmatrix}\begin{bmatrix} x_1 \\ x_2 \\ x_3 \end{bmatrix}=\begin{bmatrix} d_1 \\ d_2 \\ d_3 \end{bmatrix}$$

其中，a、b、c、d_1、d_2、d_3 均为已知常数，且 $abc\neq0$。

(1) 写出高斯—赛德尔迭代格式。

(2) 分析该迭代格式的收敛性。

9. 证明：对于矩阵范数，如果 $\|A\|<1$，则

$$\|(I+A)^{-1}\|\leqslant\frac{1}{1-\|A\|}$$

10. 证明：对于 n 维向量 $\boldsymbol{x}=(x_1, x_2, \cdots, x_n)^{\mathrm{T}}$，有如下关系式

$$\|x\|_\infty\leqslant\|x\|_1\leqslant n\|x\|_\infty$$

第 4 章 非线性方程的近似解

4.1 引 言

在工程和科学计算中有大量的计算问题，除极少数的简单方程外，大都难以获得非线性方程近似解的显式表达式，对于不高于 4 次的代数方程已有求根公式，而对于高于 4 次的代数方程则无精确的求根方式，只能用数值方法求出根的近似值。

设有非线性方程

$$f(x) = 0 \tag{4-1}$$

若 $f(x)$不是 x 的线性函数，则称式(4-1)为非线性方程。若 $f(x)$是 n 次代数多项式，则称方程(4-1)为 n 次多项式方程；若 $f(x)$是超越函数，则称方程(4-1)为超越方程。通常若存在 x^* 使得 $f(x^*)=0$，则称 x^* 为方程(4-1)的根，又称为函数 $f(x)$的零点。

方程根的数值计算大致可分为三个步骤进行：

(1) 判定根的存在性。即方程有没有根？如果有，有几个？

(2) 根的隔离。即将每一个根用区间隔离开来，这个过程实际上是获得方程各个根的初始近似值。

(3) 根的精确化。将根的初始近似值按某种方法逐步精确化，直到达到要求的精度为止。

求解非线性方程 $f(x)=0$ 的根，通常有描图法和逐步搜索法两种方法。

· 描图法：即通过研究函数 $f(x)$的单调性等性质，描绘出函数的粗略图，进而通过观察曲线与 x 轴交点的位置或利用函数的单调性、极值及零点定理，确定出根的隔离区间。

· 逐步搜索法：设 x_0 为初始值，选取一定步长 h 进行根的搜索计算。令 $x_i=x_0+ih$ $(i=1, 2, \cdots)$，若有 $f(x_{i-1})f(x_i)<0$，则在$[x_i, x_{i+1}]$上至少存在方程的一个实根。

对于 n 次代数方程，

$$f(x) = x^n + a_1x^{n-1} + a_2x^{n-2} + \cdots + a_{n-1}x + a_n = 0 \tag{4-2}$$

如果能事先确定实根的上下界，那么在寻找方程的隔根区间时，就可以大大减少一些不必要的计算量。

关于方程(4-2)根的绝对值的上下界有如下结论：

(1) 若 $\mu=\max\{|a_1|, |a_2|, \cdots, |a_n|\}$，则方程(4-2)的根的绝对值小于 $\mu+1$；

(2) 若 $\upsilon=\dfrac{1}{|a_n|}\max\{1, |a_1|, |a_2|, \cdots, |a_{n-1}|\}$，则方程(4-2)的根的绝对值大于$\dfrac{1}{1+\upsilon}$。

利用结论(1)和(2)可以得到实根的范围。

例 4-1　求方程 $x^3-3.2x^2+1.9x+0.8=0$ 的隔根区间。

解　用逐步搜索法，设方程的根为 α，由公式可得

$$\mu=\max\{|-3.2|,\ |1.9|,\ |0.8|\}=3.2$$

$$\upsilon=\frac{1}{0.8}\max\{1,\ |-3.2|,\ |1.9|\}=4$$

所以 $0.2=\dfrac{1}{1+\upsilon}<|\alpha|<\mu+1=4.2$，隔根区间为 $-4.2<x<-0.2$，$0.2<x<4.2$。

4.2　二　分　法

在逐步搜索法中，当步长 h 越小时，找出的隔根区间就越小，计算量也就越大。因此，应考虑如何在此基础上找出更精确的近似根。为此，下面介绍二分法。

4.2.1　二分法的基本原理

二分法的基本思想：逐步将含有根 x^* 的区间二分，通过判别函数值的符号，进一步探索有根区间，将有根区间缩到充分小，从而求出满足给定精度要求的根 x^* 的近似值。

设 $f(x)$ 为连续函数，方程 $f(x)=0$ 的隔根区间为 $[a,\ b]$。假设函数 $f(x)$ 在 $[a,\ b]$ 上连续，$f(a)<0$，$f(b)>0$。令 $x_0=\dfrac{a+b}{2}$，计算 $f(x_0)$。若 $f(x_0)=0$，则 $x_0=x^*$；否则，如果 $f\left(\dfrac{a+b}{2}\right)<0$，由于 $f(x)$ 在左半区间 $\left[a,\ \dfrac{a+b}{2}\right]$ 内不变号，所以方程的隔根区间为 $\left[\dfrac{a+b}{2},\ b\right]$。同理，若 $f\left(\dfrac{a+b}{2}\right)>0$，则方程的隔根区间变为 $\left[a,\ \dfrac{a+b}{2}\right]$，将新的隔根区间记为 $[a_1,\ b_1]$。

接着再将隔根区间 $[a_1,\ b_1]$ 二分求其中点，重复上述过程，得到新的隔根区间 $[a_2,\ b_2]$，这样不断执行下去，就得到一系列隔根区间

$$[a,\ b]\supset[a_1,\ b_1]\supset\cdots\supset[a_n,\ b_n]\supset\cdots$$

并有 $f(a_n)f(b_n)<0$，$x^*\in(a_n,\ b_n)$，其中每个隔根区间的长度都是前一个隔根区间长度的一半，对分 n 次后，区间长度为

$$b_n-a_n=\frac{b-a}{2^n}$$

当 $n\to\infty$ 时，$[a_n,\ b_n]$ 必趋近于零，即这些区间最终必收敛于一点 x^*，此点即为方程 $f(x)=0$ 的根。

如果以中点 $x_n=\dfrac{a_n+b_n}{2}$ 作为 x^* 的近似值，则误差为

$$|x^*-x_n|\leqslant\frac{b_n-a_n}{2}=\frac{b-a}{2^{n+1}}\tag{4-3}$$

故对于任何允许误差 ε，只要二分次数 n 满足不等式

$$\frac{b-a}{2^{n+1}}\leqslant\varepsilon\tag{4-4}$$

则 x_n 就是一个满足精度要求的近似解。

我们将上述求非线性方程实根近似值的方法称为二分法。

例 4-2　求方程 $x^3+4x^2-10=0$ 在(1, 2)内的根，要求其误差不超过$\frac{1}{2}\times10^{-2}$。

解　二分过程如表 4-1 所示。

表 4-1　二分法计算结果

二分次数	隔根区间(a_n, b_n)	中点 x_n
0	(1, 2)	$x_1=1.5$
1	(1, 1.5)	$x_2=1.25$
2	(1.25, 1.5)	$x_3=1.375$
3	(1.25, 1.375)	$x_4=1.313$
4	(1.313, 1.375)	$x_5=1.344$
5	(1.344, 1.375)	$x_6=1.360$
6	(1.360, 1.375)	$x_7=1.368$
7	(1.360, 1.368)	$x_8=1.364$

若取近似根 $x^*\approx x_8=1.364$，则 $|x_8-x^*|\leqslant\frac{1}{2}(1.368-1.360)=0.004<\frac{1}{2}\times10^{-2}$ (事后估计)，也可利用先验估计 $|x_n-x^*|\leqslant\frac{b-a}{2^{n+1}}<\frac{1}{2}\times10^{-2}$，先解出二分次数 $n+1\geqslant8$，再计算近似根。

二分法的优点是方法简单，只要函数 $f(x)$ 连续，一定能求出根的近似值，并且可以预报迭代的大致次数；缺点是速度太慢，且无法知道是否有重根。因此，该方法常用于为其它求根方法提供较好的近似初始值，然后再采用其它求根方法对其进一步精确化求解。

4.2.2　二分法算法设计

1. 二分法算法的基本思想

通常，我们记当前隔根区间为$[a_n, b_n]$，取

$$x_n=\frac{a_n+b_n}{2} \tag{4-5}$$

若 $f(a_n)f(b_n)<0$，则令 $a_{n+1}=a_n$，$b_{n+1}=x_n$；否则，令 $a_{n+1}=x_n$，$b_{n+1}=b_n$，再取 $x_{n+1}=\frac{a_{n+1}+b_{n+1}}{2}$，直到满足精度为止。

- 输入参数：端点 a, b；设定精度要求 ε。
- 输出参数：近似解 x。
- 算法步骤：

Step 1：设置 $x=\frac{a+b}{2}$。

Step 2：若 $f(x)=0$，输出 x，停止计算；否则，转 Step 3。

Step 3：若 $f(a)f(x)<0$，则置 $b=x$，否则置 $a=x$。

Step 4：置 $x=\frac{a+b}{2}$，若 $|b-a|<\varepsilon$，输出 x，停算；否则，转向 Step 3。

2. N－S流程图

用二分法求近似根的N－S流程图如图4－1所示。

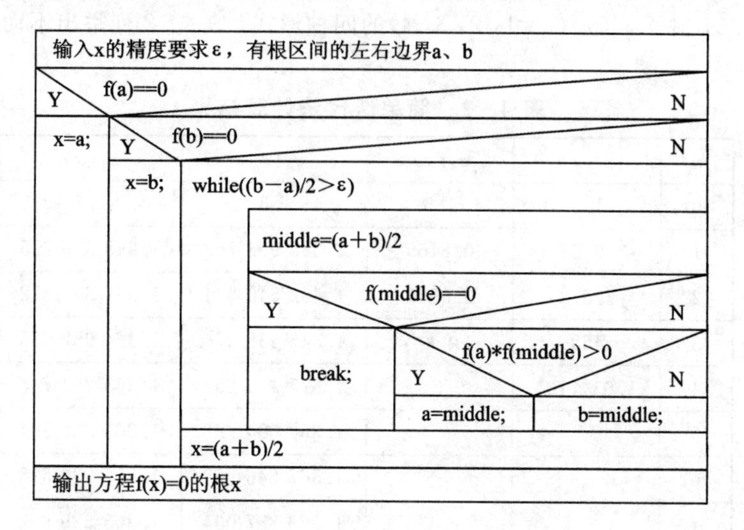

图4－1　二分法N－S流程图

4.3　迭　代　法

4.3.1　迭代法的基本原理与迭代过程的收敛性

迭代法是一种逐次逼近的方法，这种方法使用某个固定公式反复校正根的近似值，使某个预知的近似根逐渐精确化，直到达到精度要求为止。

使用迭代法解方程 $f(x)=0$，其中 $f(x)$ 在有根区间 $[a, b]$ 上连续。

设 x_0 是方程的一个近似根，将方程可以改写成等价形式：

$$x=\varphi(x) \tag{4-6}$$

$\varphi(x)$ 是连续函数，称为迭代函数，从而产生迭代公式：

$$x_{n+1}=\varphi(x_n)\quad (n=0, 1, \cdots) \tag{4-7}$$

选取合适的初值 x_0，代入迭代公式(4－7)，产生迭代数列 $\{x_n\}$：x_0，x_1，$\cdots x_n$，x_{n+1}，$\cdots$，这种迭代法称为简单迭代法，又称不动点迭代法，式(4－6)称为不动点方程。

若由迭代法产生的序列 $\{x_n\}$ 的极限存在，即 $\lim\limits_{n\to\infty}x_n=x^*$，则称 $\{x_n\}$ 收敛，否则称 $\{x_n\}$ 发散。简单迭代法又称逐次迭代法。

例4－3　已知方程 $x^3+4x^2-10=0$ 在 $[1, 2]$ 上有一个根，使用多种迭代形式将方程变为不动点方程 $x=\varphi(x)$，并利用简单迭代法计算到 x_{25}。

解　我们可以用不同方法将它化为方程：

(1)
$$x=\varphi_1(x)=x-x^3-4x^2+10$$

(2)
$$x=\varphi_2(x)=\left(\frac{10}{x}-4x\right)^{\frac{1}{2}}$$

(3)
$$x=\varphi_3(x)=\frac{1}{2}(10-x^3)^{\frac{1}{2}}$$

(4)
$$x=\varphi_4(x)=\left(\frac{10}{4+x}\right)^{\frac{1}{2}}$$

取 $x_0=1.5$，对于 $\varphi_i(x)(i=1, 2, 3, 4)$的四种形式，表 4-2 列举出不动点迭代的计算结果。

表 4-2　简单迭代法计算结果

n	$\varphi_1(x)$	$\varphi_2(x)$	$\varphi_3(x)$	$\varphi_4(x)$
0	1.5	1.5	1.5	1.5
1	−0.875	0.8165	1.286 953 768	1.348 399 725
2	6.372	2.9969	1.402 540 804	1.367 376 372
3	−469.7	$(-8.65)^{\frac{1}{2}}$	1.345 458 374	1.364 957 015
4	1.03×10^8		1.375 170 253	1.365 264 748
5			1.360 094 193	1.365 225 594
6			1.367 846 968	1.365 230 576
7			1.363 887 004	1.365 229 942
8			1.365 916 734	1.365 230 022
9			1.364 878 217	1.365 220 012
10			1.365 410 062	1.365 220 014
20			1.365 230 236	
30			1.365 230 013	

这个方程的实际根 $x^*=1.365\ 230\ 013$，从上表中的数据可以看出，(3)和(4)的结果较好地逼近了方程的根 x^*；而(1)的结果是发散的，(2)在第三步迭代后边的值没有定义，因为涉及负数的平方根。

从该例可以看出，原方程化为式(4-6)形式的不同途径中，有的发散，有的收敛。在收敛的方法中，收敛速度又有所不同。收敛与否或收敛快慢取决于函数 $\varphi(x)$的性质，为此需要进一步讨论迭代法收敛的条件。

定理 4.1　设方程 $x=\varphi(x)$，如果

(1) 迭代函数 $\varphi(x)$在区间$[a, b]$上可导；

(2) 当 $x\in[a, b]$时，$\varphi(x)\in[a, b]$；

(3) 对于任意的 $x\in[a, b]$，有

$$|\varphi'(x)|\leqslant L<1$$

则有

① 方程 $x=\varphi(x)$在区间$[a, b]$上有唯一的根 α；

② 对任意初值 $x_0\in[a, b]$，由迭代公式 $x_{n+1}=\varphi(x_n)(n=0, 1, 2, \cdots)$产生的数列$\{x_n\}$收敛于方程的根 α；

③ $|x_n-\alpha|\leqslant\dfrac{L}{1-L}|x_n-x_{n-1}|$；　　(4-8)

④ 误差估计$|x_n-\alpha|\leqslant\dfrac{L^n}{1-L}|x_1-x_0|$。　　(4-9)

证明　① 首先证明方程根的存在性。设 $g(x)=x-\varphi(x)$，由条件(1)显然 $g(x)$ 在区间 (a,b) 上可导，故 $g(x)$ 在 $[a,b]$ 上连续。由条件(2)有

$$g(a)=a-\varphi(a)\leqslant 0,\ g(b)=b-\varphi(b)\geqslant 0$$

由连续函数性质，至少有一数 $\alpha\in[a,b]$，使 $g(\alpha)=0$，即 $\alpha=\varphi(\alpha)$，因此，α 是方程 $x=\varphi(x)$ 在 $[a,b]$ 上的根。

再证明唯一性。设在区间 $[a,b]$ 上还有一个根 $\bar{x}$，由

$$\bar{x}=\varphi(\bar{x}),\ \alpha=\varphi(\alpha)$$

并根据拉格朗日中值定理，有

$$\bar{x}-\alpha=\varphi(\bar{x})-\varphi(\alpha)=\varphi'(\xi)(\bar{x}-\alpha)$$

$$(\bar{x}-\alpha)[1-\varphi'(\xi)]=0$$

其中 ξ 在 $\bar{x}$ 与 α 之间，所以 $\xi\in(a,b)$，由条件(3)有 $\varphi'(\xi)<1$，故 $\bar{x}=\alpha$。

② 由 $x_n=\varphi(x_{n-1})$，$\alpha=\varphi(\alpha)$ 并根据拉格朗日中值定理，有

$$x_n-\alpha=\varphi(x_{n-1})-\varphi(\alpha)=\varphi'(\xi)(x_{n-1}-\alpha)$$

其中 ξ 在 x_{n-1} 和 α 之间。因为 $x_0\in[a,b]$，由条件(2)有 $x_n=\varphi(x_{n-1})\in(a,b)$，所以 $\xi\in(a,b)$。利用条件(3)得递推不等式

$$|x_n-\alpha|\leqslant L|x_{n-1}-\alpha|\quad(n=1,2,\cdots)\tag{4-10}$$

反复递推，有

$$|x_n-\alpha|\leqslant L|x_{n-1}-\alpha|\leqslant L^2|x_{n-2}-\alpha|\leqslant\cdots\leqslant L^n|x_0-\alpha|$$

因为 $L<1$，所以 $\lim\limits_{n\to\infty}L^n|x_0-\alpha|=0$，故 $\lim\limits_{n\to\infty}x_n=\alpha$。

③ 由迭代公式(4-7)，并根据拉格朗日中值定理，有

$$x_{n+1}-x_n=\varphi(x_n)-\varphi(x_{n-1})=\varphi'(\xi)(x_n-x_{n-1})$$

其中 ξ 在 x_n 与 x_{n-1} 之间。因为 $x_0\in[a,b]$，由条件(2)有

$$x_{n+1}=\varphi(x_n)\in(a,b)\quad(n=0,1,2,\cdots)$$

所以 $\xi\in(a,b)$。利用条件(3)得递推不等式

$$|x_{n+1}-x_n|\leqslant L|x_n-x_{n-1}|\quad(n=1,2,\cdots)\tag{4-11}$$

因为

$$|x_{n+1}-x_n|=|(x_n-\alpha)-(x_{n+1}-\alpha)|\geqslant|x_n-\alpha|-|x_{n+1}-\alpha|\geqslant(1-L)|x_n-\alpha|$$

所以

$$|x_n-\alpha|\leqslant\frac{1}{1-L}|x_{n+1}-x_n|\tag{4-12}$$

从而 $|x_n-\alpha|\leqslant\dfrac{L}{1-L}|x_n-x_{n-1}|$。

④ 反复递推式(4-11)有

$$|x_{n+1}-x_n|\leqslant L^n|x_1-x_0|$$

于是，式(4-12)为 $|x_n-\alpha|\leqslant\dfrac{L^n}{1-L}|x_1-x_0|$，定理得证。

由于定理 4.1 中要求 $x\in[a,b]$ 时，均有 $|\varphi'(x)|\leqslant L<1$，这个条件一般不易验证，且对于较大范围的隔根区间，此条件也不一定成立，而在根的临近处是成立的。在实际应用

迭代法时，通常首先在根 α 的临近处考察，用局部收敛性来刻画。

如果存在 $\varphi(x)$的不动点 $x=\varphi(x)$的一个闭邻域 $N(\alpha)$：$|x-\alpha|\leqslant\delta$，对于任意初值 $x_0\in N(\alpha)$，迭代公式(4-7)产生的迭代序列均收敛于 α，则称 α 的迭代序列$\{x_n\}$局部收敛。

定理 4.2 设 $\varphi(x)$在 $x=\varphi(x)$的根 x^* 的某邻域 $N(x^*)$：$|x-x^*|\leqslant\delta$ 有连续导数，且对任意 $x\in N(x^*)$，均有$|\varphi'(x)|<1$，则迭代公式(4-7)产生的迭代序列局部收敛。

证明 对任意 $x\in N(x^*)$，由于 $f'(x)$连续，故存在 $\eta\in N(x^*)$，使得

$$L=|f'(\eta)|=\max_{x\in N(x^*)}|f'(x)|<1$$

故由中值定理，有

$$|\varphi(x)-x^*|=|\varphi(x)-\varphi(x^*)|=|\varphi'(\xi)(x-x^*)|\leqslant L|x-x^*|<\delta$$

其中 ξ 介于 x 与 x^* 之间，即对任意 $x\in N(x^*)$，均有 $\varphi(x)\in N(x^*)$，由定理 4.1 知对任意 $x_0\in N(x^*)$，由迭代公式(4-7)产生的迭代序列局部收敛。

例 4-4 用迭代法求方程 $x^3-x^2-1=0$ 在隔根区间[1.4，1.5]内的根，要求精确到小数点后第 4 位。

解 方程的等价形式为 $x=\sqrt[3]{x^2+1}=\varphi(x)$，迭代格式为 $x_{n+1}=\sqrt[3]{x_n^2+1}$，由定理 4.2 判定

$$\varphi'(x)=\frac{2x}{3\sqrt[3]{(x^2+1)^2}}$$

因为 $\varphi(x)$在区间(1.4，1.5)内可导，且$|\varphi'(x)|\leqslant 0.5<1$，所以迭代法收敛，计算结果见表 4-3。

表 4-3 例 4-4 计算结果

k	x_n	$\lvert x_{n+1}-x_n\rvert\leqslant\frac{1}{2}\times10^{-4}$
0	1.5	
1	1.481 248 0	$\lvert x_1-x_0\rvert\approx0.02$
2	1.472 705 7	$\lvert x_2-x_1\rvert\approx0.009$
3	1.468 817 3	$\lvert x_3-x_2\rvert\approx0.004$
4	1.467 048 0	$\lvert x_4-x_3\rvert\approx0.002$
5	1.466 243 0	$\lvert x_5-x_4\rvert\approx0.0009$
6	1.465 878 6	$\lvert x_6-x_5\rvert\approx0.0004$
7	1.465 702 0	$\lvert x_7-x_6\rvert\approx0.0002$
8	1.465 634 4	$\lvert x_8-x_7\rvert\approx0.000\,07$
9	1.465 600 0	$\lvert x_9-x_8\rvert\leqslant\frac{1}{2}\times10^{-4}$

由表 4-3 可见，第 9 次迭代满足要求，故取 $x^*\approx1.4656$。

4.3.2 埃特金(Aitken)加速算法

1. 迭代—加速公式

记$\tilde{x}_{n+1}=\varphi(x_n)$，则由微分中值定理有

$$\tilde{x}_{n+1}-x^*=\varphi'(\xi)(x_n-x^*) \tag{4-13}$$

其中 ξ 在 x_n 与 x^* 之间。

设 $\varphi'(x)$ 在根 x^* 附近变化不大，又设 $\varphi'(x)\approx q$，由迭代收敛条件有 $|\varphi'(x)|\approx|q|<1$，故上式为

$$\tilde{x}_{n+1}-x^*\approx q(x_n-x^*)$$

整理为

$$\tilde{x}_{n+1}-x^*\approx\frac{q}{1-q}(x_n-\tilde{x}_{n+1})$$

上式说明，把 $\tilde{x}_{n+1}$ 作为根的近似值时，其绝对值误差大致为 $\frac{q}{1-q}(x_n-\tilde{x}_{n+1})$。如果把该误差作为对 $\tilde{x}_{n+1}$ 的一种补偿，便得到更好的近似值

$$x^*=\tilde{x}_{n+1}+\frac{q}{1-q}(\tilde{x}_{n+1}-x_n)$$

记 $x_{n+1}=\tilde{x}_{n+1}+\frac{q}{1-q}(\tilde{x}_{n+1}-x_n)$，得迭代—加速公式

$$\begin{cases}\tilde{x}_{n+1}=\varphi(x_n)\\ x_{n+1}=\dfrac{1}{1-q}\tilde{x}_{n+1}-\dfrac{q}{1-q}x_n\end{cases}\tag{4-14}$$

由该公式可得近似根数列 $\{x_n\}$。

2. 埃特金加速方法

埃特金加速法用来加快简单迭代法的收敛速度，若用简单迭代法求 $f(x)=0$ 的单根 x^*，迭代公式为 $x=\varphi(x)$，迭代初值为 x_0，用埃特金加速法对简单迭代法 $x=\varphi(x)$ 迭代过程加速，得到的迭代序列记为 $\{x_n\}$，则由 x_n 求出 x_{n+1} 的步骤如下：

记 $\tilde{x}_{n+1}=\varphi(x_n)$，$\tilde{x}_{n+2}=\varphi(\tilde{x}_{n+1})$，用平均变化率

$$\frac{\varphi(\tilde{x}_{n+1})-\varphi(x_n)}{\tilde{x}_{n+1}-x_n}=\frac{\bar{x}_{n+2}-\tilde{x}_{n+1}}{\tilde{x}_{n+1}-x_n}$$

代替式(4-13)中的 $\varphi'(\xi)$，则有

$$\tilde{x}_{n+1}-x^*=\frac{\bar{x}_{n+2}-\tilde{x}_{n+1}}{\tilde{x}_{n+1}-x_n}(x_n-x^*)$$

进而有

$$x^*\approx\frac{\bar{x}_{n+2}x_n-\tilde{x}_{n+1}^2}{\bar{x}_{n+2}-2\tilde{x}_{n+1}+x_n}=\bar{x}_{n+2}-\frac{(\bar{x}_{n+2}-\tilde{x}_{n+1})^2}{\bar{x}_{n+2}-2\tilde{x}_{n+1}+x_n}$$

由上式可以看出，第二项是对 $\bar{x}_{n+2}$ 的一种补偿，记

$$x_{n+1}=\frac{\bar{x}_{n+2}x_n-\tilde{x}_{n+1}^2}{\bar{x}_{n+2}-2\tilde{x}_{n+1}+x_n}$$

得到埃特金加速公式

$$\begin{cases}\tilde{x}_{n+1}=\varphi(x_n)\\ \bar{x}_{n+2}=\varphi(\tilde{x}_{n+1})\\ x_{n+1}=\dfrac{\bar{x}_{n+2}x_n-\tilde{x}_{n+1}^2}{\bar{x}_{n+2}-2\tilde{x}_{n+1}+x_n}\end{cases}\quad(n=0,1,2,\cdots)\tag{4-15}$$

由此得近似根数列$\{x_n\}$。

定理 4.3　设$\lim\limits_{n\to\infty}x_n=x^*$，令$e_n=x_n-x^*$，如果存在某个实数$p\geqslant 1$及常数$c>0$，使得

$$\lim_{n\to\infty}\frac{|e_{n+1}|}{|e_n|^p}=c$$

则称序列$\{x_n\}$是p阶收敛的。

特别地：

(1) 当$p=1$，$0<c<1$时，称序列$\{x_n\}$为线性收敛；

(2) 当$p=1$，$c=0$，称序列$\{x_n\}$为超线性收敛；

(3) 当$p=2$时，称序列$\{x_n\}$为平方收敛。

一般认为，一个算法如果只有线性收敛速度，就被认为是不理想的，有必要改进算法，或采用加速技巧。

例 4-5　用埃特金加速公式求方程

$$f(x)=x^3+2x^2+10x-20=0$$

在区间[1，2]上的根。

解　把方程改写为

$$x=\frac{20}{x^2+2x+10}$$

由$\tilde{x}_{n+1}=\varphi(x_n)$，$\bar{x}_{n+2}=\varphi(\tilde{x}_{n+1})$，$x_{n+1}=\dfrac{\bar{x}_{n+2}x_n-\tilde{x}_{n+1}^2}{\bar{x}_{n+2}-2\tilde{x}_{n+1}+x_n}$，取$x_0=1$，计算结果见表 4-4。

表 4-4　埃特金加速算法计算结果

k	x_n	x_{n+1}	x_{n+2}
0	1	1.538 461 5	1.295 019
1	1.370 813 8	1.367 918 1	1.369 203 2
2	1.365 022 4	1.370 489	1.368 062 7
3	1.368 808 0		

4.3.3　埃特金加速算法设计

1. 埃特金加速算法的基本思想

埃特金加速算法是先用不动点迭代法算出一系列$\{x_n\}$，再对此系列作修正得到新的点，用后者来逼近方程的根。即在计算出$\tilde{x}_{n+1}$和$\bar{x}_{n+2}$之后，对x_{n+1}加以修正，然后用

$$x_{n+1}=\frac{\bar{x}_{n+2}x_n-\tilde{x}_{n+1}^2}{\bar{x}_{n+2}-2\tilde{x}_{n+1}+x_n}$$

来逼近方程的根。

- 输入参数：初始值x_0，设定精度要求ε和最大迭代次数N。
- 输出参数：近似解x或迭代失败信息。
- 算法步骤：

Step 1：取初始值x_0、最大迭代次数N和精度要求ε。

Step 2：对$k=0，1，2，\cdots，N$，执行 Step 3 和 Step 4。

Step 3：计算$\tilde{x}_{n+1}=\varphi(x_n)$、$\bar{x}_{n+2}=\varphi(\tilde{x}_{n+1})$及 $x_{n+1}=\dfrac{\bar{x}_{n+2}x_n-\tilde{x}_{n+1}^2}{\bar{x}_{n+2}-2\tilde{x}_{n+1}+x_n}$。

Step 4：若$|x_{n+1}-x_n|<\varepsilon$，输出近似解 x，则停止计算；否则，$x_0=x$。

2. N－S 流程图

用埃特金加速算法求非线性方程组近似解的 N－S 流程图如图 4－2 所示。

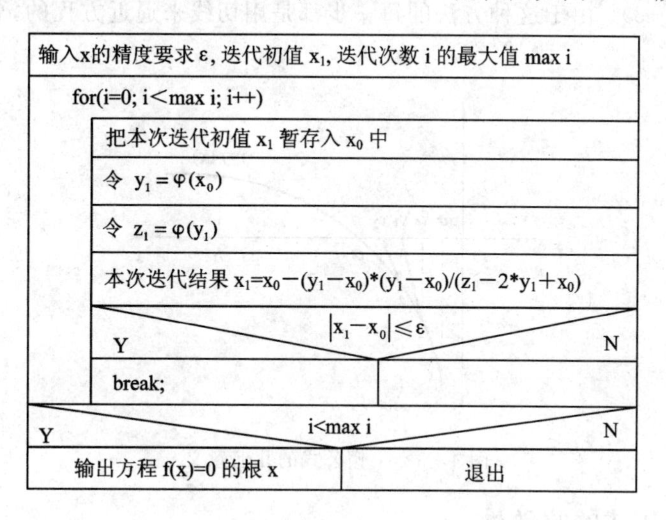

图 4－2　埃特金加速算法 N－S 流程图

4.4　牛顿迭代法

4.4.1　牛顿(Newton)迭代公式及其几何意义

牛顿迭代法的基本思想：将非线性方程 $f(x)=0$ 逐步转化为线性方程来求解。它是解代数方程和超越方程的有效方法之一。牛顿迭代法在单根附近具有较高的收敛速度，其不仅可以用来求解 $f(x)=0$ 的实根，还可以用来求代数方程的复根。

设 x_0是方程 $f(x)=0$ 的一个初始近似值，将 $f(x)$在 x_0点附近展开成泰勒级数

$$f(x)=f(x_0)+(x-x_0)f'(x_0)+(x-x_0)^2\frac{f''(x_0)}{2!}+\cdots$$

取其线性部分作为非线性方程 $f(x)=0$ 的近似方程，则有

$$f(x)=f(x_0)+(x-x_0)f'(x_0)$$

设 $f'(x_0)\neq0$，则其解为

$$x_1=x_0-\frac{f(x_0)}{f'(x_0)}$$

把 $f(x)$在 x_1附近展开成泰勒级数，也取其线性部分作为 $f(x)=0$ 的近似方程。若 $f'(x_1)\neq0$，则得

$$x_2=x_1-\frac{f(x_1)}{f'(x_1)}$$

由此，牛顿迭代法的一个迭代序列为

$$x_{n+1} = x_n - \frac{f(x_n)}{f'(x_n)} \quad (n = 0, 1, 2, \cdots) \tag{4-16}$$

从而得到方程的近似解数列$\{x_n\}$，称上述求方程 $f(x)=0$ 根的方法为牛顿法，式(4-16)为牛顿迭代式。

牛顿迭代法的几何意义：依次用切线代替曲线，用线性函数的零点作为函数 $f(x)$零点的近似值(见图 4-3)。由于这种方法的每一步都是用切线来逼近方程的，所以牛顿法又称为切线法。

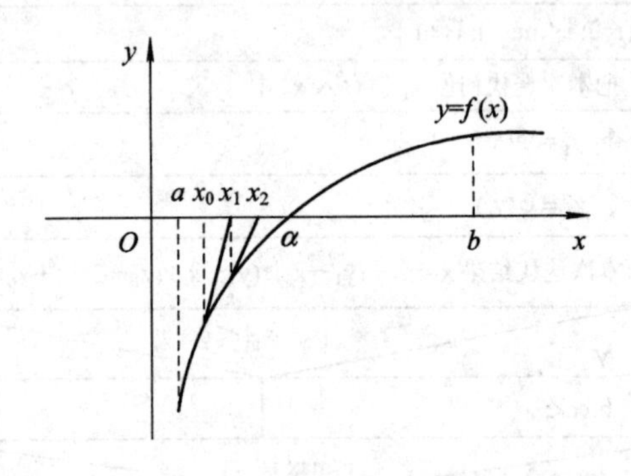

图 4-3　牛顿公式的几何意义

4.4.2　牛顿迭代法的收敛性

牛顿迭代公式(4-16)对应的迭代方程为

$$x=x-\frac{f(x)}{f'(x)}(f'(x)\neq 0)$$

所以迭代函数为

$$\varphi(x)=x-\frac{f(x)}{f'(x)}$$

因此，牛顿法也是迭代法，可用定理 4.4 判别其收敛性。

定理 4.4(局部收敛定理)　对于方程 $f(x)=0$，设 x^* 是方程的根，若

(1) 函数 $f(x)$在 x^* 的邻域内具有连续的二阶导数；

(2) 在 x^* 的邻域内 $f'(x)\neq 0$，则存在 x^* 的某个邻域 S，对于任意的初始值 $x_0\in S$，由牛顿迭代公式(4-16)产生的数列收敛于根 x^*。

由于牛顿迭代法是局部收敛的，故初值 x_0应充分靠近 x^* 才能证明收敛，这在一般情况下不太容易做到。若初始值 x_0不是选取得充分靠近根 x^*，则牛顿法收敛得很慢，甚至会发散。一般可以用二分法来估计初始值，这是因为二分若干次后得到了较靠近根 x^* 的近似根 x_0，再用此根作为牛顿迭代法的初值来求根，从而起到取长补短的作用。

定理 4.5(非局部收敛定理)　设 x^* 是方程 $f(x)=0$ 在隔根区间$[a, b]$内的根，如果

(1) 对于 $x\in[a, b]$，$f'(x)$、$f''(x)$连续且不变号；

(2) 选取初值 $x_0\in[a, b]$，使 $f(x_0)f''(x_0)>0$，则由牛顿迭代公式(4-16)产生的数列收敛于根 x^*。

该定理的几何解释如图 4-4 所示，满足定理条件的情况有四种。

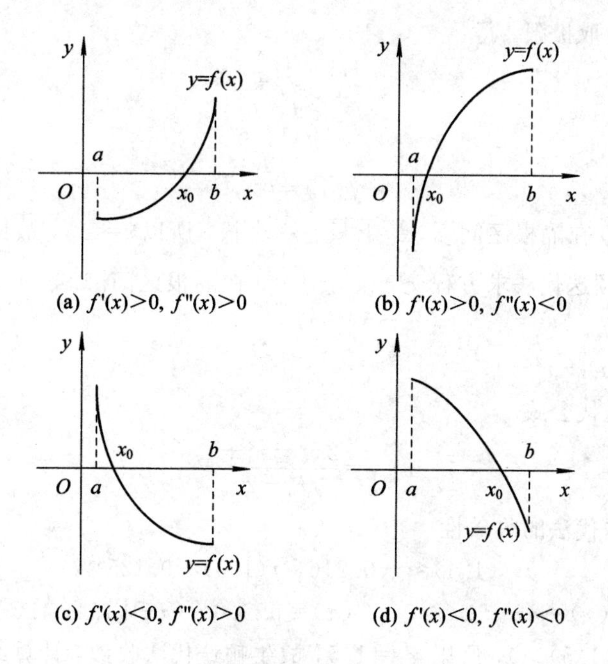

图 4-4　定理 4.5 的几何解释

证明　这里仅以图 4-4(a)所示的情况进行证明。

设对于 $x\subset[a, b]$，$f'(x)>0$，$f''(x)>0$，满足条件(2)的 x_0 应大于 x^*。要证 $\lim\limits_{n\to\infty}x_n=x^*$，根据情况(a)，应证数列 $\{x_n\}$ 是单调减下有界的数列。

(1) 用数学归纳法证明数列下有界，即证 $x^*<x_n$。当 $n=0$ 时，$x^*<x_0$，结论成立；设 $n=k$ 时，不等式 $x^*<x_k$ 成立。将函数 $f(x)$ 在 x_k 处作一阶泰勒展开

$$f(x)=f(x_k)+f'(x_k)(x-x_k)+\frac{f''(\xi_k)}{2!}(x-x_k)^2$$

其中 ξ_k 在 x 与 x_k 之间。因 x，$x_k\in[a, b]$，所以 $\xi_k\in(a, b)$。

将 $x=x^*$ 代入上式

$$f(x^*)=f(x_k)+f'(x_k)(x^*-x_k)+\frac{f''(\xi_k)}{2!}(x^*-x_k)^2=0$$

于是 $x^*=x_k-\dfrac{f(x_k)}{f'(x_k)}-\dfrac{f''(\xi_k)}{2!f'(x_k)}(x^*-x_k)^2$，即

$$x^*=x_{k+1}-\frac{f''(\xi_k)}{2!f'(x_k)}(x^*-x_k)^2$$

由条件知，上式右端的第二项大于零，因此 $x^*<x_{k+1}$，故 $x^*<x_n(n=0, 1, 2\cdots)$。

(2) 再证数列单调递减。因为 $f'(x)>0$，$x^*<x_n$，所以 $f(x_n)>0$，$f'(x_n)>0$，于是牛顿迭代公式(4-16)的第二项大于零，故

$$x_{n+1}<x_n$$

于是

$$x^*<\cdots<x_{n+1}<x_n<\cdots<x_0$$

即数列 $\{x_n\}$ 是单调递减下有界的数列，且下界为 x^*。

(3) 证 $\lim\limits_{n\to\infty}x_n=x^*$。由高等数学知，单调递减下有界的数列必有极限。设该数列极限为

$\bar{x}$，对式(4-16)两边取极限，得

$$\bar{x}=\bar{x}-\frac{f(\bar{x})}{f'(x)}$$

进一步得

$$f(\bar{x})=0$$

因方程 $f(x)=0$ 在隔根区间$[a, b]$上只有一个根，所以$\bar{x}=x^*$，故$\lim\limits_{n\to\infty}x_n=x^*$。

例 4-6 用牛顿迭代法求方程 $x^3-x^2-1=0$ 在隔根区间$[1.4, 1.5]$内的根，要求精确到小数点后第四位。

解 令 $f(x)=x^3-x^2-1$。

(1) 写出牛顿迭代公式

$$x_{n+1}=\frac{2x_n^3-x_n^2+1}{3x_n^2-2x_n}$$

(2) 判断牛顿迭代法的收敛性

$$f(1.4)\approx-0.216,\ f(1.5)\approx0.125$$

$$f'(x)=3x^2-2x>0,\ f''(x)=6x>0 \quad (x\in[1.4, 1.5])$$

因为 $f(1.5)f''(1.5)>0$，所以 $x_0=1.5$，故牛顿迭代法收敛，计算结果见表 4-5。

表 4-5 牛顿法计算结果

n	x_n	$\lvert x_{n+1}-x_n\rvert\leqslant\frac{1}{2}\times10^{-4}$
0	$x_0=1.5$	
1	$x_1=1.466\ 667$	$\lvert x_2-x_1\rvert\approx0.04$
2	$x_2=1.465\ 572$	$\lvert x_3-x_2\rvert\approx0.002$
3	$x_3=1.465\ 571$	$\lvert x_4-x_3\rvert\leqslant\frac{1}{2}\times10^{-4}$

由表 4-5 可知，第三次迭代满足精度要求，故取 $x^*\approx1.4656$。

4.4.3 牛顿迭代法算法设计

1. 牛顿迭代法算法的基本思想

设 x^* 是方程 $f(x)=0$ 的根，又设 x_0 为 x^* 附近的一个值，由迭代公式 $x_{n+1}=x_n-\frac{f(x_n)}{f'(x_n)}$ $(n=0, 1, 2, \cdots)$产生序列$\{x_n\}$，从而得到满足精度要求的方程的根。

- 输入参数：初始值 x_0，设定精度要求 ε，最大迭代次数 N。
- 输出参数：近似解 x 或迭代失败信息。
- 算法步骤：

Step 1：选定初始值 x_0，精度要求 ε，最大迭代次数 N，令 $n=0$。

Step 2：依公式 $x_{n+1}=x_n-\frac{f(x_n)}{f'(x_n)}$，逐次迭代得到新的近似值。

Step 3：若$\lvert x_{n+1}-x_n\rvert<\varepsilon$($\varepsilon$ 是精度要求)，则终止迭代，x_{n+1} 即为所求的根；否则转 Step 4。

Step 4：若 $n=N$，则停止计算；否则，置 $n=n+1$，转 Step 2。

2. N－S 流程图

用牛顿迭代法求非线性方程组近似解的 N－S 流程图如图 4－5 所示。

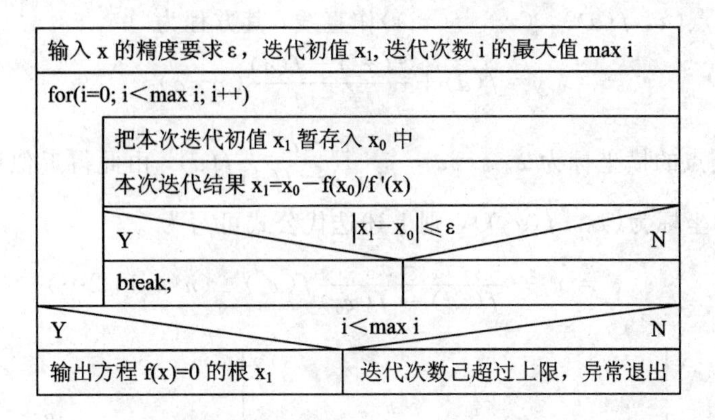

图 4－5　牛顿迭代法 N－S 流程图

4.5　弦　截　法

用牛顿法解方程的优点是收敛速度快，但每迭代一次，除了计算 $f(x_k)$外，还要计算 $f'(x_k)$的值，如果 $f(x)$比较复杂，计算 $f'(x)$就可能十分麻烦，尤其当$|f'(x_k)|$很小时，计算需要很精确，否则会产生很大的误差。为此引入弦截法，弦截法不需要计算导数，其收敛速度低于牛顿法，但又高于简单迭代法，从而在非线性方程的求解中得到广泛的应用，成为工程计算中常用的方法之一。

4.5.1　弦截法的基本原理

1. 单点弦截法

设方程 $f(x)=0$，隔根区间为$[a, b]$。令 $y=f(x)$，若 $f'(x)$和 $f''(x)$在(a, b)上不变号，则图形为图 4－6 所示的四种情况。

下面以图 4－6(a)为例来说明单点弦截法。

第一步，记 $b=x_1$，过点$(a, f(a))$，$(x_1, f(x_1))$作直线，其方程为

$$y=f(a)+\frac{f(x_1)-f(a)}{x_1-a}(x-a)$$

该直线与 x 轴的交点的横坐标 x_2 为

$$x_2=a-\frac{x_1-a}{f(x_1)-f(a)}f(a)$$

比较 a、x_1、x_2 的函数符号，确定隔根区间为$[a, x_2]$。

第二步，过点$(a, f(a))$，$(x_2, f(x_2))$作直线，方程为

$$y=f(a)+\frac{f(x_2)-f(a)}{x_2-a}(x-a)$$

该直线与 x 轴交点的横坐标 x_3 为

$$x_3=a-\frac{x_2-a}{f(x_2)-f(a)}f(a)$$

比较 a、x_3、x_2 的函数符号，确定隔根区间为$[a, x_3]$。

……

第 n 步，过点$(a, f(a))$，$(x_n, f(x_n))$作直线，其方程为

$$y=f(a)+\frac{f(x_n)-f(a)}{x_n-a}(x-a)$$

该直线与 x 轴交点的横坐标为 $x_{n+1}=a-\dfrac{x_n-a}{f(x_n)-f(a)}f(a)$，由此得近似根数列$\{x_n\}$。

记不动点的坐标为$(x_0, f(x_0))$，则上述迭代公式可写为

$$x_{n+1} = x_0 - \frac{x_n - x_0}{f(x_n) - f(x_0)}f(x_0) \quad (n = 1, 2\cdots) \tag{4-17}$$

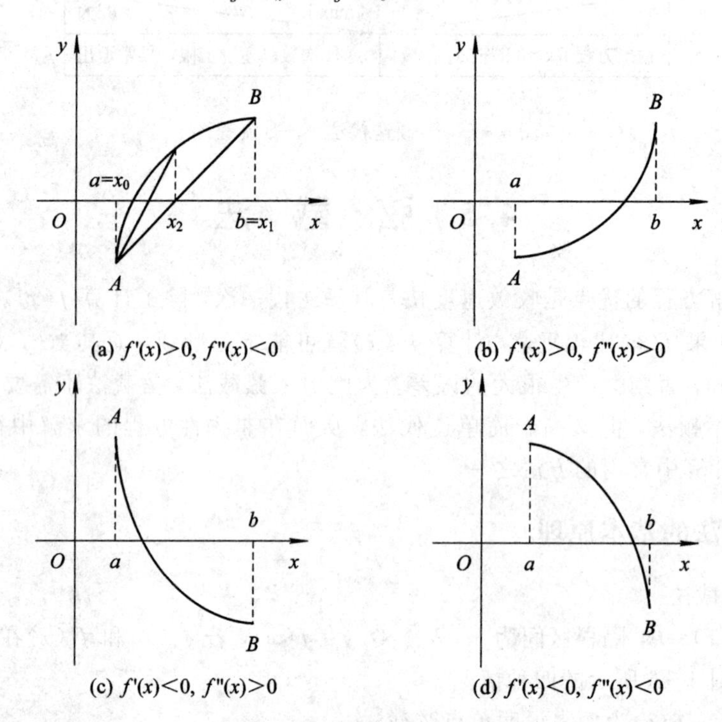

图 4-6　单点弦截法示意图

从图 4-6 的四种情况推知，x_0应满足 $f(x_0)$与 $f''(x_0)$同号，即 $f(x_0)f''(x_0)>0$。

单点弦截法的几何意义：依次用弦线代替曲线，用线性函数的零点作为函数 $f(x)$零点的近似值。

定理 4.6　设 α 是方程 $f(x)=0$ 在隔根区间$[a, b]$内的根，如果

(1) 对于 $x\in[a, b]$，$f'(x)$和 $f''(x)$连续且不变号；

(2) 选取初值 $x_0\in[a, b]$，使 $f(x_0)f''(x_0)>0$，x_0选定 a、b 中的一个，则 x_1为另一个，由单点弦截法迭代公式(4-17)产生的数列单调收敛于根 α。

(证明从略)

单点弦截法的收敛阶为 1。

2. 双点弦截法

设方程 $f(x)=0$，隔根区间为$[a, b]$，令 $y=f(x)$。

设 x_n、x_{n-1} 是根 α 附近的两点，过点 $(x_n, f(x_n))$，$(x_{n-1}, f(x_{n-1}))$ 作直线（见图 4－7）

$$y=f(x_n)+\frac{f(x_n)-f(x_{n-1})}{x_n-x_{n-1}}(x-x_n)$$

该直线与 x 轴的交点的横坐标 x_{n+1} 为

$$x_{n+1}=x_n-\frac{x_n-x_{n-1}}{f(x_n)-f(x_{n-1})}f(x_n) \tag{4-18}$$

式(4－18)是双点弦截法迭代公式，由迭代公式得近似根数列 $\{x_n\}$。

式(4－18)也是牛顿迭代公式

$$x_{n+1}=x_n-\frac{f(x_n)}{f'(x_n)}$$

中的导数 $f'(x_n)$ 用差商 $\frac{f(x_n)-f(x_{n-1})}{x_n-x_{n-1}}$ 取代的结果。

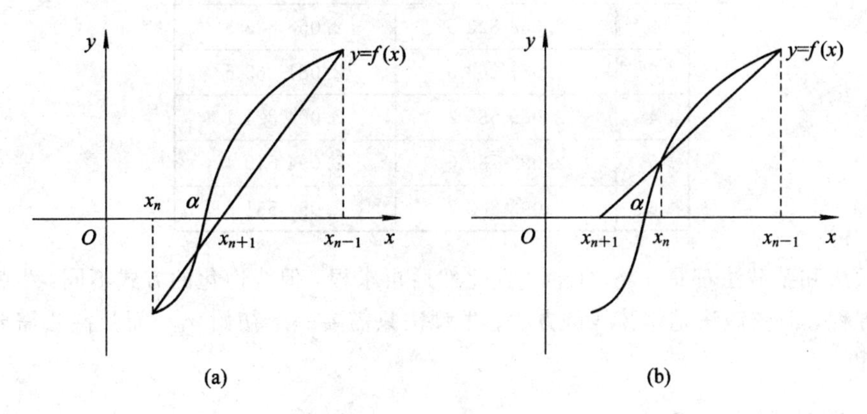

图 4－7　双点弦截法示意图

双点弦截法的几何意义与单点弦截法相同。单点弦截法是双点弦截法的特殊情况。

4.5.2　弦截法的收敛性

定理 4.7　若 $f(x)$ 在根 x^* 的某个邻域 $S=\{x \mid |x-x^*| \leqslant \delta\}$ 内有二阶连续导数，且对任意 $x \in S$，有 $f'(x) \neq 0$，则当 S 邻域充分小时，对 S 邻域内任意的 x_0、x_1，由弦截法的迭代公式(4－18)得到的近似值序列 $\{x_n\}$ 收敛到方程 $f(x)=0$ 的根 x^*，并可证明弦截法是按阶 $p=\frac{1+\sqrt{5}}{2}\approx 1.618$ 收敛的。

（证明从略）

双点弦截法是超线性收敛，收敛阶为 $\frac{1+\sqrt{5}}{2}\approx 1.618$。

例 4－7　分别用单点弦截法和双点弦截法求 $f(x)=x^3-2x-5=0$ 在区间 $[2, 3]$ 内的根。

解　(1) 单点弦截法。

$$f'(x)=3x^2-2>0,\ f''(x)=6x>0$$

$$f(2)=-1<0,\ f(3)=16>0$$

取 $x_0=3$，$x_1=2$，计算公式为

$$x_{n+1}=\frac{3x_n^3-22x_n-15}{x_n^3-2x_n-21}\quad (n=1,\ 2,\ \cdots)$$

(2) 双点弦截法。取 $x_0=2$，$x_1=3$，计算公式为

$$x_{n+1}=\frac{x_n^3x_{n-1}-5x_{n-1}+5x_n}{x_n^3-2x_n-x_{n-1}^3+2x_{n-1}}\quad (n=1,\ 2,\ \cdots)$$

单点弦截法和双点弦截法的计算结果见表 4-6。

表 4-6　弦截法计算结果

	单　点	双　点
n	x_n	x_n
0	3	2
1	2	3
2	2.058 823 5	2.058 823 5
3	2.081 263 6	2.081 263 6
4	2.089 639 2	2.094 824 1
5	2.092 739 6	2.094 549 4
6	2.093 883 7	2.094 551 5

牛顿法和弦截法都是先将 $f(x)$线性化然后再求根，但线性化的方式不同：牛顿法是作切线的方程，而弦截法是作弦线的方程；牛顿法只需要一个初始 x_0，而弦截法需要两个初始值 x_0和 x_1。

4.5.3　弦截法算法设计

1. 弦截法算法的基本思想

由导数的几何意义可知，$f'(x)$表示曲线 $f(x)$在点$(x,\ y)$的切线斜率，于是弦截法的基本思想就是，用曲线 $y=f(x)$的弦斜率近似代替 $f'(x)$。称 $x_{n+1}=x_0-\dfrac{x_n-x_0}{f(x_n)-f(x_0)}f(x_0)$ 为单点弦截法，$x_{n+1}=x_n-\dfrac{x_n-x_{n-1}}{f(x_n)-f(x_{n-1})}f(x_n)$为双点弦截法。

- 输入参数：初始值 x_0、x_1，设定精度要求 ε 和最大迭代次数 N。
- 输出参数：近似解 x。
- 算法步骤：

Step 1：选定初始近似值 x_0、x_1，并计算 $f(x_0)$、$f(x_1)$。

Step 2：对 $i=1,\ 2,\ \cdots,\ n$，执行 Step 3 和 Step 4。

Step 3：$x_2=x_1-\dfrac{f(x_1)}{f(x_1)-f(x_0)}(x_1-x_0)$。

Step 4：若$|x-x_1|<\varepsilon$，则输出 x，停止计算；否则，以$(x_1,\ f(x_1))$，$(x_2,\ f(x_2))$分别代替$(x_0,\ f(x_0))$和$(x_1,\ f(x_1))$，转 Step 2 继续迭代。

2. N-S 流程图

用双点弦截法求非线性方程组近似解的 N-S 流程图如图 4-8 所示。

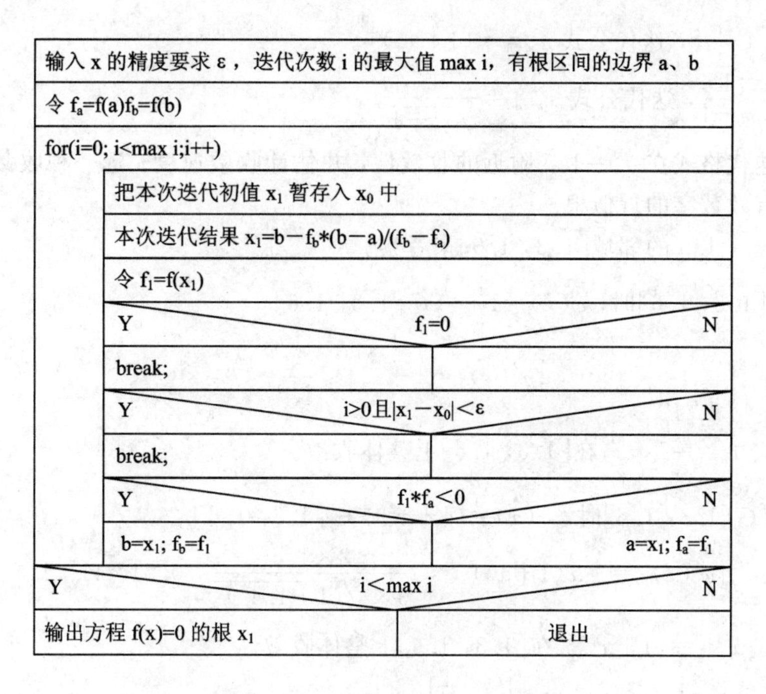

图 4－8　弦截法算法 N－S 流程图

4.6 算例分析

例 1　用二分法求方程 $f(x)=\mathrm{e}^{-x}-\sin\left(\frac{\pi x}{2}\right)=0$ 在区间[0，1]内的实根近似值，要求误差不超过 $1/2^5$。

解　这里 $a=0$，$b=1$，且 $f(a)=f(0)=1>0$，$f(b)=f(1)=-0.6321<0$。

因为 $f(x)=\mathrm{e}^{-x}-\sin\left(\frac{\pi x}{2}\right)$在[0，1]上连续，所以[0，1]是 $f(x)$的有根区间。计算结果见表 4－7。

表 4－7　计 算 结 果

n	a_n	b_n	x_n	$f(x_n)$的符号
0	0	1	0.5	$f(0.5)=-0.1006$
1	0	0.5	0.25	$f(0.25)=0.3961$
2	0.25	0.5	0.375	$f(0.375)=0.1317$
3	0.375	0.5	0.4375	$f(0.4375)=0.0113$

若取 $x_4=\frac{1}{2}(0.4375+0.5)=0.468\ 75\approx x^*$，则达到误差不超过 $1/2^5$ 的要求。

例 2　为求方程 $x^3-x^2-1=0$ 在 $x_0=1.5$ 附近的一个根，将其改写为下列等价形式，并建立相应的迭代公式。

(1) $x=1+\frac{1}{x^2}$，迭代公式 $x_{n+1}=1+\frac{1}{x_n^2}$；

(2) $x^3=1+x^2$，迭代公式 $x_{n+1}=(1+x_n^2)^{\frac{1}{3}}$。

(3) $x^2=\dfrac{1}{x-1}$，迭代公式 $x_{n+1}=\dfrac{1}{\sqrt{x_n-1}}$。

试判断各种迭代格式在 $x_0=1.5$ 附近的收敛性，并估计收敛速度。选一种收敛格式，计算出具有四位有效数字的近似根。

解 取 $x_0=1.5$ 的邻域[1.3，1.6]来考察。

(1) $x\in[1.3,\ 1.6]$时，$\varphi(x)=1+\dfrac{1}{x^2}\in[1.3,\ 1.6]$

$$|\varphi'(x)|=\left|-\frac{2}{x^3}\right|\leqslant\frac{2}{1.3^3}<1$$

故迭代式 $x_{n+1}=1+\dfrac{1}{x_n^2}$在[1.3，1.6]上整体收敛。

(2) 当 $x\in[1.3,\ 1.6]$时，$\varphi(x)=(1+x^2)^{\frac{1}{3}}\in[1.3,\ 1.6]$

$$|\varphi'(x)|=\frac{2}{3}x(1+x^2)^{-\frac{2}{3}}\leqslant\frac{2\times1.6}{3\times\sqrt[3]{(1+1.4^2)^2}}<0.517\ 41<1$$

故迭代式 $x_{n+1}=(1+x_n^2)^{\frac{1}{3}}$在[1.3，1.6]上整体收敛。

(3) $\varphi(x)=\dfrac{1}{\sqrt{x-1}}|\varphi'(x)|=\left|\dfrac{-1}{2(x-1)^{\frac{3}{2}}}\right|>\dfrac{1}{2(1.6-1)^{\frac{3}{2}}}>1.075>1$，因而迭代发散。

由于在收敛的情况下，若$|\varphi'(x)|$越小，则迭代序列$\{x_n\}$收敛于 x^* 的速度越快，故本题选用迭代格式(2)来求方程的近似根。具体计算结果如下：

由 $x_{n+1}=(1+x_n^2)^{\frac{1}{3}}$，取 $x_0=1.5$，则

$$x_1=1.481\quad x_2=1.473\quad x_3=1.469\quad x_4=1.467\quad x_5=1.466\quad x_6=1.466$$

即迭代六次即可得方程的具有四位有效数字的近似根：$x^*=1.466$。

例 3 用埃特金加速法求方程 $x^3-x-1=0$ 在 $x=1.5$ 附近的根。

解 埃特金加速公式为

$$\begin{cases}\tilde{x}_{n+1}=\varphi(x_n)\\ \bar{x}_{n+2}=\varphi(\tilde{x}_{n+1})\\ x_{n+1}=\dfrac{\bar{x}_{n+2}x_n-\tilde{x}_{n+1}^2}{\bar{x}_{n+2}-2\tilde{x}_{n+1}+x_n}\end{cases}\quad(n=0,\ 1,\ 2,\ \cdots)$$

仍取初值 $x_0=1.5$，经过 5 次迭代得：$x_5=1.324\ 72$。

取 $x_0=1.5$ 开始计算，于是有

$$x_1=1.324\ 899\ 18,\ x_2=1.324\ 717\ 96,\ x_3=1.324\ 716\ 37$$

由于$|x_3-x_2|<\dfrac{1}{2}\times10^{-4}$，故可取 $x^*\approx x_3=1.3247$。

例 4 用牛顿迭代法求 $f(x)=x^3-3x-1=0$ 在 $x_0=2$ 附近的根。根的准确值 $x^*=1.879\ 385\ 24\cdots$，要求计算结果准确到四位有效数字。

解 取 $x_0=2$，利用牛顿迭代法

$$x_{n+1}=x_n-\frac{x_n^3-3x_{n-1}}{3x_n^2-3}=\frac{2x_n^3+1}{3(x_n^2-1)}$$

得 $x_1=1.8889$，$x_2=1.8794$，$|x_3-x^*|<\frac{1}{2}\times10^{-3}$，故 $x^*\approx x_3=1.8794$。

例 5　证明：求 $\sqrt{a}(a>0)$ 的牛顿迭代法 $x_{n+1}=\frac{1}{2}\left(x_n+\frac{a}{x_n}\right)(n=0, 1, 2\cdots)$，对任意正的迭代初值 x_0 都有 $x_n\geqslant\sqrt{a}$，并且迭代序列 $\{x_n\}$ 是单调递减序列，同时该迭代收敛。

解　因 $a>0$，故由迭代式知，对一切 $x_0>0$ 都有 $x_n>0(n=0, 1, 2\cdots)$，并且

$$x_{n+1}=\frac{1}{2}\left(x_n+\frac{a}{x_n}\right)=\frac{1}{2}\left[\sqrt{x_n}-\frac{\sqrt{a}}{\sqrt{x_n}}\right]^2+\sqrt{a}\geqslant\sqrt{a}$$

又

$$\frac{x_{n+1}}{x_n}=\frac{1}{2}+\frac{a}{2x_n^2}\leqslant\frac{1}{2}+\frac{a}{2a}=1$$

即 $x_{n+1}\leqslant x_n$，则 $\{x_n\}$ 为单调递减序列，又是有界序列，所以序列 $\{x_n\}$ 收敛，且是整体收敛。

例 6　用双点弦截法求 $f(x)=x^3+10x-20=0$ 在区间[1.5, 2]内的根的近似值。

解　显然 $f(x)$ 在区间[1.5, 2]上连续，且 $f(1.5)<0$，$f(2)>0$，所以，区间[1.5, 2]是 $f(x)=0$ 的有根区间，若取 $x_0=1.5$，$x_1=2$，用双点弦截法计算公式可得表 4-8 所示的结果。

表 4-8　计算结果

k	0	1	2	3	4	5
x_k	1.5	2	1.584 415 6	1.593 479 5	1.594 565 1	1.594 562 1

计算结果表明，用弦截法迭代 5 次所得的近似解已精确到 8 位有效数字，它的收敛速度也是较快的。

本章小结

本章介绍了求解非线性方程 $f(x)=0$ 的一些数值解法，其中很多方法都要知道根的大概范围，或者经试验找到一个有根区间。在考察一种解法的有效性时，一般都要讨论其收敛速度。

二分法方法简单，编程容易，且对函数 $f(x)$ 的性质要求不高，但其收敛速度较慢，因此常被用于求精度不高的近似根，或为迭代法提供初值。

迭代法是一种逐次逼近的方法，原理简单，但存在收敛性和收敛速度的问题，简单迭代法具有线性收敛速度，采用埃特金加速方法，使收敛速度加快。需要注意的是，对于只有局部收敛性的简单迭代法，往往对初始值 x_0 的选取要求特别高。

牛顿法是一种特殊的迭代法，除了具有一般迭代法的特点外，还具有在单根附近的收敛速度为平方收敛，经过改善可以求方程的重根，牛顿法对初值选取比较苛刻，否则牛顿法可能不收敛。

弦截法是牛顿法的一种修改，当导数过于复杂时，可用弦截法求解，弦截法不要求求导数，但收敛速度较慢。弦截法也要求初始值必须选取得充分靠近方程的根，否则也可能不收敛。

习　题

1. 何谓二分法？二分法的优点是什么？如何估计误差？

2. 何谓迭代法？它的收敛条件、几何意义、误差估计式分别是什么？

3. 如何加速迭代序列的收敛速度？埃特金加速法的处理思想是什么？它具有什么优点？

4. 怎样比较迭代法收敛的快慢？何谓收敛阶数？

5. 牛顿迭代的格式是什么？它是怎样得出的？叙述牛顿迭代法的收敛条件与收敛阶数。

6. 如何导出弦截法迭代公式？叙述其收敛条件与收敛阶数并比较弦截法与牛顿法的优劣。

7. 用二分法求方程 $f(x)=\sin x-\left(\frac{x}{2}\right)^2=0$ 在区间[1.5, 2]内的实根的近似值，并指出其误差。

8. 用二分法求方程 $x^4-3x+1=0$ 在区间[0.3, 0.4]内的根，要求误差不超过 $\frac{1}{2}\times10^{-2}$。

9. 用迭代法推证并求$\sqrt[k]{c}$近似值的公式，再由此公式求$\sqrt[5]{3}$的近似值，精确到6位有效数字。

10. 用牛顿迭代法求 $f(x)=x^2-3=0$ 在 $x_0=\sqrt{3}$的近似值，精确到 10^{-4}。

11. 用迭代—加速公式求方程 $x=e^{-x}$在 $x=0.5$ 附近的根，要求精确到小数点后第5位。

12. 试用埃特金加速法求方程 $x^3+4x^2-10=10$ 在 $x_0=1.5$ 附近的根。

13. 用牛顿迭代法求 $f(x)=x-\cos x=0$ 在 $x_0=1$ 附近的实根，要求满足精度 $|x_{k+1}-x_k|<0.001$。

14. 用双点弦截法求方程 $x^3-3x-1=0$ 在 $x_0=2$ 附近的实根，取 $x_0=1.9$，计算到4位有效数字为止。

第5章　插　值

5.1 引　言

在科学研究与工程计算中，经常会遇到函数表达式复杂且不便于计算，但又需要计算众多点处函数值的情况；或已知由实验或测量得到某一函数 $y=f(x)$在区间$[a, b]$上互异的$n+1$个点 $x_0, x_1, \cdots, x_n$处的函数值$y_0, y_1, \cdots, y_n$，需要构造一个简单函数 $P(x)$作为函数 $y=f(x)$的近似表达式，即

$$y = f(x) \approx P(x) \tag{5-1}$$

使得

$$P(x_i) = f(x_i) = y_i \quad (i = 0, 1, \cdots, n) \tag{5-2}$$

这类问题通常称为插值问题，$P(x)$称为 $f(x)$的插值函数。

由于代数多项式是最简单且便于计算的函数，因此经常被作为插值函数。当然，三角多项式或有理分式等也可作为插值函数。若插值函数是代数多项式，则称相应的插值问题为代数插值；若是三角多项式，则称相应的插值问题为三角插值。本章只讨论代数插值问题。

插值法是一种古老而实用的方法，它来自生产实践。早在1000多年前，我国科学家在历法研究中就应用了线性插值和二次插值，但它的基本理论和计算结果却是在微积分产生之后才逐步完善的。时至今日，随着高性能电子计算机的普及，插值法的应用范围已涉及生产和科研的各个环节。特别由于航空、造船、精密机械加工等实际工业的需要，更使得插值法在实践与理论上显得异常重要并得到了进一步发展，尤其是近几十年发展起来的样条(Spline)插值，更获得了广泛的应用。

本章主要介绍构造插值多项式的几种常用方法：拉格朗日(Lagrange)插值、牛顿插值、埃尔米特插值和三次样条插值。

5.1.1　代数插值问题

下面先给出代数插值的定义。

设 $y=f(x)$在区间$[a, b]$上有定义，且在$[a, b]$上的$n+1$个互异点 $a=x_0<x_1<\cdots<x_n=b$ 处的函数值分别为 $y_0, y_1, \cdots, y_n$，若存在一个代数多项式

$$P_n(x) = a_0 + a_1 x + \cdots + a_n x^n \tag{5-3}$$

其中 a_i为实数，使得

$$P_n(x_i) = y_i \quad (i = 0, 1, \cdots, n) \tag{5-4}$$

成立，则称 $P_n(x)$为函数 $y=f(x)$的插值多项式，点 $x_0, x_1, \cdots, x_n$称为插值节点，包含插

值节点的区间$[a, b]$称为插值区间，关系式(5-4)称为插值条件。求插值多项式$P_n(x)$的问题(方法)就称为代数插值问题(方法)。

5.1.2 插值多项式的存在与唯一性

定理5.1 在$n+1$个互异节点x_i上满足插值条件

$$P_n(x_i) = y_i \quad (i = 0, 1, \cdots, n) \tag{5-5}$$

的次数不高于n的多项式$P_n(x)$存在且唯一。

证明 若式(5-3)的$n+1$个系数可以被唯一确定，则该多项式存在且唯一。根据插值条件(5-4)，式(5-3)中的系数$a_0, a_1, \cdots, a_n$应满足下面的$n+1$阶线性方程组：

$$\begin{cases} a_0 + a_1x_0 + \cdots + a_nx_0^n = y_0 \\ a_0 + a_1x_1 + \cdots + a_nx_1^n = y_1 \\ \cdots \\ a_0 + a_1x_n + \cdots + a_nx_n^n = y_n \end{cases} \tag{5-6}$$

其中未知量$a_0, a_1, \cdots, a_n$的系数行列式为范德蒙(Vandermonde)行列式，即

$$\boldsymbol{V} = \begin{vmatrix} 1 & x_0 & x_0^2 & \cdots & x_0^n \\ 1 & x_1 & x_1^2 & \cdots & x_1^n \\ \vdots & \vdots & \vdots & & \vdots \\ 1 & x_n & x_n^2 & \cdots & x_n^n \end{vmatrix} = \prod_{n \geqslant i > j \geqslant 0} (x_i - x_j) \tag{5-7}$$

由于节点互异，即$x_i \neq x_j (i \neq j)$，所以$\boldsymbol{V} \neq 0$。由克莱姆(Grammer)法则可知方程组(5-6)存在唯一的一组解$a_0, a_1, \cdots, a_n$，即插值多项式(5-3)存在且唯一。

例5-1 求过(1, 1)、(2, 3)两点的一次插值多项式。

解 设一次插值多项式$P_1(x) = a_0 + a_1x$，则a_0、a_1满足下列线性方程组：

$$\begin{cases} a_0 + a_1 = 1 \\ a_0 + 2a_1 = 3 \end{cases}$$

解得$a_0 = -1$，$a_1 = 2$，所求的一次插值多项式为$P_1(x) = -1 + 2x$。

5.1.3 代数插值的几何意义

代数插值的几何意义，就是通过$n+1$个点$(x_i, y_i)(i = 0, 1, \cdots, n)$作一条代数曲线$y = P_n(x)$，使其近似于曲线$y = f(x)$，如图5-1所示。

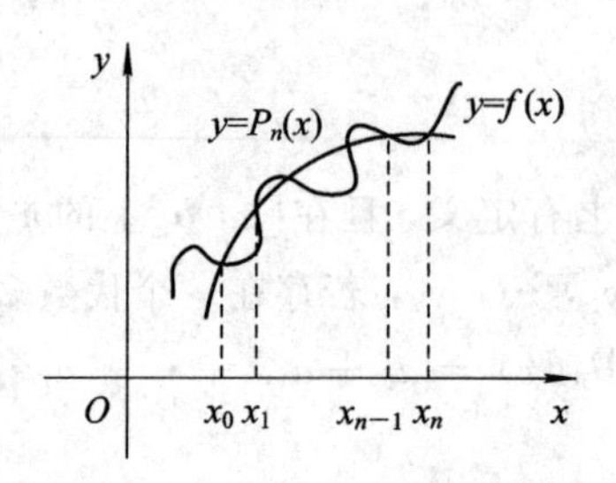

图5-1　代数插值的几何意义

5.1.4 插值余项

显然，在$[a, b]$上用$P_n(x)$近似$f(x)$，除了在插值节点x_i处$P_n(x_i)=f(x_i)$外，在其余点x处都有误差。令$R_n(x)=f(x)-P_n(x)$，则$R_n(x)$称为插值多项式的插值余项，它表示用$P_n(x)$去近似$f(x)$的截断误差。一般地，$\max\limits_{a\leqslant x\leqslant b}|R_n(x)|$越小，其近似程度越好。

5.2 拉格朗日插值

5.2.1 线性插值、抛物插值及一般插值

根据插值条件(5-4)，通过求解线性方程组来确定插值多项式的系数，其计算量较大，因此通常采用其它方法来构造插值多项式。本节将采用插值基函数的方法，构造一种具有一定特点的插值多项式，即拉格朗日插值多项式。

为了使读者能够较容易地接受插值基函数及拉格朗日插值多项式的构造方法，首先以线性插值作为引例。

设函数$y=f(x)$在区间$[x_0, x_1]$两端点的值为$y_0=f(x_0)$，$y_1=f(x_1)$，要求用线性函数$y=L_1(x)=ax+b$近似代替$f(x)$，适当选择参数a和b，使得

$$L_1(x_0)=f(x_0),\ L_1(x_1)=f(x_1) \tag{5-8}$$

则称$L_1(x)$为$f(x)$的线性插值函数。

线性插值的几何意义就是利用通过两点$A(x_0, f(x_0))$和$B(x_1, f(x_1))$的直线去近似曲线$y=f(x)$，如图5-2所示。

由直线方程的两点式可求得$L_1(x)$的表达式为

$$L_1(x)=\frac{x-x_1}{x_0-x_1}y_0+\frac{x-x_0}{x_1-x_0}y_1 \tag{5-9}$$

设$l_0(x)=\dfrac{x-x_1}{x_0-x_1}$，$l_1(x)=\dfrac{x-x_0}{x_1-x_0}$，则$l_0(x)$、$l_1(x)$均为$x$的一次函数，且不难看出它们具有下列性质：

$$\begin{cases}l_0(x_0)=1\\ l_0(x_1)=0\end{cases},\quad \begin{cases}l_1(x_0)=0\\ l_1(x_1)=1\end{cases}$$

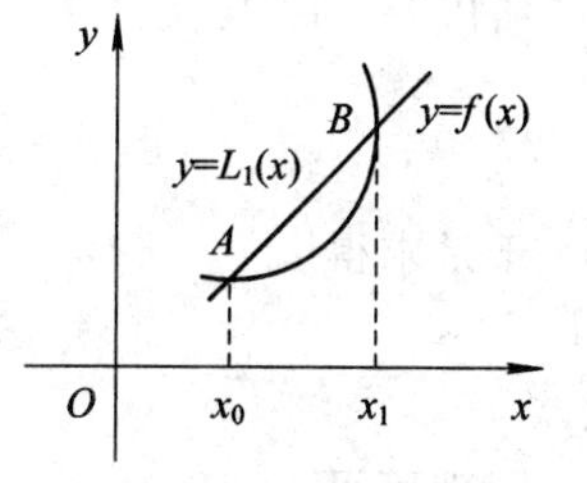

图5-2 线性插值示意图

或统一写成

$$l_k(x_i)=\begin{cases}1, & \text{当 } i=k \text{ 时}\\ 0, & \text{当 } i\neq k \text{ 时}\end{cases}\quad (i, k=0, 1)$$

具有这种性质的函数$l_0(x)$、$l_1(x)$称为线性插值基函数。于是式(5-9)可用基函数表示为

$$L_1(x)=l_0(x)y_0+l_1(x)y_1 \tag{5-10}$$

式(5-10)说明，任何一个满足插值条件(5-8)的线性插值函数都可由线性插值基函数$l_0(x)$、$l_1(x)$的一个线性组合来表示。

下面开始讨论抛物插值。已知$y=f(x)$在三个不同点x_0、x_1、x_2上的值分别为$y_0=f(x_0)$，$y_1=f(x_1)$，$y_2=f(x_2)$，要求构造一个二次插值多项式$L_2(x)$，使它满足插值条件

$$L_2(x_i) = f(x_i) \quad (i = 0, 1, 2) \tag{5-11}$$

由于通过不在同一直线上的三点 $A(x_0, f(x_0))$、$B(x_1, f(x_1))$、$C(x_2, f(x_2))$可以作一条抛物线，故称二次插值多项式 $L_2(x)$为 $f(x)$的抛物插值函数，如图 5-3 所示。

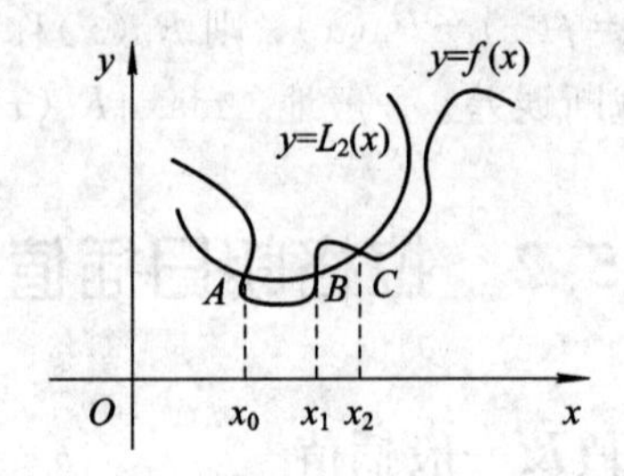

图 5-3　抛物插值示意图

下面采用类似求线性插值基函数的方法求取 $L_2(x)$。

设二次插值多项式为

$$L_2(x) = l_0(x)y_0 + l_1(x)y_1 + l_2(x)y_2 \quad (x_0 \leqslant x \leqslant x_2) \tag{5-12}$$

其中 $l_k(x)(k=0, 1, 2)$为二次多项式，且满足

$$l_k(x_i) = \begin{cases} 1, 当\ i = k\ 时 \\ 0, 当\ i \neq k\ 时 \end{cases} \quad (i, k = 0, 1, 2) \tag{5-13}$$

显然，$L_2(x)$满足插值条件(5-11)，余下的问题就是如何求 $l_k(x)$。以求 $l_0(x)$为例，由式(5-13)知，$l_0(x_1) = l_0(x_2) = 0$，即 x_1、x_2 是 $l_0(x)$的两个零点，故可设 $l_0(x) = k(x-x_1)(x-x_2)$，其中 k 为待定的常数。由 $l_0(x_0)=1$ 得

$$k(x_0-x_1)(x_0-x_2)=1$$

所以

$$k=\frac{1}{(x_0-x_1)(x_0-x_2)}$$

于是求得

$$l_0(x)=\frac{(x-x_1)(x-x_2)}{(x_0-x_1)(x_0-x_2)}$$

同理可得

$$l_1(x)=\frac{(x-x_0)(x-x_2)}{(x_1-x_0)(x_1-x_2)},\ l_2(x)=\frac{(x-x_0)(x-x_1)}{(x_2-x_0)(x_2-x_1)}$$

将 $l_0(x)$、$l_1(x)$和 $l_2(x)$代入式(5-12)得

$$L_2(x) = \frac{(x-x_1)(x-x_2)}{(x_0-x_1)(x_0-x_2)}y_0 + \frac{(x-x_0)(x-x_2)}{(x_1-x_0)(x_1-x_2)}y_1 + \frac{(x-x_0)(x-x_1)}{(x_2-x_0)(x_2-x_1)}y_2 \tag{5-14}$$

其中 $x_0 \leqslant x \leqslant x_2$。由式(5-14)所表示的函数又称为 $f(x)$的二次拉格朗日插值多项式。

下面进一步研究一般插值，即 n 次拉格朗日插值多项式的问题。

设函数 $y=f(x)$在 $n+1$ 个节点 $x_0<x_1<\cdots<x_n$ 处的函数值为 $y_i=f(x_i)(i=0, 1, \cdots, n)$，现要求构造一个 n 次插值多项式 $L_n(x)$，并使 $L_n(x)$在节点 x_i 处满足

$$L_n(x_i) = y_i \quad (i = 0, 1, \cdots, n) \tag{5-15}$$

这里仍采用构造 n 次插值基函数 $l_n(x)$的方法求 $L_n(x)$。所谓 n 次插值基函数 $l_n(x)$，

就是在 $n+1$ 个节点 $x_0<x_1<\cdots<x_n$ 上满足条件

$$l_k(x_i)=\begin{cases}1, & 当\ i=k\ 时\\ 0, & 当\ i\neq k\ 时\end{cases}\quad (i,\ k=0,\ 1,\ \cdots,\ n) \tag{5-16}$$

的 n 次多项式。

利用前面推导二次插值多项式的方法，可推得

$$l_k(x)=\frac{(x-x_0)(x-x_1)\cdots(x-x_{k-1})(x-x_{k+1})\cdots(x-x_n)}{(x_k-x_0)(x_k-x_1)\cdots(x_k-x_{k-1})(x_k-x_{k+1})\cdots(x_k-x_n)},\ k=0,\ 1,\ \cdots,\ n \tag{5-17}$$

显然，$l_k(x)$满足插值条件(5-15)，从而得到

$$L_n(x)=\sum_{k=0}^{n}l_k(x)y_k \tag{5-18}$$

式(5-18)就称为 n 次拉格朗日插值多项式。当 $n=1$ 和 $n=2$ 时，$L_1(x)$和 $L_2(x)$分别称为线性插值多项式和抛物插值多项式。

若引入记号

$$\omega_{n+1}(x)=(x-x_0)(x-x_1)\cdots(x-x_n) \tag{5-19}$$

则

$$\omega'_{n+1}(x_k)=(x_k-x_0)(x_k-x_1)\cdots(x_k-x_{k-1})(x_k-x_{k+1})\cdots(x_k-x_n)$$

于是式(5-18)可改写为

$$L_n(x)=\sum_{k=0}^{n}\frac{\omega_{n+1}(x)}{(x-x_k)\omega'_{n+1}(x_k)}y_k \tag{5-20}$$

注意，n 次插值多项式 $L_n(x)$通常是次数为 n 的多项式，特殊情况下次数可能小于 n。例如，通过三点 $A(x_0,\ f(x_0))$、$B(x_1,\ f(x_1))$、$C(x_2,\ f(x_2))$的二次插值多项式 $L_2(x)$，如果三点共线，则 $y=L_2(x)$就是一条直线，而不是抛物线，这时的 $L_2(x)$就是一次多项式。

为了便于在计算机上计算 $L_n(x)$的值，通常采用如下紧凑表达式：

$$L_n(x)=\sum_{k=0}^{n}\left[\prod_{\substack{i=0\\ i\neq k}}^{n}\left(\frac{x-x_i}{x_k-x_i}\right)\right]y_k \tag{5-21}$$

5.2.2 插值余项与误差估计

设 $f(x)$为定义在区间$[a,\ b]$上的被插值函数，$L_n(x)$为 $f(x)$的 n 次插值多项式，其插值余项

$$R_n(x)=f(x)-L_n(x)$$

的具体表达式可由下面的定理给出。

定理 5.2 如果 $f^{(n)}(x)$在区间$[a,\ b]$上连续，$f^{(n+1)}(x)$在$(a,\ b)$内存在，$L_n(x)$为节点 $a\leqslant x_0<x_1<\cdots<x_n\leqslant b$ 上满足插值条件(5-15)的插值多项式，则对任意 $x\in(a,\ b)$，其插值余项为

$$R_n(x)=f(x)-L_n(x)=\frac{f^{(n+1)}(\xi)}{(n+1)!}\omega_{n+1}(x) \tag{5-22}$$

其中 $\omega_{n+1}(x)=\prod_{i=0}^{n}(x-x_i)$，$\xi\in(a,\ b)$ 且依赖于 x。

证明 由于 $R_n(x_i)=0(i=0, 1, \cdots, n)$，故设

$$R_n(x) = K(x)\omega_{n+1}(x) \tag{5-23}$$

为了确定函数 $K(x)$，将 x 视为区间 $[a, b]$ 上的一个固定点，作辅助函数

$$\varphi(t)=f(t)-L_n(t)-K(x)(t-t_0)(t-t_1)\cdots(t-t_n)$$

由 $\varphi(x_i)=0(i=0, 1, \cdots, n)$ 及 $\varphi(x)=0$，知 $\varphi(t)$ 在 $[a, b]$ 上有 $n+2$ 个零点。又由已知条件知 $\varphi(t)$ 在 (a, b) 内有 $n+1$ 阶导数，由罗尔(Rolle)定理得：$\varphi'(t)$ 在 (a, b) 内至少有 $n+1$ 个零点。反复利用罗尔定理推出：$\varphi^{(n+1)}(t)$ 在 (a, b) 内至少有 1 个零点，记为 ξ，即有

$$\varphi^{(n+1)}(\xi)=f^{(n+1)}(\xi)-(n+1)!K(x)=0$$

于是

$$K(x)=\frac{f^{(n+1)}(\xi)}{(n+1)!}$$

上式中 $\xi\in(a, b)$ 且依赖于 x，将上式代入式(5-23)即得式(5-22)。由式(5-22)给出的余项通常称为拉格朗日型余项。

一般情况下，余项表达式中 $\xi\in(a, b)$ 的具体数值无法知道。但如果能求出 $\max\limits_{a\leqslant x\leqslant b}|f^{(n+1)}(x)|=M_{n+1}$，则可以得出插值多项式的截断误差限为

$$|R_n(x)|\leqslant\frac{M_{n+1}}{(n+1)!}\max_{a\leqslant x\leqslant b}|\omega_{n+1}(x)| \tag{5-24}$$

由此看出，$|R_n(x)|$ 的大小除和 M_{n+1} 有关外，还与插值节点有密切关系。当给定 m 个节点处的函数值，但仅选用其中 $n+1(n+1<m)$ 个作为插值条件而求某点 $\bar{x}$ 处的函数值时，$n+1$ 个节点 $x_0, x_1, \cdots, x_n$ 的选取应尽可能接近 $\bar{x}$，以使得所计算函数值的误差限尽可能小。

当 $n=1$ 时，由式(5-22)得

$$R_1(x) = f(x) - L_1(x) = \frac{f''(\xi)}{2!}(x-x_0)(x-x_1) \tag{5-25}$$

其截断误差限是 $|R_1|\leqslant\frac{M_1}{2!}|(x-x_0)(x-x_1)|$，$M_1=\max\limits_{a\leqslant x\leqslant b}|f''(x)|$。

当 $n=2$ 时，由式(5-22)得

$$R_2(x) = f(x) - L_2(x) = \frac{f'''(\xi)}{3!}(x-x_0)(x-x_1)(x-x_2) \tag{5-26}$$

其截断误差限是 $|R_2(x)|\leqslant\frac{M_2}{3!}|(x-x_0)(x-x_1)(x-x_2)|$，$M_2=\max\limits_{a\leqslant x\leqslant b}|f'''(x)|$。

例 5-2 已知 $\sqrt{100}=10$，$\sqrt{121}=11$，$\sqrt{144}=12$，试用线性插值和抛物插值求 $\sqrt{115}$ 的值。

解 因为 115 在 100 和 121 之间，故选取插值节点 $x_0=100$，$x_1=121$，相应地有 $y_0=10$，$y_1=11$，于是，由线性插值公式(5-9)，可得

$$L_1(x)=\frac{x-121}{100-121}\times10+\frac{x-100}{121-100}\times11$$

故用线性插值求得的近似值为

$$\sqrt{115}\approx L_1(115)=\frac{115-121}{100-121}\times10+\frac{115-100}{121-100}\times11\approx10.714$$

选取插值节点 $x_0=100$，$x_1=121$，$x_2=144$，相应地有 $y_0=10$，$y_1=11$，$y_2=12$，故用抛物插值公式(5-14)求得的近似值为

$$\sqrt{115}\approx L_2(115)=\frac{(115-121)(115-144)}{(100-121)(100-144)}\times 10+\frac{(115-100)(115-144)}{(121-100)(121-144)}\times 11$$
$$+\frac{(115-100)(115-121)}{(144-100)(144-121)}\times 12\approx 10.723$$

比较线性插值、抛物插值和 $\sqrt{115}$ 的精确值 10.7328…，可以看出抛物插值的精度较高。

例 5-3　已知 e^{-x} 在 $x=1, 2, 3$ 点的函数值由表 5-1 给出，试分别用线性插值与抛物插值计算 $e^{-2.1}$ 的近似值，并进行误差估计。

表 5-1　插值节点及其函数值列表

x	1	2	3
e^{-x}	0.367 879 441	0.135 335 283	0.049 787 068

解　取 $x_0=2$，$x_1=3$，$x=2.1$ 代入线性插值公式(5-9)，得

$$L_1(2.1)=\frac{2.1-3}{2-3}\times 0.135\,335\,283+\frac{2.1-2}{3-2}\times 0.049\,787\,068=0.126\,780\,460$$

取 $x_0=1$，$x_1=2$，$x_2=3$，$x=2.1$ 代入抛物插值公式(5-14)，得

$$L_2(2.1)=\frac{(2.1-2)(2.1-3)}{(1-2)(1-3)}\times 0.367\,879\,441+\frac{(2.1-1)(2.1-3)}{(2-1)(2-3)}$$
$$\times 0.135\,335\,283+\frac{(2.1-1)(2.1-2)}{(3-1)(3-2)}\times 0.049\,787\,068$$
$$=0.120\,165\,644$$

由函数 e^{-x} 的递减性和式(5-25)与式(5-26)，得

$$|R_1(2.1)|\leqslant\frac{e^{-2}}{2!}|(2.1-2)(2.1-3)|\approx 0.006\,090\,09$$

$$|R_2(2.1)|\leqslant\frac{e^{-1}}{3!}|(2.1-1)(2.1-2)(2.1-3)|\approx 0.006\,070\,01$$

由计算结果和误差估计可以看出，与精确值 $e^{-2.1}=0.122\,456\,428$ 相比，$L_2(2.1)$ 比 $L_1(2.1)$ 的近似程度要好一些。

5.2.3　拉格朗日插值算法设计

1. 拉格朗日插值算法的基本思想

已知插值点序列 $(x_k, y_k)(k=0, 1, \cdots, n)$，首先建立插值基函数：

$$l_k(x)=\frac{(x-x_0)(x-x_1)\cdots(x-x_{k-1})(x-x_{k+1})\cdots(x-x_n)}{(x_k-x_0)(x_k-x_1)\cdots(x_k-x_{k-1})(x_k-x_{k+1})\cdots(x_k-x_n)}$$

然后利用插值基函数构造拉格朗日插值多项式 $L_n(x)=\sum\limits_{k=0}^{n}l_k(x)y_k$，最后把 x 的具体值代入，即求得相应的函数值。

- 输入参数：插值节点数 $(n+1)$，插值点序列 (x_k, y_k)，要计算的函数点 x。
- 输出参数：$L_n(x)$ 的近似值或失败信息。
- 算法步骤：

Step 1：输入插值点序列 $(x_k, y_k)(k=0, 1, \cdots, n)$，令 $L_n(x)=0$。

Step 2：对 $k=0, 1, \cdots, n$，计算 $l_k(x)=\prod\limits_{\substack{i=0\\i\neq k}}^{n}\dfrac{x-x_i}{x_k-x_i}$。

Step 3：计算 $L_n(x)=L_n(x)+l_k(x)y_k$。

Step 4：输出 $L_n(x)$的近似值或计算失败信息，结束程序。

2. N－S 流程图

用拉格朗日插值算法求函数近似值的 N－S 流程图如图 5－4 所示。

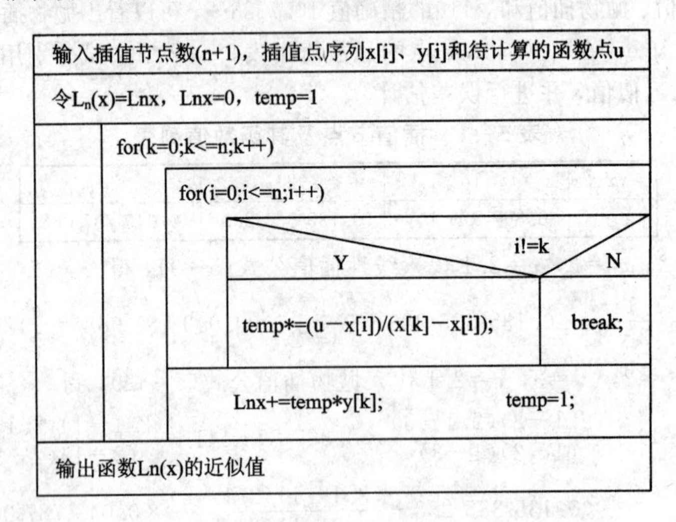

图 5－4　拉格朗日插值算法的 N－S 流程图

5.3　牛顿插值

拉格朗日插值多项式具有形式直观、结构紧凑、便于记忆等优点。但它也存在缺陷：当精度不高需要增加插值节点时，插值多项式需重新构造，以前的计算结果不能在新的公式里发挥作用，所有的计算工作必须全部从头做起。为克服这一缺陷，本节将讨论另一种形式的插值多项式——牛顿插值多项式。与拉格朗日插值多项式相比，牛顿插值多项式的使用比较灵活，当增加插值节点时，只需在原来的基础上增加部分计算工作量就可使原来的计算结果得到利用，这样就节约了计算时间，为实际工作带来许多方便。此外，它还可用于被插值函数由表格形式给出时的余项估计。在讨论牛顿插值多项式之前，先介绍差商的概念及性质。

5.3.1　差商及其性质

已知函数 $f(x)$在 $n+1$ 个互异节点 $x_0<x_1<\cdots<x_n$处的函数值分别为 $f(x_0)$，$f(x_1)$，$\cdots$，$f(x_n)$，称

$$f[x_i, x_{i+1}]=\frac{f(x_{i+1})-f(x_i)}{x_{i+1}-x_i}$$

为 $f(x)$关于节点 x_i，x_{i+1}的一阶差商。称

$$f[x_i, x_{i+1}, x_{i+2}]=\frac{f[x_{i+1}, x_{i+2}]-f[x_i, x_{i+1}]}{x_{i+2}-x_i}$$

为 $f(x)$ 关于节点 x_i，x_{i+1}，x_{i+2} 的二阶差商。一般地，称

$$f[x_i, x_{i+1}, \cdots, x_{i+k}]=\frac{f[x_{i+1}, x_{i+2}, \cdots, x_{i+k}]-f[x_i, x_{i+1}, \cdots, x_{i+k-1}]}{x_{i+k}-x_i} \tag{5-27}$$

为 $f(x)$ 关于节点 x_i，x_{i+1}，…，x_{i+k} 的 k 阶差商。当 $k=0$ 时，称 $f(x_i)$ 为 $f(x)$ 关于节点 x_i 的零阶差商，记为 $f[x_i]$。

因为 $f'(x_i)=\lim\limits_{x_{i+1}\to x_i}\dfrac{f(x_{i+1})-f(x_i)}{x_{i+1}-x_i}$，故 $f'(x_i)=\lim\limits_{x_{i+1}\to x_i}f[x_i, x_{i+1}]$，即差商是微商的离散形式。差商有如下性质：

性质 1　函数 $f(x)$ 关于节点 x_0，x_1，…，x_k 的 k 阶差商 $f[x_0, x_1, \cdots, x_k]$ 可以表示为函数值 $f(x_0)$，$f(x_1)$，…，$f(x_k)$ 的线性组合，即

$$f[x_0, x_1, \cdots, x_k]=\sum_{j=0}^{k}\frac{f(x_j)}{\omega'_{k+1}(x_j)} \tag{5-28}$$

下面用数学归纳法证明。

证明　当 $k=1$ 时，由定义

$$f[x_0, x_1]=\frac{f(x_1)-f(x_0)}{x_1-x_0}=\frac{f(x_0)}{x_0-x_1}+\frac{f(x_1)}{x_1-x_0}=\sum_{j=0}^{1}\frac{f(x_j)}{\omega'_{1+1}(x_j)}$$

可见，对 $k=1$，式(5-28)成立。

设 $k=n-1$ 时，式(5-28)也成立，即对 $n-1$ 阶差商式(5-28)成立，于是有

$$\begin{aligned}f[x_0, x_1, \cdots, x_{n-1}]&=\sum_{j=0}^{n-1}\frac{f(x_j)}{\omega'_n(x_j)}\\&=\sum_{j=0}^{n-1}\frac{f(x_j)}{(x_j-x_0)(x_j-x_1)\cdots(x_j-x_{j-1})(x_j-x_{j+1})\cdots(x_j-x_{n-1})},\end{aligned}$$

$$\begin{aligned}f[x_1, x_2, \cdots, x_n]&=\sum_{j=1}^{n}\frac{f(x_j)}{\bar{\omega}'_n(x_j)}\\&=\sum_{j=1}^{n}\frac{f(x_j)}{(x_j-x_1)(x_j-x_2)\cdots(x_j-x_{j-1})(x_j-x_{j+1})\cdots(x_j-x_n)}\end{aligned}$$

由定义

$$\begin{aligned}f[x_0, x_1, \cdots, x_n]&=\frac{f[x_1, x_2, \cdots, x_n]-f[x_0, x_1, \cdots, x_{n-1}]}{x_n-x_0}\\&=\sum_{j=1}^{n}\frac{f(x_j)}{\bar{\omega}'_n(x_j)(x_n-x_0)}+\sum_{j=0}^{n-1}\frac{f(x_j)}{\omega'_n(x_j)(x_0-x_n)}\\&=\frac{f(x_0)}{(x_0-x_1)(x_0-x_2)\cdots(x_0-x_n)}\\&\quad+\sum_{j=1}^{n-1}\left[\frac{f(x_j)}{\bar{\omega}'_n(x_j)(x_n-x_0)}-\frac{f(x_j)}{\omega'_n(x_j)(x_n-x_0)}\right]\\&\quad+\frac{f(x_n)}{(x_n-x_0)(x_n-x_1)\cdots(x_n-x_{n-1})}\\&=\sum_{j=0}^{n}\frac{f(x_j)}{\omega'_{n+1}(x_j)}\end{aligned}$$

即推出对 $k=n$，式(5-28)也成立。

由性质 1 可以直接推出以下性质：

性质 2　差商与所含节点的排列次序无关，即

$$f[x_i, x_{i+1}] = f[x_{i+1}, x_i],$$

$$f[x_i, x_{i+1}, x_{i+2}] = f[x_{i+1}, x_i, x_{i+2}] = f[x_{i+2}, x_{i+1}, x_i]$$

一般地，在 k 阶差商 $f[x_0, x_1, \cdots, x_k]$ 中，任意调换节点的次序，其值不变。

性质 3　设 $f(x)$ 在包含互异节点 x_0，x_1，…，x_n 的闭区间 $[a, b]$ 上有 n 阶导数，则 n 阶差商与 n 阶导数之间有如下关系：

$$f[x_0, x_1, \cdots, x_n] = \frac{f^{(n)}(\xi)}{n!}, \xi \in (a, b) \tag{5-29}$$

关于这一性质的证明将在后面给出。

利用差商的递推定义，可列如表 5-2 所示的差商表进行计算。

表 5-2　差商计算列表

x_i	$f(x_i)$	一阶差商	二阶差商	三阶差商
x_0	$f(x_0)$			
x_1	$f(x_1)$	$f[x_0, x_1]$		
x_2	$f(x_2)$	$f[x_1, x_2]$	$f[x_0, x_1, x_2]$	
x_3	$f(x_3)$	$f[x_2, x_3]$	$f[x_1, x_2, x_3]$	$f[x_0, x_1, x_2, x_3]$
⋮	⋮	⋮	⋮	⋮

若要计算四阶差商，可增加一个节点，再计算一个斜行。如此下去，可求出各阶差商的值。

例 5-4　已知 $f(x) = x^2 + 2x - 3$，求 $f[0, 1, 2, 3]$。

解　取 $x_0 = 0$，$x_1 = 1$，$x_2 = 2$，$x_3 = 3$，则

$$f[0, 1] = \frac{f(1) - f(0)}{1 - 0} = 3, \quad f[1, 2] = \frac{f(2) - f(1)}{2 - 1} = 5$$

$$f[2, 3] = \frac{f(3) - f(2)}{3 - 2} = 7$$

$$f[0, 1, 2] = \frac{f[1, 2] - f[0, 1]}{2 - 0} = 1$$

$$f[1, 2, 3] = \frac{f[2, 3] - f[1, 2]}{3 - 1} = 1$$

$$f[0, 1, 2, 3] = \frac{f[1, 2, 3] - f[0, 1, 2]}{3 - 0} = 0$$

差商表如表 5-3 所示。

表 5-3　差商计算结果

x_i	$f(x_i)$	一阶差商	二阶差商	三阶差商
0	−3			
1	0	3		
2	5	5	1	
3	12	7	1	0

5.3.2 牛顿插值多项式

根据差商定义，可以得出满足插值条件

$$N_n(x_i)=y_i \quad (i=0,1,\cdots,n) \tag{5-30}$$

的插值多项式 $N_n(x)$。

设 $x_0, x_1, \cdots, x_n$ 为 $n+1$ 插值节点，$x\in[a,b]$ 且 $x\neq x_i(i=0,1,\cdots,n)$，则由差商定义得

$$f(x)=f(x_0)+f[x,x_0](x-x_0),$$
$$f[x,x_0]=f[x_0,x_1]+f[x,x_0,x_1](x-x_1),$$
$$f[x,x_0,x_1]=f[x_0,x_1,x_2]+f[x,x_0,x_1,x_2](x-x_2),$$
$$\cdots$$
$$f[x,x_0,x_1,\cdots,x_{n-1}]=f[x_0,x_1,\cdots,x_n]+f[x,x_0,\cdots,x_n](x-x_n)$$

将上组等式中第二式代入第一式得

$$\begin{aligned}f(x)&=f(x_0)+f[x_0,x_1](x-x_0)+f[x,x_0,x_1](x-x_0)(x-x_1)\\&=N_1(x)+\tilde{R}_1(x)\end{aligned}$$

式中 $N_1(x)=f(x_0)+f[x_0,x_1](x-x_0)$，可验证 $N_1(x)$ 是满足插值条件(5-30)的一次插值多项式，而 $\tilde{R}_1(x)=f[x,x_0,x_1](x-x_0)(x-x_1)$ 为一次插值的余项。

再将第三式代入 $f(x)=N_1(x)+\tilde{R}_1(x)$ 得

$$\begin{aligned}f(x)&=f(x_0)+f[x_0,x_1](x-x_0)+f[x_0,x_1,x_2](x-x_0)(x-x_1)\\&\quad+f[x,x_0,x_1,x_2](x-x_0)(x-x_1)(x-x_2)\\&=N_2(x)+\tilde{R}_2(x)\end{aligned}$$

上式中，$N_2(x)=f(x_0)+f[x_0,x_1](x-x_0)+f[x_0,x_1,x_2](x-x_0)(x-x_1)$。显然，$N_2(x_0)=y_0$，$N_2(x_1)=y_1$。当 $x=x_2$ 时，

$$\begin{aligned}N_2(x_2)&=f(x_0)+f[x_0,x_1](x_2-x_0)+f[x_0,x_1,x_2](x_2-x_0)(x_2-x_1)\\&=f(x_0)+f[x_0,x_1](x_2-x_0)+(f[x_1,x_2]-f[x_0,x_1])(x_2-x_1)\\&=f(x_0)+x_2f[x_0,x_1]-x_0f[x_0,x_1]+x_2f[x_1,x_2]-x_2f[x_0,x_1]\\&\quad-x_1f[x_1,x_2]+x_1f[x_0,x_1]\\&=f(x_0)+f[x_0,x_1](x_1-x_0)+f[x_1,x_2](x_2-x_1)\\&=f(x_0)+f(x_1)-f(x_0)+f(x_2)-f(x_1)\\&=f(x_2)\end{aligned}$$

所以 $N_2(x)$ 为满足插值条件(5-30)的二次插值多项式，而 $\tilde{R}_2(x)=f[x,x_0,x_1,x_2](x-x_0)(x-x_1)(x-x_2)$ 为二次插值的余项。

类似地，将各式逐次代入前一公式，可得

$$\begin{aligned}f(x)&=f(x_0)+f[x_0,x_1](x-x_0)+f[x_0,x_1,x_2](x-x_0)(x-x_1)+\cdots\\&\quad+f[x_0,x_1,\cdots,x_n](x-x_0)(x-x_1)\cdots(x-x_{n-1})\\&\quad+f[x,x_0,x_1,\cdots,x_n](x-x_0)(x-x_1)\cdots(x-x_n)\end{aligned} \tag{5-31}$$

令

$$N_n(x)=f(x_0)+f[x_0,x_1](x-x_0)+f[x_0,x_1,x_2](x-x_0)(x-x_1)+\cdots$$
$$+f[x_0,x_1,\cdots,x_n](x-x_0)(x-x_1)\cdots(x-x_{n-1}) \tag{5-32}$$

$$\widetilde{R}_n(x)=f[x,x_0,x_1,\cdots,x_n](x-x_0)(x-x_1)\cdots(x-x_n) \tag{5-33}$$

则式(5-31)可写为 $f(x)=N_n(x)+\widetilde{R}_n(x)$。由 $\widetilde{R}_n(x_i)=0(i=0, 1, \cdots, n)$ 可知，$N_n(x)$ 为满足插值条件(5-30)的 n 次多项式。通常称 $N_n(x)$ 为 n 次牛顿插值多项式，$\widetilde{R}_n(x)$ 为牛顿型插值余项。

记 $N_k(x)$ 为具有节点 $x_0, x_1, \cdots, x_k$ 的牛顿插值多项式，则具有 $x_0, x_1, \cdots, x_{k+1}$ 的牛顿插值多项式 $N_{k+1}(x)$ 可表示为

$$N_{k+1}(x)=N_k(x)+f[x_0,x_1,\cdots,x_{k+1}](x-x_0)(x-x_1)\cdots(x-x_k)$$

上式说明增加一个新节点 x_{k+1}，只要在 $N_k(x)$ 的基础上，增加计算

$$f[x_0,x_1,\cdots,x_{k+1}](x-x_0)(x-x_1)\cdots(x-x_k)$$

即可。牛顿插值多项式的递推性给实际应用带来了方便。

5.3.3　插值余项与误差估计

由定理 5.1 可知，满足插值条件的插值多项式存在且唯一，于是

$$N_n(x)\equiv L_n(x)$$

进而当 $f(x)$ 在 (a, b) 上有 $n+1$ 阶导数时，有 $\widetilde{R}_n(x)\equiv R_n(x)$，即

$$R_n(x)=f[x,x_0,x_1,\cdots,x_n]\omega_{n+1}(x)=\frac{f^{(n+1)}(\xi)}{(n+1)!}\omega_{n+1}(x) \tag{5-34}$$

所以，对列表函数或高阶导数不存在的函数，其余项可由牛顿型插值余项给出。

由式(5-34)还可得

$$f[x,x_0,x_1,\cdots,x_n]=\frac{f^{(n+1)}(\xi)}{(n+1)!},\ \xi\in(a, b)$$

这就证明了差商的性质 3。

例 5-5　已知插值条件列表如表 5-4 所示，试用此组数据构造 3 次牛顿插值多项式 $N_3(x)$，并计算 $N_3(1.5)$ 的值。

表 5-4　插值条件列表

i	0	1	2	3
x_i	1	2	3	4
y_i	0	−5	−6	3

解　作出如表 5-5 所示的差商表。

表 5-5　差　商　表

x_i	y_i	一阶差商	二阶差商	三阶差商
1	$\underline{0}$			
2	−5	$\underline{-5}$		
3	−6	−1	$\underline{2}$	
4	3	9	5	$\underline{1}$

相应的牛顿插值多项式只需将表中第一条斜线上对应的数值(带有下划线)代入公式(5-32)即可得

$$N_3(x)=0-5(x-1)+2(x-1)(x-2)+(x-1)(x-2)(x-3)$$

整理后得

$$N_3(x)=x^3-4x^2+3$$

所以 $N_3(1.5)=1.5^3-4\times1.5^2+3=-2.65$。

5.3.4　牛顿插值算法设计

1. 牛顿插值算法的基本思想

已知插值点序列 $(x_k, y_k)(k=0, 1, \cdots, n)$，首先计算 k 阶差商

$$f[x_i, x_{i+1}, \cdots, x_{i+k}]=\frac{f[x_{i+1}, x_{i+2}, \cdots, x_{i+k}]-f[x_i, x_{i+1}, \cdots, x_{i+k-1}]}{x_{i+k}-x_i}$$

之后，利用差商建立牛顿插值多项式

$$N_n(x)=f(x_0)+f[x_0, x_1](x-x_0)+f[x_0, x_1, x_2](x-x_0)(x-x_1)+\cdots+f[x_0, x_1, \cdots, x_n](x-x_0)(x-x_1)\cdots(x-x_{n-1})$$

最后把 x 的具体值代入，求得相应的函数值。

- 输入参数：插值节点数 $(n+1)$，插值点序列 (x_k, y_k)，要计算的函数点 x。
- 输出参数：$N_n(x)$ 的近似值或失败信息。
- 算法步骤：

Step 1：输入插值点序列 $(x_k, y_k)(k=0, 1, \cdots, n)$，令 $N_n(x)=0$。

Step 2：对 $k=1, 2, \cdots, n$，计算 $f(x)$ 的各阶差商 $f[x_0, x_1, \cdots, x_k]$。

Step 3：计算函数值

$$N_n(x)=f(x_0)+f[x_0, x_1](x-x_0)+\cdots+f[x_0, x_1, \cdots, x_n](x-x_0)(x-x_1)\cdots(x-x_{n-1})$$

Step 4：输出 $N_n(x)$ 的近似值或计算失败信息，结束程序。

2. N-S流程图

用牛顿插值算法求函数近似值的N-S流程图如图5-5所示。

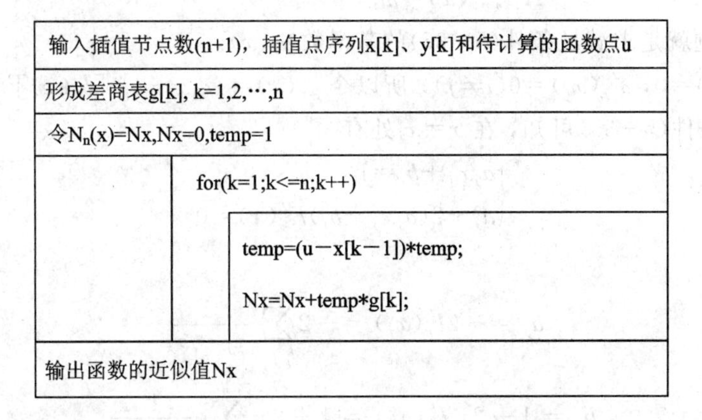

图5-5　牛顿插值算法的N-S流程图

5.4 埃尔米特插值

前面讨论的插值条件不包含导数条件，但在实际问题中有时不但要求节点上的函数值相等，而且要求插值函数的导数值与被插值函数的导数值在节点上也相等。这种包含导数条件的插值多项式就称为埃尔米特插值多项式。

5.4.1 概述

一般情形的埃尔米特插值是指在所满足的插值条件中，函数值的个数与导数值的个数相等。即当函数 $f(x)$在区间$[a, b]$上 $n+1$ 个节点 $x_i(i=0, 1, \cdots, n)$处的函数值 $f(x_i)=y_i$及导数值 $f'(x_i)=m_i$给定时，要求构造一个次数不超过 $2n+1$ 的多项式 $H_{2n+1}(x)$，使之满足

$$\begin{cases} H_{2n+1}(x_i) = y_i \\ H'_{2n+1}(x_i) = m_i \end{cases} \quad (i=0, 1, \cdots, n) \tag{5-35}$$

这里给出的 $2n+2$ 个插值条件，可唯一确定一个形式为

$$H_{2n+1}(x)=a_0+a_1x+\cdots+a_{2n+1}x^{2n+1}$$

的多项式，但如果直接由条件(5-35)来确定 $2n+2$ 个系数 $a_0, a_1, \cdots, a_{2n+1}$，显然非常复杂。因此，我们仍采用构造拉格朗日插值多项式基函数的方法来进行讨论。

设 $\alpha_j(x)$，$\beta_j(x)(j=0, 1, \cdots, n)$均为次数不超过 $2n+1$ 的多项式，且满足

$$\begin{cases} \alpha_j(x_i) = \delta_{ij},\ \alpha'_j(x_i) = 0 \\ \beta_j(x_i) = 0,\ \beta'_j(x_i) = \delta_{ij} \end{cases} \quad (i, j=0, 1, \cdots, n) \tag{5-36}$$

则满足插值条件(5-35)的埃尔米特多项式可写成利用插值基函数表示的形式

$$H_{2n+1}(x) = \sum_{j=0}^{n}[\alpha_i(x)y_j + \beta_j(x)m_j] \tag{5-37}$$

由条件(5-35)，显然有

$$\begin{cases} H_{2n+1}(x_i)=y_i \\ H'_{2n+1}(x)=m_i \end{cases} \quad (i=0, 1, \cdots, n)$$

下面的问题就是求满足条件(5-35)的基函数 $\alpha_j(x)$。

因为 $\alpha_j(x_i)=0$，$\alpha'_j(x_i)=0(i\neq j)$，所以令 $\alpha_j(x)=(a_jx+b_j)[l_j(x)]^2$，其中 a_j、b_j为待定常数。由条件(5-35)可知，在 $x=x_j$处有

$$\begin{cases} a_jx_j+b_j=1 \\ a_j+2(a_jx_j+b_j)l_j'(x)=0 \end{cases}$$

解之得

$$a_j = -2l_j'(x_j) = -2\sum_{\substack{k=0\\k\neq j}}^{n}\frac{1}{x_j-x_k}$$

$$b_j = 1+2x_jl_j'(x_j) = 1+2x_j\sum_{\substack{k=0\\k\neq j}}^{n}\frac{1}{x_j-x_k}$$

于是

$$\alpha_j(x) = \left[1 - 2(x - x_j) \sum_{\substack{k=0 \\ k \neq j}}^{n} \frac{1}{x_j - x_k}\right] l_j^2(x) \quad (j = 0, 1, \cdots, n) \tag{5-38}$$

类似地，因为 $\beta_j(x_i)=0$，$\beta_j'(x_i)=0(i\neq j)$，所以令 $\beta_j(x)=(c_jx+d_j)[l_k(x)^2]$，其中 c_j、d_j为待定常数。由条件(5-35)得，在 $x=x_j$处有

$$\begin{cases} c_jx_j + d_j = 0 \\ c_j + 2(c_jx_j + d_j)l_j'(x_j) = 0 \end{cases}$$

解之得 $c_j=1$，$d_j=-x_j$，于是

$$\beta_j(x) = (x - x_j)l_j^2(x) \quad (j = 0, 1, \cdots, n) \tag{5-39}$$

将 $\alpha_j(x)$、$\beta_j(x)$代入式(5-37)得

$$H_{2n+1}(x) = \sum_{j=0}^{n}\left[1 - 2(x - x_j) \sum_{\substack{k=0 \\ k \neq j}}^{n} \frac{1}{x_j - x_k}\right] l_j^2(x) y_j + \sum_{j=0}^{n}(x - x_j)l_j^2(x)m_j \tag{5-40}$$

给出了埃尔米特插值多项式(5-40)后，下面就讨论它的唯一性。为此，假设另有一个次数不高于 $2n+1$ 的多项式 $P_{2n+1}(x)$满足条件(5-35)，则 $\varphi(x)=H_{2n+1}(x)-P_{2n+1}(x)$是次数不高于 $2n+1$ 的多项式，且以节点 $x_i(i=0, 1, \cdots, n)$为二重零点，从而必有 $\varphi(x)\equiv 0$，即

$$H_{2n+1}(x) \equiv P_{2n+1}(x)$$

埃尔米特插值的几何意义：曲线 $y=H_{2n+1}(x)$与 $y=f(x)$在插值节点处有公共切线。

作为埃尔米特插值多项式(5-40)的重要特例就是 $n=1$ 的情形。这时次数不高于 3 的埃尔米特插值多项式 $H_3(x)$满足条件

$$H_3(x_0)=y_0, \ H_3(x_1)=y_1, \ H_3'(x_0)=m_0, \ H_3'(x_1)=m_1$$

由式(5-38)与式(5-39)可得

$$\alpha_0(x) = \left(1 - 2\,\frac{x - x_0}{x_0 - x_1}\right)\left(\frac{x - x_1}{x_0 - x_1}\right)^2$$

$$\alpha_1(x) = \left(1 - 2\,\frac{x - x_1}{x_1 - x_0}\right)\left(\frac{x - x_0}{x_1 - x_0}\right)^2$$

$$\beta_0(x) = (x - x_0)\left(\frac{x - x_1}{x_0 - x_1}\right)^2$$

$$\beta_1(x) = (x - x_1)\left(\frac{x - x_0}{x_1 - x_0}\right)^2$$

于是

$$\begin{aligned} H_3(x) &= \sum_{j=0}^{1}\alpha_j(x)y_j + \sum_{j=0}^{1}\beta_j(x)m_j \\ &= y_0\left(1 - 2\,\frac{x - x_0}{x_0 - x_1}\right)l_0^2(x) + y_1\left(1 - 2\,\frac{x - x_1}{x_1 - x_0}\right)l_1^2(x) \\ &\quad + m_0(x - x_0)l_0^2(x) + m_1(x - x_1)l_1^2(x) \end{aligned} \tag{5-41}$$

5.4.2 插值余项与误差估计

仿照拉格朗日插值余项的讨论方法，可得出埃尔米特插值多项式的插值余项。

定理 5.3　若 $f(x)$ 在 $[a, b]$ 上存在 $2n+2$ 阶导数，则其插值余项为

$$R_{2n+1} = f(x) - H_{2n+1}(x) = \frac{f^{(2n+2)}(\xi)}{(2n+2)!}\omega_{n+1}^2(x) \tag{5-42}$$

式中 $\xi\in(a, b)$ 且与 x 有关。

例 5-6　给定如表 5-6 所示的插值条件列表，构造埃尔米特插值多项式 $H_3(x)$，并计算 $f(1.5)$。

表 5-6　插值条件列表

x_i	1	2
$f(x_i)$	2	3
$f'(x_i)$	0	-1

解　设 $x_0=1$，$x_1=2$，直接用基函数方法构造 $H_3(x)$，基函数

$$\alpha_0(x)=\left(1-2\,\frac{x-x_0}{x_0-x_1}\right)\left(\frac{x-x_1}{x_0-x_1}\right)^2=(2x-1)(x-2)$$

$$\alpha_1(x)=\left(1-2\,\frac{x-x_1}{x_1-x_0}\right)\left(\frac{x-x_0}{x_1-x_0}\right)^2=(5-2x)(x-1)^2$$

$$\beta_0(x)=(x-x_0)\left(\frac{x-x_1}{x_0-x_1}\right)^2=(x-1)(x-2)^2$$

$$\beta_1(x)=(x-x_1)\left(\frac{x-x_0}{x_1-x_0}\right)^2=(x-2)(x-1)^2$$

于是

$$H_3(x)=2\alpha_0(x)+3\alpha_1(x)-\beta_1(x)=-3x^3+13x^2-17x+9$$

$$f(1.5)\approx H_3(1.5)=2.625$$

5.4.3　埃尔米特插值算法设计

1. 埃尔米特插值算法的基本思想

已知插值节点 $(x_i, y_i)(i=0, 1, \cdots, n)$，节点处导数值 $f'(x_i)=m_i$ 和要计算的函数点 x。对于 $j=0, 1, \cdots, n$，首先计算插值基函数 $\alpha_j(x)=\left[1-2(x-x_j)\sum\limits_{\substack{k=0\\k\neq j}}^{n}\frac{1}{x_j-x_k}\right]l_j^2(x)$ 和 $\beta_j(x)=(x-x_j)l_j^2(x)$，然后把 $\alpha_j(x)$、$\beta_j(x)$ 分别与 y_j、m_j 相乘，最后把所得的乘积累加起来，即可求得相应的函数值。

- 输入参数：插值节点数 $(n+1)$，插值点序列 (x_i, y_i, m_i)，要计算的函数点 x。
- 输出参数：$H_{2n+1}(x)$ 的近似解或失败信息。
- 算法步骤：

Step 1：输入插值点序列 $(x_i, y_i, m_i)(i=0, 1, \cdots, n)$，令 $H_{2n+1}(x)=0$。

Step 2：对于 $j=0, 1, \cdots, n$，计算插值基函数 $\alpha_j(x)$ 和 $\beta_j(x)$。

Step 3：计算函数值 $H_{2n+1}(x)=\alpha_j(x)y_j+\beta_j(x)m_j$。

Step 4：输出 $H_{2n+1}(x)$ 的值，结束程序。

2. N-S 流程图

用埃尔米特插值算法求函数近似值的 N-S 流程图如图 5-6 所示。

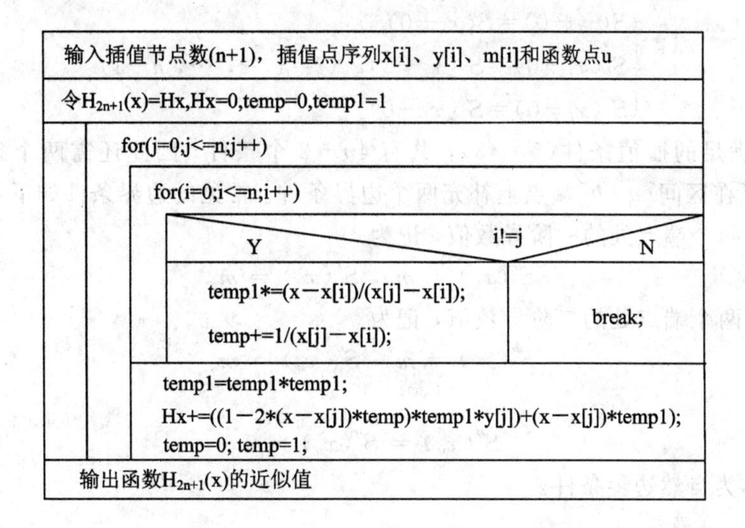

图 5-6 埃尔米特插值算法的 N-S 流程图

5.5 三次样条插值

5.5.1 样条函数与插值三次样条函数

在工程技术问题中，如飞机机翼设计和船体放样，经常要求插值曲线不仅连续而且光滑。而在整个插值区间上作高次插值多项式，虽然可以保证曲线光滑，但存在计算量大、误差积累严重和计算稳定性差等缺点。分段插值可以避免上述缺点，然而在各段连接处却只能保证曲线连续而不能保证光滑性要求。埃尔米特插值虽能保持各节点处都是光滑衔接的，但它要以已知节点导数值为条件，这在实际中一般是很难满足的。因此，需研究一种新的插值方法——样条插值法。

样条这一名词来源于工程中的样条曲线。在工程中绘图员为了将一些指定点(称为样点)连接成一条光滑曲线，往往用富有弹性的细长木条(称为样条)把相邻的几个点连接起来，再逐步延伸连接起全部节点，使之形成一条光滑曲线，称为样条曲线。它实际上是由分段三次多项式曲线连接而成的，在连接点即样点上具有一阶和二阶连续导数，从数学上加以概括就得到所谓的样条插值。下面给出样条函数的定义。

定义 5.1 在区间$[a, b]$上取$n+1$个节点$a=x_0<x_1<\cdots<x_n=b$，若函数$S(x)$满足

(1) $S(x)$在整个区间$[a, b]$具有二阶连续导数；

(2) 在每个小区间$[x_{i-1}, x_i]$$(i=1, 2, \cdots, n)$上是$x$的三次多项式；

(3) 在节点x_i处给定函数值$y_i=f(x_i)$且

$$S(x_i)=y_i \quad (i=0, 1, \cdots, n) \tag{5-43}$$

则称$S(x)$为$f(x)$的三次样条插值函数。

要确定$S(x)$的表达式，在每个小区间上需确定4个待定系数，一共有n个小区间，故应确定$4n$个系数。由于$S(x)$在$[a, b]$上具有二阶连续导数，故在内节点$x_1, x_2, \cdots, x_{n-1}$应满足$3n-3$个连续性条件

$$\begin{cases} S(x_i-0)=S(x_i+0) \\ S'(x_i-0)=S'(x_i+0) \quad (i=1,\ 2,\ \cdots,\ n-1) \\ S''(x_i-0)=S''(x_i+0) \end{cases}$$

再加上 $S(x)$满足的插值条件(5-43)，共有 $4n-2$ 个条件，因此还需两个条件才能确定$S(x)$。通常可在区间$[a,\ b]$端点上补充两个边界条件。常见的边界条件如下：

(1) 给定两个端点处的一阶导数值，记为

$$S'(x_0)=m_0,\ S'(x_n)=m_n \tag{5-44}$$

(2) 给定两个端点处的二阶导数值，记为

$$S''(x_0)=m_0,\ S''(x_n)=m_n \tag{5-45}$$

对于

$$S''(x_0)=S''(x_n)=0 \tag{5-46}$$

的边界条件称为自然边界条件。

5.5.2 用型值点处的一阶导数表示插值三次样条——m关系式

首先讨论用型值点处的一阶导数表示的插值三次样条。

构造三次样条插值函数，就是要写出它在子区间$[x_{i-1},\ x_i]$$(i=1,\ 2,\ \cdots,\ n)$上的表达式，记为$S_i(x)(i=1,\ 2,\ \cdots,\ n)$。

记节点处的一阶导数值为$S'(x_i)=m_i(i=0,\ 1,\ \cdots,\ n)$，若已知$m_i$后，则$S(x)$在$[x_{i-1},\ x_i](i=1,\ 2,\ \cdots,\ n)$上就是满足条件

$$S(x_{i-1})=y_{i-1},\ S(x_i)=y_i,\ S'(x_{i-1})=m_{i-1},\ S'(x_i)=m_i \quad (i=1,\ 2,\ \cdots,\ n)$$

的两点三次埃尔米特插值多项式。所以构造以节点处一阶导数表示的三次样条函数可分为以下三步：

(1) 根据$S(x)$、$S'(x)$在内节点的连续性及插值条件，运用$[x_{i-1},\ x_i]$上的两点三次埃尔米特插值多项式，写出$S(x)$用$m_i(i=0,\ 1,\ \cdots,\ n)$表示的形式。

(2) 利用$S'(x)$在内节点$x_i(i=1,\ 2,\ \cdots,\ n-1)$的连续性及边界条件，导出含$m_i(i=0,\ 1,\ \cdots,\ n)$的$n+1$阶线性方程组。

(3) 求解含$m_i(i=0,\ 1,\ \cdots,\ n)$的线性方程组，将得到的$m_i$代入$[x_{i-1},\ x_i]$上的两点三次埃尔米特插值多项式，即得到以节点处一阶导数表示的三次样条插值函数。

下面建立具体公式，由式(5-41)可知

$$\begin{aligned} S_i(x)=&\left(1+2\,\frac{x-x_{i-1}}{x_i-x_{i-1}}\right)\left(\frac{x-x_i}{x_{i-1}-x_i}\right)^2 y_{i-1}+\left(1+2\,\frac{x-x_i}{x_{i-1}-x_i}\right)\left(\frac{x-x_{i-1}}{x_i-x_{i-1}}\right)^2 y_i \\ &+(x-x_i)\left(\frac{x-x_i}{x_{i-1}-x_i}\right)^2 m_{i-1}+(x-x_i)\left(\frac{x-x_{i-1}}{x_i-x_{i-1}}\right)^2 m_i \end{aligned} \tag{5-47}$$

记$h_i=x_i-x_{i-1}$，则式(5-47)可写为

$$\begin{aligned} S_i(x)=&\frac{(x-x_i)^2[h_i+2(x-x_{i-1})]}{h_i^3}y_{i-1}+\frac{(x-x_{i-1})^2[h_i+2(x_i-x)]}{h_i^3}y_i \\ &+\frac{(x-x_i)^2(x-x_{i-1})}{h_i^2}m_{i-1}+\frac{(x-x_{i-1})^2(x-x_i)}{h_i^2}m_i \end{aligned} \tag{5-48}$$

上式中，$x\in[x_{i-1},\ x_i](i=1,\ 2,\ \cdots,\ n)$。

为了确定m_i，需要用到$S(x)$的二阶导数在内节点连续的条件，由式(5-48)可得$S(x)$

在$[x_{i-1}, x_i]$上的二阶导数

$$S_i''(x)=\frac{6x-2x_{i-1}-4x_i}{h_i^2}m_{i-1}+\frac{6x-4x_{i-1}-2x_i}{h_i^2}m_i+\frac{6(x_{i-1}+x_i-2x)}{h_i^3}(y_i-y_{i-1}) \tag{5-49}$$

上式中，$x\in[x_{i-1}, x_i]$。同理可得 $S(x)$在$[x_i, x_{i+1}]$上的二阶导数

$$S_{i+1}''(x)=\frac{6x-2x_i-4x_{i+1}}{h_{i+1}^2}m_i+\frac{6x-4x_i-2x_{i+1}}{h_{i+1}^2}m_{i+1}+\frac{6(x_i+x_{i+1}-2x)}{h_{i+1}^3}(y_{i+1}-y_i) \tag{5-50}$$

上式中，$x\in[x_i, x_{i+1}]$。这样就得到

$$S''(x_i-0)=\frac{2}{h_i}m_{i-1}+\frac{4}{h_i}m_i-\frac{6}{h_i^2}(y_i-y_{i-1})$$

$$S''(x_i+0)=\frac{4}{h_{i+1}}m_i-\frac{2}{h_{i+1}}m_{i+1}+\frac{6}{h_{i+1}^2}(y_{i+1}-y_i)$$

由 $S''(x)$在 x_i处连续的条件 $S''(x_i-0)=S''(x_i+0)$可得

$$\frac{1}{h_i}m_{i-1}+2\left(\frac{1}{h_i}+\frac{1}{h_{i+1}}\right)m_i+\frac{1}{h_{i+1}}m_{i+1}=3\left(\frac{y_{i+1}-y_i}{h_{i+1}^2}+\frac{y_i-y_{i-1}}{h_i^2}\right)$$

上式两端同时除以$\frac{1}{h_i}+\frac{1}{h_{i+1}}$，得

$$\frac{h_{i+1}}{h_i+h_{i+1}}m_{i-1}+2m_i+\frac{h_i}{h_i+h_{i+1}}m_{i+1}=3\left(\frac{h_i}{h_i+h_{i+1}}\cdot\frac{y_{i+1}-y_i}{h_{i+1}}+\frac{h_{i+1}}{h_i+h_{i+1}}\cdot\frac{y_i-y_{i-1}}{h_i}\right) \tag{5-51}$$

引入记号

$$\begin{cases}\lambda_i=\dfrac{h_{i+1}}{h_i+h_{i+1}} \\ \mu_i=1-\lambda_i=\dfrac{h_i}{h_i+h_{i+1}} \qquad i=1, 2, \cdots, n-1 \\ f_i=3\left(\mu_i\dfrac{y_{i+1}-y_i}{h_{i+1}}+\lambda_i\dfrac{y_i-y_{i-1}}{h_i}\right)\end{cases} \tag{5-52}$$

则式(5-51)可写成

$$\lambda_i m_{i-1}+2m_i+\mu_i m_{i+1}=f_i \quad (i=1, 2, \cdots, n-1) \tag{5-53}$$

式(5-53)是含有 $n+1$ 个未知数 $m_i(i=0, 1, \cdots, n)$的 $n-1$ 阶线性方程组。要完全确定$n+1$个未知数的值，还需用到两个边界条件。

(1) 第一种边界条件

$$S'(x_0)=m_0, S'(x_n)=m_n$$

在方程组(5-53)中将已知边界条件代入，将其改写为只含有 $n-1$ 个未知数的线性方程组

$$\begin{bmatrix}2 & \mu_1 & & & \\ \lambda_2 & 2 & \mu_2 & & \\ & \ddots & \ddots & \ddots & \\ & & \lambda_{n-2} & 2 & \mu_{n-2} \\ & & & \lambda_{n-1} & 2\end{bmatrix}\begin{bmatrix}m_1 \\ m_2 \\ \vdots \\ m_{n-2} \\ m_{n-1}\end{bmatrix}=\begin{bmatrix}f_1-\lambda_1 m_0 \\ f_2 \\ \vdots \\ f_{n-2} \\ f_{n-1}-\mu_{n-1}m_n\end{bmatrix} \tag{5-54}$$

(2) 第二种边界条件

$$S''(x_0)=M_0,\ S''(x_n)=M_n$$

由式(5-49)得

$$S_1''(x)=\frac{6x-2x_0-4x_1}{h_1^2}m_0+\frac{6x-4x_0-2x_1}{h_1^2}m_1+\frac{6(x_0+x_1-2x)}{h_1^3}(y_1-y_0),\ x\in[x_0,\ x_1]$$

由 $S''(x_0)=M_0$ 得

$$2m_0+m_1=\frac{3}{h_1}(y_1-y_0)-\frac{h_1}{2}M_0$$

同理，由 $S''(x_n)=M_n$ 得

$$m_{n-1}+2m_n=\frac{3}{h_n}(y_n-y_{n-1})+\frac{h_n}{2}M_n$$

将上述边界点的方程与内节点的方程组(5-53)联立，即可得到关于 m_0，m_1，…，m_n 的 $n+1$ 阶线性方程组

$$\begin{bmatrix}2 & 1 & & & & \\ \lambda_1 & 2 & \mu_1 & & & \\ & \lambda_2 & 2 & \mu_2 & & \\ & & \ddots & \ddots & \ddots & \\ & & & \lambda_{n-1} & 2 & \mu_{n-1} \\ & & & & 1 & 2\end{bmatrix}\begin{bmatrix}m_0\\ m_1\\ m_2\\ \vdots\\ m_{n-1}\\ m_n\end{bmatrix}=\begin{bmatrix}f_0\\ f_1\\ f_2\\ \vdots\\ f_{n-1}\\ f_n\end{bmatrix}\tag{5-55}$$

$$\begin{cases}f_0=3\dfrac{y_1-y_0}{h_1}-\dfrac{h_1}{2}M_0\\ f_n=3\dfrac{y_n-y_{n-1}}{h_n}+\dfrac{h_n}{2}M_n\end{cases}\tag{5-56}$$

方程组(5-54)和(5-55)均为三对角方程组，其系数矩阵为严格对角占优矩阵(即系数矩阵的对角元素绝对值严格大于同一行非对角元素的绝对值之和)。对于这种三对角方程组可证明其行列式不等于零，因此方程组有唯一确定的解，其求解方法通常采用追赶法。

5.5.3 用型值点处的二阶导数表示插值三次样条——M 关系式

记节点处的二阶导数值为

$$S''(x_i)=M_i\quad(i=0,\ 1,\ \cdots,\ n)$$

由于 $S''(x)$ 在 $[x_{i-1},\ x_i]$ $(i=1,\ 2,\ \cdots,\ n)$ 上是 x 的线性函数，因此构造以节点处二阶导数表示的三次样条插值函数分为以下三步：

(1) 根据 $S''(x)$ 在内节点的连续性及为线性函数的特点，将 $S''(x)$ 表示为线性函数。再根据 $S(x)$ 在内节点的连续性及插值条件，写出 $S(x)$ 用 M_i $(i=0,\ 1,\ \cdots,\ n)$ 表示的形式。

(2) 利用 $S'(x)$ 在内节点 x_i $(i=1,\ 2,\ \cdots,\ n-1)$ 的连续性及边界条件，导出含 M_i $(i=0,\ 1,\ \cdots,\ n)$ 的 $n+1$ 阶线性方程组。

(3) 求解含 M_i $(i=0,\ 1,\ \cdots,\ n)$ 的线性方程组，将得到的 M_i 代入 $[x_{i-1},\ x_i]$ 区间上 $S(x)$ 的表达式，即得到以节点处二阶导数表示的三次样条插值函数。

下面建立具体公式，由定义可知，$S(x)$ 在子区间 $[x_{i-1},\ x_i]$ $(i=1,\ 2,\ \cdots,\ n)$ 上是三次

多项式，因此 $S''(x)$ 在 $[x_{i-1}, x_i]$ 上是 x 的线性函数。假定 $S''(x_{i-1})=M_{i-1}$，$S''(x_i)=M_i$，则由线性插值有

$$S_i''(x)=\frac{x-x_i}{x_{i-1}-x_i}M_{i-1}+\frac{x-x_{i-1}}{x_i-x_{i-1}}M_i,\ x\in[x_{i-1}, x_i]$$

对上式积分两次，且利用插值条件 $S_i(x_{i-1})=y_{i-1}$，$S_i(x_i)=y_i$ 确定其中的两个积分常数，即可得出用 M_i 表示的三次样条插值函数：

$$\begin{aligned}S_i(x) &= \frac{(x_i-x)^3}{6h_i}M_{i-1}+\frac{(x-x_{i-1})^3}{6h_i}M_i \\ &+\left(y_{i-1}-\frac{M_{i-1}}{6}h_i^2\right)\left(\frac{x_i-x}{h_i}\right)+\left(y_i-\frac{M_i}{6}h_i^2\right)\left(\frac{x-x_{i-1}}{h_i}\right)\end{aligned} \tag{5-57}$$

上式中，$x\in[x_{i-1}, x_i]$，$h_i=x_i-x_{i-1}(i=1, 2, \cdots, n)$。

由式(5-57)可求得 $S'_i(x)$ 在 $[x_{i-1}, x_i]$ 上的表达式，且类似得到 $S'_{i+1}(x)$ 在 $[x_i, x_{i+1}]$ 上的表达式。利用 $S'(x)$ 在内节点 $x_i(i=1, 2, \cdots, n-1)$ 处连续的条件，即

$$S'_i(x_i-0)=S'_i(x_i+0)$$

可得到线性方程组

$$\mu_i M_{i-1}+2M_i+\lambda_i M_{i+1}=f_i\quad(i=1, 2, \cdots, n-1) \tag{5-58}$$

上式中

$$\begin{cases}\mu_i=\dfrac{h_i}{h_i+h_{i+1}} \\ \lambda_i=1-\mu_i=\dfrac{h_{i+1}}{h_i+h_{i+1}} \qquad\qquad i=1, 2, \cdots, n-1 \\ f_i=\dfrac{6}{h_i+h_{i+1}}\left(\dfrac{y_{i+1}-y_i}{h_{i+1}}-\dfrac{y_i-y_{i-1}}{h_i}\right)\end{cases} \tag{5-59}$$

式(5-58)是含有 $n+1$ 个未知数 $M_0, M_1, \cdots, M_n$ 的 $n-1$ 阶线性方程组。要确定这 $n+1$ 个未知数的值，还需用到两个边界条件。

(1) 第一种边界条件 $S'(x_0)=m_0$，$S'(x_n)=m_n$。

由 $S'(x_0)=m_0$ 与 $S'(x_n)=m_n$ 可得

$$2M_0+M_1=\frac{6}{h_1}\left(\frac{y_1-y_0}{h_1}-m_0\right),\ M_{n-1}+2M_n=\frac{6}{h_n}\left(m_n-\frac{y_n-y_{n-1}}{h_n}\right)$$

将上述边界点的方程与内节点的方程(5-58)联立，即可得到关于 $M_0, M_1, \cdots, M_n$ 的线性方程组

$$\begin{bmatrix}2 & 1 & & & \\ \mu_1 & 2 & \lambda_1 & & \\ & \ddots & \ddots & \ddots & \\ & & \mu_{n-1} & 2 & \lambda_{n-1} \\ & & & 1 & 2\end{bmatrix}\begin{bmatrix}M_0 \\ M_1 \\ \vdots \\ M_{n-1} \\ M_n\end{bmatrix}=\begin{bmatrix}f_0 \\ f_1 \\ \vdots \\ f_{n-1} \\ f_n\end{bmatrix} \tag{5-60}$$

上式中，

$$\begin{cases}f_0=\dfrac{6}{h_1}\left(\dfrac{y_1-y_0}{h_1}-m_0\right) \\ f_n=\dfrac{6}{h_n}\left(m_n-\dfrac{y_n-y_{n-1}}{h_n}\right)\end{cases} \tag{5-61}$$

(2) 第二种边界条件 $S''(x_0)=M_0$，$S''(x_n)=M_n$。

方程组(5-58)中将已知边界条件代入，则方程组(5-58)可改写为只含 $n-1$ 个未知数 M_1，M_2，…，M_{n-1} 的 $n-1$ 阶线性方程组

$$\begin{bmatrix} 2 & \lambda_1 & & & \\ \mu_2 & 2 & \lambda_2 & & \\ & \ddots & \ddots & \ddots & \\ & & \mu_{n-2} & 2 & \lambda_{n-2} \\ & & & \mu_{n-1} & 2 \end{bmatrix} \begin{bmatrix} M_1 \\ M_2 \\ \vdots \\ M_{n-2} \\ M_{n-1} \end{bmatrix} = \begin{bmatrix} f_1-\mu_1 M_0 \\ f_2 \\ \vdots \\ f_{n-2} \\ f_{n-1}-\lambda_{n-1}M_n \end{bmatrix} \tag{5-62}$$

方程组(5-60)和(5-62)均为三对角方程组，可用追赶法求其唯一解。

对于三次样条插值函数来说，当插值节点逐渐加密时，可以证明：不但样条插值函数收敛于函数本身，而且其导数也收敛于函数的导数。正因如此，三次样条函数在实际中得到了广泛的应用。

例 5-7 给出如表 5-7 所示的插值条件列表，试求 $f(x)$在区间[0, 3]上的三次样条插值函数。

表 5-7 插值条件列表

x_i	0	1	2	3
$f(x_i)$	0	3	4	6
$f'(x_i)$	1			0

解 令 $m_0=f'(0)=1$，$m_3=f'(3)=0$，在式(5-52)中取 $h_i=1(i=1, 2, 3)$，有

$$\lambda_i=\mu_i=\frac{1}{2} \quad (i=1, 2)$$

$$f_1=3\left[\frac{1}{2}(f(1)-f(0))+\frac{1}{2}(f(2)-f(1))\right]=6$$

$$f_2=3\left[\frac{1}{2}(f(2)-f(1))+\frac{1}{2}(f(3)-f(2))\right]=\frac{9}{2}$$

由式(5-53)得

$$\begin{bmatrix} 2 & \frac{1}{2} \\ \frac{1}{2} & 2 \end{bmatrix}\begin{pmatrix} m_1 \\ m_2 \end{pmatrix}=\begin{bmatrix} 6-\frac{1}{2} \\ \frac{9}{2} \end{bmatrix}$$

解之得 $m_1=7/3$，$m_2=5/3$，由 $S_i(x)$的表达式，可得到三次样条插值函数。

例 5-8 已知如表 5-8 所示的插值条件列表，求三次样条插值函数 $S_i(x)$，并计算 $f(2)$、$f(3.5)$的近似值。

表 5-8 插值条件列表

x_i	0	1	3	4
$f(x_i)$	−2	0	4	5
$f''(x_i)$	0			0

解 由 $x_0=0$，$x_1=1$，$x_2=3$，$x_3=4$ 得

$$h_0=x_1-x_0=1,\ h_1=x_2-x_1=2,\ h_2=x_3-x_2=1$$

$$\mu_1=\frac{h_0}{h_0+h_1}=\frac{1}{3},\ \mu_2=\frac{h_1}{h_1+h_2}=\frac{2}{3}$$

$$\lambda_1=1-\mu_1=\frac{2}{3},\ \lambda_2=1-\mu_2=\frac{1}{3}$$

由 $y_0=-2$，$y_1=0$，$y_2=4$，$y_3=5$ 得

$$f_1=\frac{6}{h_0+h_1}\left(\frac{y_2-y_1}{h_1}-\frac{y_1-y_0}{h_0}\right)=\frac{6}{3}\left(\frac{4-0}{2}-\frac{0+2}{1}\right)=0$$

$$f_2=\frac{6}{h_0+h_1}\left(\frac{y_3-y_2}{h_2}-\frac{y_2-y_1}{h_1}\right)=\frac{6}{3}\left(\frac{5-4}{1}-\frac{4-0}{2}\right)=-2$$

由自然边界条件 $M_0=M_3=0$ 得

$$\begin{pmatrix}2 & \lambda_1\\ \mu_2 & 2\end{pmatrix}\begin{pmatrix}M_1\\ M_2\end{pmatrix}=\begin{pmatrix}f_1-\mu_1 M_0\\ f_2-\lambda_2 M_3\end{pmatrix}$$

代入数据

$$\begin{pmatrix}2 & \frac{2}{3}\\ \frac{2}{3} & 2\end{pmatrix}\begin{pmatrix}M_1\\ M_2\end{pmatrix}=\begin{pmatrix}0\\ -2\end{pmatrix}$$

解之得 $M_1=\frac{3}{8}$，$M_2=-\frac{9}{8}$，将 M_0、M_1、M_2、M_3 代入可得

$$S(x)=\frac{(x_{i+1}-x)^3}{6h_i}M_i+\frac{(x-x_i)^3}{6h_i}M_{i+1}+\frac{x_{i+1}-x}{h_i}\left(y_i-\frac{h_i^2}{6}M_i\right)+\frac{x-x_i}{h_i}\left(y_{i+1}-\frac{h_i^2}{6}M_{i+1}\right)$$

所以

$$\begin{cases}S_1(x)=\frac{1}{16}x^3+\frac{31}{16}x-2,\ x\in[0,\ 1]\\ S_2(x)=-\frac{1}{8}x^3+\frac{9}{16}x^2+\frac{11}{8}x-\frac{29}{16},\ x\in[1,\ 3]\\ S_3(x)=\frac{3}{16}x^3-\frac{9}{4}x^2+\frac{157}{16}x-\frac{41}{4},\ x\in[3,\ 4]\end{cases}$$

5.5.4 三次样条插值算法设计

1. 三次样条插值算法的基本思想

这里只给出用型值点处一阶导数表示的插值三次样条基本思想和算法设计，用型值点处二阶导数表示的插值三次样条的基本思想和算法设计与其类似，因此就不赘述了。

三次样条插值是建立在埃尔米特插值的基础之上的。埃尔米特插值是在一个区间上进行插值，而三次样条插值则是建立多个区间上插值，构造一个具有二阶光滑度的曲线，再求出给定点上对应的函数。

在区间$[a,\ b]$上取 $n+1$ 个节点，并给出每个节点的 x 坐标(x_0，x_1，…，x_n)和 y 坐标(y_0，y_1，…，y_n)。令 $h_k=x_k-x_{k-1}$，$h_{k+1}=x_{k+1}-x_k$，$\lambda_k=\frac{h_{k+1}}{h_k+h_{k+1}}$，$\mu_k=\frac{h_k}{h_k+h_{k+1}}$，$f_k=3\left(\mu_k\frac{y_{i+1}-y_i}{h_{i+1}}+\lambda_i\frac{y_i-y_{i-1}}{h_i}\right)$，其中 $k=1,2,\cdots,n-1$。在第一类边界条件获得 m_0 和 m_n 值的

前提下，由式(5-54)解出 m 向量；或者根据第二类边界条件由式(5-56)求得 f_0 和 f_n，再依据式(5-55)解出 m 向量。最后把 m 向量代入式(5-48)即获得三次样条插值函数，把要计算的函数点 x 代入即得到相应的函数值。

- 输入参数：节点数 $(n+1)$，插值点序列 (x_k, y_k)，边界条件 (m_0, m_n) 或 (M_0, M_n)，要计算的函数点 x。
- 输出参数：$S(x)$的近似解或失败信息。

Step 1：输入节点数$(n+1)$，插值点序列$(x_k, y_k)(k=0, 1, \cdots, n)$。

Step 2：对于 $k=1, 2, \cdots, n-1$，计算 $h_k=x_k-x_{k-1}$，$h_{k+1}=x_{k+1}-x_k$，$\lambda_k=\dfrac{h_{k+1}}{h_k+h_{k+1}}$，$\mu_k=\dfrac{h_k}{h_k+h_{k+1}}$ 和 $f_k=3\left(\mu_k\dfrac{y_{k+1}-y_k}{h_{k+1}}+\lambda_k\dfrac{y_k-y_{k-1}}{h_k}\right)$。

Step 3：若已知(m_0, m_n)，则由 $\lambda_k m_{k-1}+2m_k+\mu_k m_{k+1}=f_k(k=1, 2, \cdots, n-1)$ 构建三对角方程组；若已知(M_0, M_n)，则 $f_0=3\dfrac{y_1-y_0}{h_1}-\dfrac{h_1}{2}M_0$，$f_n=3\dfrac{y_n-y_{n-1}}{h_n}+\dfrac{h_n}{2}M_n$，构建三对角方程组。

Step 4：利用追赶法求解三对角方程组，解出 $m_k(k=0, 1, \cdots, n)$。

Step 5：利用 $m_k(k=0, 1, \cdots, n)$构建三次样条插值函数 $S(x)$。

Step 6：输出 $S(x)$的近似值，结束程序。

2. N-S 流程图

用三次样条插值算法求函数近似值的 N-S 流程图如图 5-7 所示。

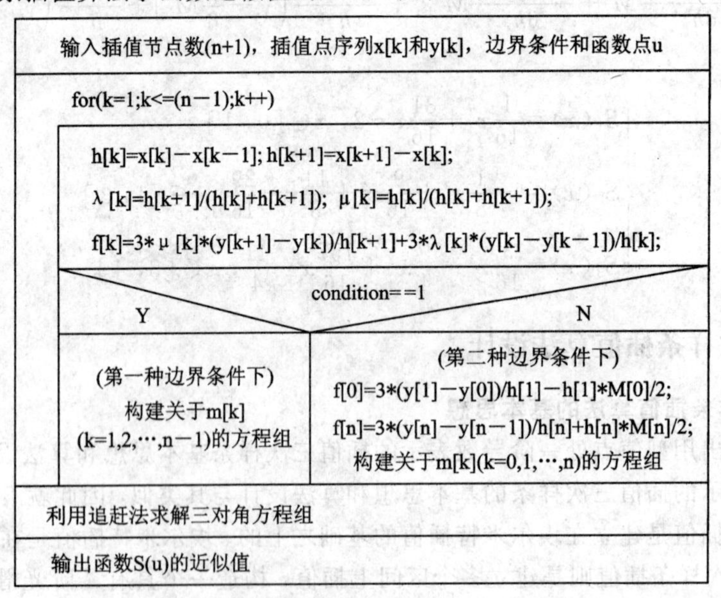

图 5-7　三次样条插值算法的 N-S 流程图

5.6 算例分析

例 1　给出概率积分 $f(x)=\dfrac{2}{\sqrt{\pi}}\int_0^x e^{-x^2}\,dx$ 的数据表如表 5-9 所示，用二次插值计算：

(1) 当 $x=0.472$ 时，积分值是多少？

(2) 当 x 为何值时，积分值为 5？

表 5-9　插值节点及其函数值列表

x	0.46	0.47	0.48	0.49
$f(x)$	0.484 655 5	0.493 745 2	0.502 749 8	0.511 668 3

解　(1) 用二次插值计算时，选取最接近 $x=0.472$ 的前 3 个节点 $x_0=0.46$，$x_1=0.47$，$x_2=0.48$ 及相应函数值 $f(x_0)$，$f(x_1)$，$f(x_2)$，有

$$L_2(x)=\frac{(x-x_1)(x-x_2)}{(x_0-x_1)(x_0-x_2)}f(x_0)+\frac{(x-x_0)(x-x_2)}{(x_1-x_0)(x_1-x_2)}f(x_1)+\frac{(x-x_0)(x-x_1)}{(x_2-x_0)(x_2-x_1)}f(x_2)$$

$$\begin{aligned}L_2(0.472)=&\frac{(0.472-0.47)(0.472-0.48)}{(0.46-0.47)(0.46-0.48)}\times 0.484\ 655\ 5\\&+\frac{(0.472-0.46)(0.472-0.48)}{(0.47-0.46)(0.47-0.48)}\\&\times 0.493\ 745\ 2+\frac{(0.472-0.46)(0.472-0.47)}{(0.48-0.46)(0.48-0.47)}\times 0.502\ 749\ 8\\&=0.495\ 552\ 928\end{aligned}$$

所以

$$f(0.472)\approx L_2(0.472)=0.495\ 552\ 928$$

即当 $x=0.472$ 时，积分值等于 0.495 552 928。

(2) 原函数是连续单调函数，可以用反插值法计算。将 x 看成是 y 的函数，即 $x=f^{-1}(y)$，用二次插值计算时，选取最接近 $f(x)=0.5$ 的后三个节点 $y_1=0.493\ 745\ 2$，$y_2=0.502\ 749\ 8$，$y_3=0.511\ 668\ 3$ 及相应函数值 $x_1=0.47$，$x_2=0.48$，$x_3=0.49$，有

$$Q(y)=\frac{(y-y_1)(y-y_2)}{(y_0-y_1)(y_0-y_2)}x_0+\frac{(y-y_0)(y-y_2)}{(y_1-y_0)(y_1-y_2)}x_1+\frac{(y-y_0)(y-y_1)}{(y_2-y_0)(y_2-y_1)}x_2$$

把节点 x、y 的值代入得

$$\begin{aligned}Q(y)=&\frac{(y-0.502\ 749\ 8)(y-0.511\ 668\ 3)}{(0.493\ 745\ 2-0.502\ 749\ 8)(0.493\ 745\ 2-0.511\ 668\ 3)}\times 0.47\\&+\frac{(y-0.493\ 745\ 2)(y-0.511\ 668\ 3)}{(0.502\ 749\ 8-0.493\ 745\ 2)(0.502\ 749\ 8-0.511\ 668\ 3)}\times 0.48\\&+\frac{(y-0.493\ 745\ 2)(y-0.502\ 749\ 8)}{(0.511\ 668\ 3-0.493\ 745\ 2)(0.511\ 668\ 3-0.502\ 749\ 8)}\times 0.49\end{aligned}$$

即

$$x=f^{-1}(0.5)\approx Q(0.5)=0.476\ 929\ 624$$

当 $x\approx 0.476\ 929\ 624$ 时，积分值等于 0.5。

例 2　已知数据表如表 5-10 所示，试用拉格朗日插值公式计算 $f(1.1300)$ 的近似值。

表 5-10　插值节点及其函数值列表

x	1.1275	1.1503	1.1735	1.1972
$f(x)$	0.1191	0.139 54	0.159 32	0.179 03

解　构造拉格朗日插值公式

$$L_3(x)=\frac{(x-1.1503)(x-1.1735)(x-1.1972)}{(1.1275-1.1503)(1.1275-1.1735)(1.1275-1.1972)}\times 0.1191$$
$$+\frac{(x-1.1275)(x-1.1735)(x-1.1972)}{(1.1503-1.1275)(1.1503-1.1735)(1.1503-1.1972)}\times 0.13954$$
$$+\frac{(x-1.1275)(x-1.1503)(x-1.1972)}{(1.1735-1.1275)(1.1735-1.1503)(1.1735-1.1972)}\times 0.15932$$
$$+\frac{(x-1.1275)(x-1.1503)(x-1.1735)}{(1.1972-1.1275)(1.1972-1.1503)(1.1972-1.1735)}\times 0.17903$$

所以

$$f(1.1300)\approx L_3(1.1300)=0.096681+0.041106-0.0214823+0.00510149=0.1214$$

例 3　已知 $f(x)=\text{sh}x$ 的数据表如表 5－11 所示，求二次和三次牛顿插值多项式，计算 $f(0.23)$的近似值并用牛顿余项估计误差。

表 5－11　插值节点及其函数值列表

x_i	0	0.20	0.30	0.50
$f(x_i)$	0	0.201 34	0.304 52	0.521 10

解　根据给定函数表构造差商表如表 5－12 所示，则二次牛顿插值多项式为

表 5－12　差商计算列表

x_i	$\text{sh}(x_i)$	一阶	二阶	三阶
0	0			
0.20	0.201 34	1.0067		
0.30	0.304 52	1.0318	0.083 67	
0.50	0.521 10	1.0830	0.170 67	0.174 00

$$N_2(x)=1.0067x+0.08367x(x-0.2)$$

由此可得 $f(0.23)\approx N_2(0.23)=0.232$。由余项表达式得

$$|R_2(0.23)|=|f[0.23,0,0.2,0.3]|\times|(0.23-0)\times(0.23-0.20)\times(0.23-0.30)|$$

由于 $|f[0.23,0,0.2,0.3]|=0.244913$，所以

$$|R_2(0.23)|=0.244913\times 0.23\times 0.03\times 0.07=1.18\times 10^{-4}$$

三次牛顿插值多项式为

$$N_3(x)=N_2(x)+0.17400x(x-0.2)(x-0.3)$$
$$=1.0067x+0.08367x(x-0.2)+0.17400x(x-0.2)(x-0.3)$$

由此可得 $f(0.23)\approx N_3(0.23)=0.23203$。由余项表达式得

$$|R_3(0.23)|=|f[0.23,0,0.2,0.3,0.5]|\times|(0.23-0)\times(0.23-0.20)\times(0.23-0.30)\times(0.23-0.50)|$$

由于 $|f[0.23,0,0.2,0.3,0.5]|=0.033133$，所以

$$|R_3(0.23)|=0.033133\times 0.23\times 0.03\times 0.07\times 0.27=4.32\times 10^{-6}$$

例 4　给定插值条件列表如表 5－13 所示，构造埃尔米特插值多项式 $H_3(x)$，并计算$f(1.5)$。

表 5-13 插值条件列表

x_i	1	2
$f(x_i)$	2	3
$f'(x_i)$	0	−1

解 用带重节点的牛顿插值求解，作差商表(重节点用导数值代替差商)如表 5-14 所示。

表 5-14 差商计算列表

x_i	$f(x_i)$	一阶	二阶	三阶
1	2			
1	2	0		
2	3	1	1	
2	3	−1	−2	−3

写出牛顿插值多项式

$$N_3(x)=2+0\times(x-1)+1\times(x-1)^2-3\times(x-1)^2(x-2)$$

$$=-3x^3+13x^2-17x+9$$

所以 $f(1.5)\approx N_3(1.5)=2.625$。

例 5 已知函数 $f(x)$的插值条件列表如表 5-15 所示，构造一个不超过三次的插值多项式 $H_3(x)$，使之满足 $H_3(x_i)=f(x_i)(i=0, 1, 2)$，$H_3'(x_1)=f'(x_1)$，并写出余项 $R(x)=f(x)-H_3(x)$的表达式。

表 5-15 插值条件列表

x_i	$\frac{1}{4}$	1	$\frac{9}{4}$
$f(x_i)$	$\frac{1}{8}$	1	$\frac{27}{8}$
$f'(x_i)$		$\frac{3}{2}$	

解 构造重节点的差商表如表 5-16 所示。

表 5-16 差商计算列表

x_i	y_i	一阶	二阶	三阶
$\frac{1}{4}$	$\frac{1}{8}$			
1	1	$\frac{7}{6}$		
1	1	$\frac{3}{2}$	$\frac{4}{9}$	
$\frac{9}{4}$	$\frac{27}{8}$	$\frac{19}{10}$	$\frac{8}{25}$	$-\frac{14}{225}$

所以

$$H_3(x)=\frac{1}{8}+\frac{7}{6}\left(x-\frac{1}{4}\right)+\frac{4}{9}\left(x-\frac{1}{4}\right)(x-1)-\frac{14}{225}\left(x-\frac{1}{4}\right)(x-1)^2$$
$$=-\frac{14}{225}x^3+\frac{263}{450}x^2+\frac{233}{450}x-\frac{1}{25}$$

其余项

$$R(x)=f(x)-H_3(x)=\frac{f^{(4)}(\xi)}{4!}\left(x-\frac{1}{4}\right)(x-1)^2\left(x-\frac{9}{4}\right),\ \frac{1}{4}<\xi<\frac{9}{4}$$

例 6　对如表 5-17 所示的插值条件列表，建立三次样条插值函数。

表 5-17　插值条件列表

x	1	2	3
$f(x)$	2	4	2
$f'(x)$	1		-1

解　$\lambda_1=\dfrac{h_0}{h_1+h_0}=\dfrac{1}{1+1}=\dfrac{1}{2}$，$\mu_1=1-\lambda_1=\dfrac{1}{2}$，则

$$f_1=3[f[x_0,x_1]\lambda_1+f[x_1,x_2]\mu_1]=3\left[\frac{1}{2}(4-2)+\frac{1}{2}(2-4)\right]=0$$

由 $\lambda_1 m_0+2m_1+\mu_1 m_2=f_1$，得 $m_1=\dfrac{0}{2}=0$；再由区间 $[x_i,x_{i+1}]$ 上的埃尔米特插值公式可得

$$s_0(x)=(2-x)^2(x-1)+2(2-x)^2[2(x-1)+1]+4(x-1)^2[2(2-x)+1]$$
$$=-3x^3+13x^2-16x+8$$
$$s_1(x)=(x-2)^2(3-x)+4(3-x)^2[2(x-2)+1]+12(x-2)^2[2(3-x)+1]$$
$$=3x^3-23x^2+56x-40$$

所以样条插值函数为

$$s(x)=\begin{cases}-3x^3+13x^2-16x+8 & 1\leqslant x\leqslant 2\\ 3x^3-23x^2+56x-40 & 2<x\leqslant 3\end{cases}$$

本章小结

插值法是函数逼近的一种重要方法，它是数值微积分、微分方程数值解等数值计算的重要工具。插值法是构造函数使已知点最大程度地满足函数关系，即反映已知点与点之间内在规律的数量关系，从而推测未知点的性质。由于多项式具有形式简单、计算方便等许多优点，因此本章主要介绍多项式插值，它是插值法中最常用和最基本的方法。

拉格朗日插值多项式在理论分析中非常方便，因为它的结构紧凑。利用插值基函数可以很容易推导和形象地描述算法，但它也有一些缺点：当插值节点增加、减少或其它位置发生变化时，整个插值多项式的结构都会改变，这就不利于实际计算，而且增加了算法复杂度，此时我们通常采用牛顿插值多项式。牛顿插值多项式对此进行了改进，当增加一个节点时，只需在原牛顿插值多项式的基础上增加一项，其它无需改变，从而达到节省计算次数、节约存储单元和应用较少节点达到预定精度的目的。在等距节点条件下，利用差分型的牛顿前插或后插公式可以简化计算。

由于高次插值多项式具有数值不稳定的缺点(如龙格现象)，高次插值多项式的效果并非一定比低次插值效果好，所以当区间较大、节点较多时，常用分段低次插值、分段线性插值和分段二次插值。分段线性插值的算法简单，计算量小，但从整体上看，插值函数不够光滑，在节点处，插值函数的左右导数不相等。若要求插值函数与被插值函数不仅在插值节点上取相同的函数值，而且还要求插值函数与被插值函数在插值节点上取相同的若干阶导数值，则这类问题称为埃尔米特插值。为保证插值曲线在节点处不仅连续而且光滑，可用样条插值方法。三次样条插值是最常用的方法，它在整个插值区间上可保证具有直到二阶导数的连续性。用它来求数值微分、微分方程数值解等，都能起到良好效果。

习　题

1. 设 $f(x)$在$[a, b]$上具有二阶连续导数，且 $f(a)=f(b)=0$，证明 $\max\limits_{a\leqslant x\leqslant b}|f(x)|\leqslant \frac{1}{8}(b-a)^2\max\limits_{a\leqslant x\leqslant b}|f''(x)|$。

2. 已知函数表如表 5-18 所示，用二次插值求 $f(1.54)$的近似值(计算结果取 5 位小数)。

表 5-18　插值条件列表

x	1.2	1.3	1.4	1.5	1.6	1.7
$f(x)$	1.244	1.406	1.602	1.837	2.121	2.465

3. 用拉格朗日插值和牛顿插值寻找经过点$(-3, -1)$、$(0, 2)$、$(3, -2)$和$(6, 10)$的三次插值多项式，并验证该插值多项式的唯一性。

4. 证明 n 阶差商有下列性质：

(1) 若 $F(x)=cf(x)$，则 $F[x_0, x_1, \cdots, x_n]=cf[x_0, x_1, \cdots, x_n]$；

(2) 若 $F(x)=f(x)+g(x)$，则 $F[x_0, x_1, \cdots, x_n]=f[x_0, x_1, \cdots, x_n]+g[x_0, x_1, \cdots, x_n]$；

(3) 若 $F(x)=a_nx^n+a_{n-1}x^{n-1}+\cdots+a_0$，则 $F[x_0, x_1, \cdots, x_n]=a_n$。

5. 利用表 5-19 所示的函数表构造出差商表，并利用牛顿插值方法计算 $f(x)$在 $x=1.682$，1.813 处的近似值(计算结果取 5 位小数)。

表 5-19　插值条件列表

x	1.615	1.634	1.702	1.828	1.921
$f(x)$	2.414 50	2.464 59	2.652 71	3.030 35	3.340 66

6. 已知连续函数 $P(x)$的函数值如表 5-20 所示，求方程 $P(x)=0$ 在$[-1, 2]$内的根的近似值，要求误差尽量地小。

表 5-20　插值条件列表

x	-1	0	1	2
$P(x)$	-2	-1	1	2

7. 给出 $y=\cos x$ 从 $x=0.0$ 到 $x=0.6$ 的函数值如表 5-21 所示，其节点间步长 $h=$

0.1，试用牛顿向前插值公式计算 cos(0.048)的近似值(计算结果取 5 位小数)。

表 5-21　插值条件列表

x	0.0	0.1	0.2	0.3	0.4	0.5	0.6
$\cos x$	1.000 00	0.995 00	0.980 07	0.955 34	0.921 06	0.877 58	0.825 34

8. 在$[-4, 4]$上给出 $f(x)=e^x$ 的等距节点函数表，若用二次插值求 e^x 的近似值，要使截断误差不超过 10^{-5}，则使用函数表其步长应取多少(计算结果取 5 位小数)。

9. 求满足表 5-22 所示插值条件的插值多项式及余项。

表 5-22　插值条件列表

x	1	2	3
$f(x)$	1	0	2
$f'(x)$		$-\frac{1}{2}$	

10. 给定如表 5-23 所示的插值条件，端点条件为

表 5-23　插值条件列表

x	0	1	2	3
$f(x)$	0	0	0	0

(1) $m_0=1$，$m_3=0$；

(2) $M_0=1$，$M_3=0$。

分别求出满足上述条件的三次样条插值函数的分段表达式。

第 6 章　曲线拟合的最小二乘法

6.1　曲线拟合问题

在科学实验或统计研究中，需要根据一组测定的数据去求自变量与因变量之间的一个函数关系。插值法在一定程度上解决了这个问题，但在实验或数据较多时，采用插值法求得的多项式往往次数较高，给计算带来了一定的困难。因此，怎样从给定的一组实验数据出发，寻找已知函数的一个逼近函数 $y=\varphi(x)$，使得逼近函数从总体上来说与已知函数的偏差按某种方法能达到最小而又不一定过全部的点 (x_i, y_i)，这就是本章主要介绍的最小二乘曲线拟合问题。它是数学建模中常用的一个有效的方法，在许多实际问题的研究和解决中都起到了重要的作用。

6.2　最小二乘法原理

通常，将近似曲线 $y=\varphi(x)$ 在 x_i 处的函数值 $\varphi(x_i)$ 与测量数据 y_i 的差

$$\varphi(x_i)-y_i \quad (i=1, 2, \cdots, n)$$

称为偏差。

为使偏差很小，一种方法是使偏差之和很小来保证每个偏差都很小。但由于偏差有正有负，在求和时可能互相抵消。为了避免上述情况的发生，常取偏差的绝对值之和

$$\sum_{i=1}^{n} |\varphi(x_i)-y_i|$$

为最小。但由于绝对值不便于讨论，故选择使偏差的平方和(即 $\sum_{i=1}^{n}[\varphi(x_i)-y_i]^2$) 最小的原则来保证每个偏差的绝对值都很小，从而得到最佳拟合曲线 $y=\varphi(x)$，这种“偏差平方和最小”的原则称为最小二乘原理，而按最小二乘原理拟合曲线的方法称为最小二乘法或者最小二乘曲线拟合法。

那么，用什么样的函数去拟合数据呢？一般而言，所求得的拟合函数可以是不同的函数类，拟合曲线 $\varphi(x)$ 由 n 个线性无关函数 $\varphi_1(x)$，$\varphi_2(x)$，…，$\varphi_n(x)$ 的线性组合而成，即 $\varphi(x)=a_1\varphi_1(x)+a_2\varphi_2(x)+\cdots a_n\varphi_n(x)$，其中 a_1，a_2，…，a_n 为待定常数。

线性无关函数组 $\varphi_1(x)$，$\varphi_2(x)$，…，$\varphi_n(x)$ 称为基函数。常用的基函数有：

(1) 多项式：$1, x, x^2, \cdots, x^m$；

(2) 三角函数：$\sin x, \sin 2x, \cdots, \sin mx$；

(3) 指数函数：$e^{\lambda_1 x}, e^{\lambda_2 x}, \cdots, e^{\lambda_m x}$。

其中，最简单的是多项式，至于函数类，一般可取次数比较低的多项式或其它较简单的函数集合。

6.3 矛盾方程组的求解

由线性代数理论知，求解线性方程组时，若方程式的个数多于未知数的个数，则方程组往往无解，此类方程组称为矛盾方程组(或超定方程组)。最小二乘法是用来解矛盾方程组的一个常用方法。

设有矛盾方程组

$$\begin{cases} a_{11}x_1 + a_{12}x_2 + \cdots + a_{1n}x_n = b_1 \\ a_{21}x_1 + a_{22}x_2 + \cdots + a_{2n}x_n = b_2 \quad (N > n) \\ \vdots \\ a_{N1}x_1 + a_{N2}x_2 + \cdots + a_{Nn}x_n = b_N \end{cases} \tag{6-1}$$

或写为

$$\sum_{j=1}^{n} a_{ij}x_j = b_i \quad (i = 1, 2, \cdots, N)$$

通常找不到能同时满足方程组(6-1)的解，因此我们转而去寻求在某种意义下的近似解，这种近似解不是指对精确解的近似(因为精确解并不存在)，而是指寻求各未知数的一组值，使方程组(6-1)中各式能近似相等。这就是用最小二乘法解矛盾方程组的基本思想。把近似解代入方程组(6-1)后，只能使各方程式的两端近似相等，不妨记各个方程式两端之差为

$$\sigma_i = \sum_{j=1}^{n} a_{ij}x_j - b_i \quad (i = 1, 2, \cdots, N)$$

并称该差为偏差。按最小二乘原理，采用使偏差的平方和

$$Q = \sum_{i=1}^{N} \sigma_i^2 = \sum_{i=1}^{N} \left[\sum_{j=1}^{n} a_{ij}x_j - b_i \right]^2 \tag{6-2}$$

达到最小值来作为衡量一个近似解的近似程度的标志。

定义 6.1 如果 $x_j (j=1, 2, \cdots, n)$ 的取值使偏差平方和即式(6-2)达到最小，则称这组值是矛盾方程组(6-1)的最优近似解。

预备知识：

(1) 矩阵的秩。设矩阵 $\boldsymbol{A}$ 有一个 n 阶子式 D，其不等于 0，而 $n+1$ 阶子式皆为 0，那么 n 称为 $\boldsymbol{A}$ 的秩。

(2) 对称矩阵。如果 n 阶方阵 $\boldsymbol{A}=(a_{ij})$，满足 $\boldsymbol{A}^{\mathrm{T}}=\boldsymbol{A}$，即

$$a_{ij}=a_{ji} \quad (i, j=1, 2, \cdots, n)$$

则称 $\boldsymbol{A}$ 为对称矩阵。

(3) 正定矩阵。设有实二次型 $f(x)=\boldsymbol{x}^{\mathrm{T}}\boldsymbol{A}\boldsymbol{x}$，如果对于任何 $\boldsymbol{x}\neq\boldsymbol{0}$，都有 $f(\boldsymbol{x})>0$，则称 $f(\boldsymbol{x})$ 为正定二次型，对称矩阵 $\boldsymbol{A}$ 是正定的。

如果 $\boldsymbol{A}$ 为正定矩阵，则 $\boldsymbol{A}$ 的特征值皆为正的，且 $\boldsymbol{A}$ 的各阶主子式皆为正。

(4) 矩阵的特征值。设 $\boldsymbol{A}$ 为 n 阶方阵，如果存在常数 λ 及非零的 n 维列向量 $\boldsymbol{X}$，使

$$\boldsymbol{A}\boldsymbol{X}=\lambda\boldsymbol{X}$$

成立，则称 λ 是方阵 $\boldsymbol{A}$ 的特征值。非零向量 $\boldsymbol{X}$ 称为方阵 $\boldsymbol{A}$ 的属于特征值 λ 的特征向量。

定理 6.1 设 n 元实函数 $f(x_1, x_2, \cdots, x_n)$ 在点 $P_0(a_1, a_2, \cdots, a_n)$ 的某个邻域内连续，且有一阶及二阶连续的偏导数，如果

(1) $\frac{\partial f}{\partial x_k}|_{P_0}=0(k=1, 2, \cdots, n)$；

(2) 矩阵

$$M=\begin{bmatrix} \frac{\partial^2 f}{\partial x_1^2}|_{P_0} & \frac{\partial^2 f}{\partial x_1 \partial x_2}|_{P_0} & \cdots & \frac{\partial^2 f}{\partial x_1 \partial x_n}|_{P_0} \\ \frac{\partial^2 f}{\partial x_1 \partial x_2}|_{P_0} & \frac{\partial^2 f}{\partial x_2^2}|_{P_0} & \cdots & \frac{\partial^2 f}{\partial x_2 \partial x_n}|_{P_0} \\ \vdots & \vdots & & \vdots \\ \frac{\partial^2 f}{\partial x_1 \partial x_n}|_{P_0} & \frac{\partial^2 f}{\partial x_2 \partial x_n}|_{P_0} & \cdots & \frac{\partial^2 f}{\partial x_n^2}|_{P_0} \end{bmatrix}$$

是正定矩阵，则 $f(a_1, a_2, \cdots, a_n)$是 n 元实函数 $f(x_1, x_2, \cdots, x_n)$的极值。

定理 6.2　设非齐次线性方程组 $\boldsymbol{Ax}=\boldsymbol{b}$ 的系数矩阵 $\boldsymbol{A}=(a_{ij})_{N\times n}$，若 $\mathrm{rank}\boldsymbol{A}=n$，则

(1) 矩阵 $\boldsymbol{A}^{\mathrm{T}}\boldsymbol{A}$ 是对称正定矩阵；

(2) n 阶线性方程组 $\boldsymbol{A}^{\mathrm{T}}\boldsymbol{Ax}=\boldsymbol{A}^{\mathrm{T}}\boldsymbol{b}$ 有唯一的解。

证明　(1) 显然矩阵 $\boldsymbol{A}^{\mathrm{T}}\boldsymbol{A}$ 是对称矩阵。

设齐次线性方程组 $\boldsymbol{Ax}=0$，其中 $\boldsymbol{x}=(x_1, x_2, \cdots, x_n)^{\mathrm{T}}$。因为 $\mathrm{rank}\boldsymbol{A}=n$，所以齐次方程组有唯一零解。因此，对于任意的 $\boldsymbol{x}\neq\boldsymbol{0}$，有 $\boldsymbol{Ax}\neq\boldsymbol{0}$，于是

$$(\boldsymbol{Ax})^{\mathrm{T}}(\boldsymbol{Ax})=\boldsymbol{x}^{\mathrm{T}}(\boldsymbol{A}^{\mathrm{T}}\boldsymbol{A})\boldsymbol{x}>0$$

故矩阵 $\boldsymbol{A}^{\mathrm{T}}\boldsymbol{A}$ 是正定矩阵。

(2) 因为 $\boldsymbol{A}^{\mathrm{T}}\boldsymbol{A}$ 是正定矩阵，所以 $\mathrm{rank}(\boldsymbol{A}^{\mathrm{T}}\boldsymbol{A})=n$，故线性方程组 $\boldsymbol{A}^{\mathrm{T}}\boldsymbol{Ax}=\boldsymbol{A}^{\mathrm{T}}\boldsymbol{b}$ 有唯一解。

把 Q 可看成 n 个自变量 $x_1, x_2, \cdots, x_n$的二次函数，记为 $Q=f(x_1, x_2, \cdots, x_n)$，因此，求解矛盾方程组(6-1)的最小二乘解归结为求二次函数 $Q=f(x_1, x_2, \cdots, x_n)$的最小值问题。下面我们讨论此二次函数是否存在最小值，若存在，如何求最小值？由高等数学可知，有以下定理。

定理 6.3　设矛盾方程组(6-1)的系数矩阵 $\boldsymbol{A}$ 的秩为 n，则二次函数

$$Q=f(x_1, x_2, \cdots, x_n)=\sum_{i=1}^{N}\left[\sum_{j=1}^{n} a_{ij}x_j-b_i\right]^2$$

一定存在最小值。

证明　利用定理 6.1、6.2 可证。因为 Q 是 $x_1, x_2, \cdots, x_n$的二次函数，所以 Q 不仅是连续函数，且有连续的一阶及二阶偏导数。因为

$$\frac{\partial Q}{\partial x_k}=2a_{1k}\left(\sum_{j=1}^{n} a_{1j}x_j-b_1\right)+2a_{2k}\left(\sum_{j=1}^{n} a_{2j}x_j-b_2\right)+\cdots+2a_{Nk}\left(\sum_{j=1}^{n} a_{Nj}x_j-b_N\right)$$

$$=2(a_{1k}a_{2k}\cdots a_{Nk})\begin{bmatrix}\sum_{j=1}^{n} a_{1j}x_j-b_1 \\ \sum_{j=1}^{n} a_{2j}x_j-b_2 \\ \vdots \\ \sum_{j=1}^{n} a_{Nj}x_j-b_N\end{bmatrix}$$

$$=2(a_{1k}a_{2k}\cdots a_{Nk})(\boldsymbol{Ax}-\boldsymbol{b})$$

所以

$$\begin{bmatrix} \dfrac{\partial Q}{\partial x_1} \\ \dfrac{\partial Q}{\partial x_2} \\ \vdots \\ \dfrac{\partial Q}{\partial x_n} \end{bmatrix} = 2\boldsymbol{A}^{\mathrm{T}}(\boldsymbol{A}\boldsymbol{x}-\boldsymbol{b}) = 2(\boldsymbol{A}^{\mathrm{T}}\boldsymbol{A}\boldsymbol{x}-\boldsymbol{A}^{\mathrm{T}}\boldsymbol{b})$$

令$\dfrac{\partial Q}{\partial x_k}=0(k=1, 2, \cdots, n)$，则

$$\boldsymbol{A}^{\mathrm{T}}\boldsymbol{A}\boldsymbol{x} = \boldsymbol{A}^{\mathrm{T}}\boldsymbol{b} \tag{6-3}$$

因为 $\mathrm{rank}\boldsymbol{A}=n$，所以由定理 6.2 知，式(6-3)有唯一的解。设解为 $x_1=a_1$，$x_2=a_2$，…，$x_n=a_n$，记为点 $P_0(a_1, a_2, \cdots, a_n)$，即二元函数 Q 存在点 P_0，使$\dfrac{\partial Q}{\partial x_k}\Big|_{P_0}=0(k=1, 2, \cdots, n)$，故满足定理 6.1 的条件(1)。

因$\dfrac{\partial^2 Q}{\partial x_k \partial x_t} = 2(a_{1k}a_{1t}+a_{2k}a_{2t}+\cdots+a_{Nk}a_{nt}) = 2\sum\limits_{i=1}^{N} a_{ik}a_{it}(k, t=1, 2, \cdots, n)$，所以

$$\boldsymbol{M} = 2\begin{bmatrix} \sum\limits_{i=1}^{N} a_{i1}^2 & \sum\limits_{i=1}^{N} a_{i1}a_{i2} & \sum\limits_{i=1}^{N} a_{i1}a_{i3} & \cdots & \sum\limits_{i=1}^{N} a_{i1}a_{in} \\ \sum\limits_{i=1}^{N} a_{i1}a_{i2} & \sum\limits_{i=1}^{N} a_{i2}^2 & \sum\limits_{i=1}^{N} a_{i2}a_{i3} & \cdots & \sum\limits_{i=1}^{N} a_{i2}a_{in} \\ \vdots & \vdots & \vdots & & \vdots \\ \sum\limits_{i=1}^{N} a_{i1}a_{in} & \sum\limits_{i=1}^{N} a_{i2}a_{in} & \sum\limits_{i=1}^{N} a_{i3}a_{in} & \cdots & \sum\limits_{i=1}^{N} a_{in}^2 \end{bmatrix} = 2\boldsymbol{A}^{\mathrm{T}}\boldsymbol{A}$$

由定理 6.2，当 $\mathrm{rank}\boldsymbol{A}=n$ 时，矩阵 $\boldsymbol{M}$ 是对称正定矩阵，$\boldsymbol{M}$ 满足定理 6.1 的条件(2)。

综上，由定理 6.1，二次函数 Q 存在极小值。又因方程组(6-3)有唯一解，所以 Q 存在的极小值就是最小值，线性方程组(6-3)的解就是最小值点。证明完毕。

通常称线性方程组(6-3)为正则方程组。只要矛盾方程组(6-1)的系数矩阵 $\boldsymbol{A}$ 的秩 $\mathrm{rank}\boldsymbol{A}=n$，则由定理 6-3 可以得出：

(1) 矛盾方程组(6-1)的最小二乘解存在；

(2) 正则方程组(6-3)有唯一解，此解就是矛盾方程组(6-1)的最小二乘解。

用最小二乘法求解矛盾方程组 $\boldsymbol{A}\boldsymbol{x}=\boldsymbol{b}$ 的步骤归纳如下：

(1) 计算 $\boldsymbol{A}^{\mathrm{T}}\boldsymbol{A}$ 和 $\boldsymbol{A}^{\mathrm{T}}\boldsymbol{b}$，得正则方程组 $\boldsymbol{A}^{\mathrm{T}}\boldsymbol{A}\boldsymbol{x}=\boldsymbol{A}^{\mathrm{T}}\boldsymbol{b}$；

(2) 求解正则方程组，得出矛盾方程组的最优近似解。

例 6-1 求矛盾方程组$\begin{cases} 2x_1+4x_2=1 \\ 3x_1-5x_2=3 \\ x_1+2x_2=6 \\ 4x_1+2x_2=14 \end{cases}$的最小二乘解(计算取 4 位小数)。

解 由题意得

$$A=\begin{bmatrix}2 & 4\\3 & -5\\1 & 2\\4 & 2\end{bmatrix},\ b=\begin{bmatrix}1\\3\\6\\14\end{bmatrix}$$

所以

$$A^{T}A=\begin{bmatrix}30 & 3\\3 & 49\end{bmatrix},\quad A^{T}b=\begin{bmatrix}73\\29\end{bmatrix}$$

又由 $A^{T}Ax=A^{T}b$，解得 $x=\begin{bmatrix}2.4555\\0.4456\end{bmatrix}$。

6.4　用多项式作最小二乘曲线拟合

测量得到函数 $y=f(x)$ 的一组数据如下：

x_1	x_2	…	x_N
y_1	y_2	…	y_N

求一个次数低于 $N-1$ 的多项式

$$y=\varphi(x)=a_0+a_1x+a_2x^2+\cdots+a_mx^m\quad(m<N-1)$$

其中 a_0，a_1，…，a_m 为待定系数。确定待定系数的数值，使得多项式"最好"地拟合这组数据。

这"最好"的拟合标准是，$\varphi(x)$ 在 x_i 的偏差

$$\delta_i=\varphi(x_i)-y_i\quad(i=1,2,\cdots,N)\tag{6-4}$$

的平方和

$$Q=\sum_{i=1}^{N}\delta_i^2=\sum_{i=1}^{N}[\varphi(x_i)-y_i]^2\tag{6-5}$$

达到最小。

将 N 个数据点 (x_i, y_i) 代入 $\varphi(x)$ 表达式中，就得到以 a_0，a_1，…，a_m 为未知量的矛盾方程组，于是将多项式的拟合问题转化为下列矛盾方程组的求解问题：

$$\begin{cases}a_0+a_1x_1+a_2x_1^2+\cdots+a_mx_1^m=y_1\\a_0+a_1x_2+a_2x_2^2+\cdots+a_mx_2^m=y_2\\\quad\vdots\\a_0+a_1x_N+a_2x_N^2+\cdots+a_mx_N^m=y_N\end{cases}\tag{6-6}$$

写出方程组(6－6)的矩阵形式 $Ax=b$，这里

$$A=\begin{bmatrix}1 & x_1 & x_1^2\cdots x_1^m\\1 & x_2 & x_2^2\cdots x_2^m\\\vdots & \vdots & \vdots\\1 & x_N & x_N^2\cdots x_N^m\end{bmatrix},\ x=\begin{bmatrix}a_0\\a_1\\\vdots\\a_m\end{bmatrix},\ b=\begin{bmatrix}y_1\\y_2\\\vdots\\y_N\end{bmatrix}$$

式(6－4)所指的偏差就是矛盾方程组(6－6)各方程的偏差，式(6－5)就是矛盾方程组(6－6)各方程的偏差的平方和。上述的拟合条件就是确定 a_0，a_1，…，a_m 的值，使得偏差的

平方和 Q 达到最小值。由前面的推导可知，a_0，a_1，…，a_m 是矛盾方程组(6-6)的最小二乘解，即就是正则方程组 $\boldsymbol{A}^{\mathrm{T}}\boldsymbol{A}\boldsymbol{x}=\boldsymbol{A}^{\mathrm{T}}\boldsymbol{b}$ 的解。

由于

$$\boldsymbol{A}^{\mathrm{T}}\boldsymbol{A}=\begin{bmatrix} N & \sum_{i=1}^{N}x_i & \sum_{i=1}^{N}x_i^2 & \cdots & \sum_{i=1}^{N}x_i^m \\ \sum_{i=1}^{N}x_i & \sum_{i=1}^{N}x_i^2 & \sum_{i=1}^{N}x_i^3 & \cdots & \sum_{i=1}^{N}x_i^{m+1} \\ \vdots & \vdots & \vdots & & \vdots \\ \sum_{i=1}^{N}x_i^m & \sum_{i=1}^{N}x_i^{m+1} & \sum_{i=1}^{N}x_i^{m+2} & \cdots & \sum_{i=1}^{N}x_i^{2m} \end{bmatrix} \tag{6-7}$$

$$\boldsymbol{A}^{\mathrm{T}}\boldsymbol{b}=\begin{bmatrix} \sum_{i=1}^{N}y_i \\ \sum_{i=1}^{N}x_iy_i \\ \vdots \\ \sum_{i=1}^{N}x_i^my_i \end{bmatrix} \tag{6-8}$$

正则方程组即为

$$\left.\begin{aligned} a_0N+a_1\sum_{i=1}^{N}x_i+a_2\sum_{i=1}^{N}x_i^2+\cdots+a_m\sum_{i=1}^{N}x_i^m &= \sum_{i=1}^{N}y_i \\ a_0\sum_{i=1}^{N}x_i+a_1\sum_{i=1}^{N}x_i^2+a_2\sum_{i=1}^{N}x_i^3+\cdots+a_m\sum_{i=1}^{N}x_i^{m+1} &= \sum_{i=1}^{N}x_iy_i \\ &\vdots \\ a_0\sum_{i=1}^{N}x_i^m+a_1\sum_{i=1}^{N}x_i^{m+1}+a_2\sum_{i=1}^{N}x_i^{m+2}+\cdots+a_m\sum_{i=1}^{N}x_i^{2m} &= \sum_{i=1}^{N}x_i^my_i \end{aligned}\right\} \tag{6-9}$$

求出方程组(6-7)的唯一解，将其代入拟合多项式 $y=\varphi(x)$ 即得所求多项式。

定理 6-4 设 x_1，x_2，…，x_N 互异，且 $N>m+1$，则正则方程组(6-7)有唯一的解。

证明 式(6-6)的系数矩阵 $\boldsymbol{A}$ 是 $N\times(m+1)$ 矩阵，记 $\boldsymbol{A}$ 的前 $m+1$ 行构成 $m+1$ 阶子矩阵

$$\boldsymbol{A}_1=\begin{bmatrix} 1 & x_1 & x_1^2 & \cdots & x_1^m \\ 1 & x_2 & x_2^2 & \cdots & x_2^m \\ \vdots & \vdots & \vdots & & \vdots \\ 1 & x_{m+1} & x_{m+1}^2 & \cdots & x_{m+1}^m \end{bmatrix}$$

$\boldsymbol{A}_1$ 的行列式为范德蒙行式

$$\det\boldsymbol{A}_1=\prod_{m+1\geqslant i>j\geqslant 1}(x_i-x_j)$$

因为 x_1，x_2，…，x_N 互异，所以 $\det\boldsymbol{A}_1\neq 0$，故 $\mathrm{rank}\boldsymbol{A}=m+1$。于是对任意给的 $\boldsymbol{m}+1$ 维非零列向量 $\boldsymbol{X}$，都有 $\boldsymbol{A}\boldsymbol{x}\neq 0$，由

$$\boldsymbol{x}^{\mathrm{T}}\boldsymbol{A}^{\mathrm{T}}\boldsymbol{A}\boldsymbol{x}=(\boldsymbol{A}\boldsymbol{x})^{\mathrm{T}}(\boldsymbol{A}\boldsymbol{x})>0$$

知 $\boldsymbol{A}^{\mathrm{T}}\boldsymbol{A}$ 为对称正定矩阵，从而 $\boldsymbol{A}^{\mathrm{T}}\boldsymbol{A}$ 非奇异。因此，正则方程组(6-7)的解存在且唯一。

在计算正则方程组的系数矩阵时，只需要计算这些数据 n，$\sum_{i=1}^{n} x_i$，$\sum_{i=1}^{n} x_i^2$，…，$\sum_{i=1}^{n} x_i^m$，$\sum_{i=1}^{n} x_i^{m+1}$，…，$\sum_{i=1}^{n} x_i^{2m}$，然后按上述顺序排列即可，这样可以节约计算量。

利用多项式作最小二乘数据拟合的具体步骤如下：

(1) 计算正则方程组的系数矩阵和常数项的各元素：

$$\sum_{i=1}^{n} x_i^0 = n,\ \sum_{i=1}^{n} x_i,\ \sum_{i=1}^{n} x_i^2,\ \cdots,\ \sum_{i=1}^{n} x_i^{2m}$$

$$\sum_{i=1}^{n} y_i,\ \sum_{i=1}^{n} y_i x_i,\ \sum_{i=1}^{n} y_i x_i^2,\ \cdots,\ \sum_{i=1}^{n} y_i x_i^m$$

(2) 利用改进的平方根法或迭代法求正则方程组的解 a_0^*，a_1^*，…，a_m^*，则最小二乘数据拟合多项式为

$$P(x)=a_0^*+a_1^*x+a_2^*x^2+\cdots+a_m^*x^m$$

例 6-2　已知实验数据如表 6-1 所示，试用最小二乘法求它的二次拟合多项式。

表 6-1　实 验 数 据

i	0	1	2	3	4	5	6	7	8
x_i	1	3	4	5	6	7	8	9	10
y_i	10	5	4	2	1	1	2	3	4

解　通过绘图描点得知，函数的图形近似为抛物线。故设拟合曲线方程为

$$y=a_0+a_1x+a_2x^2$$

计算正则方程组的系数如表 6-2 所示。

表 6-2　方程组系数表

i	x_i	y_i	x_i^2	x_i^3	x_i^4	x_iy_i	$x_i^2y_i$
0	1	10	1	1	1	10	10
1	3	5	9	27	81	15	45
2	4	4	16	64	256	16	64
3	5	2	25	125	625	10	50
4	6	1	36	216	1296	6	36
5	7	1	49	343	2401	7	49
6	8	2	64	512	4096	16	128
7	9	3	81	729	6561	27	243
8	10	4	100	1000	10000	40	400
$\sum$	53	32	381	3017	25317	147	1025

得到正则方程组

$$\begin{bmatrix} 9 & 52 & 381 \\ 52 & 381 & 3017 \\ 381 & 3017 & 25317 \end{bmatrix} \begin{bmatrix} a_0 \\ a_1 \\ a_2 \end{bmatrix} = \begin{bmatrix} 32 \\ 147 \\ 1025 \end{bmatrix}$$

解得 $a_0=13.4597$，$a_1=-3.6053$，$a_2=0.2676$，故拟合多项式为

$$y=13.4597-3.6053x+0.2676x^2$$

例 6-3 测得铜导线在温度 T_i(℃)时的电阻 R_i(Ω)见表 6-3，求电阻 R 与温度 T 的近似函数关系。

表 6-3 实验数据

i	0	1	2	3	4	5	6
T_i/℃	19.1	25.0	30.1	36.0	40.0	45.1	50.0
R_i/Ω	76.30	77.80	79.25	80.80	82.35	83.90	85.10

解 画出散点图，见图 6-1。

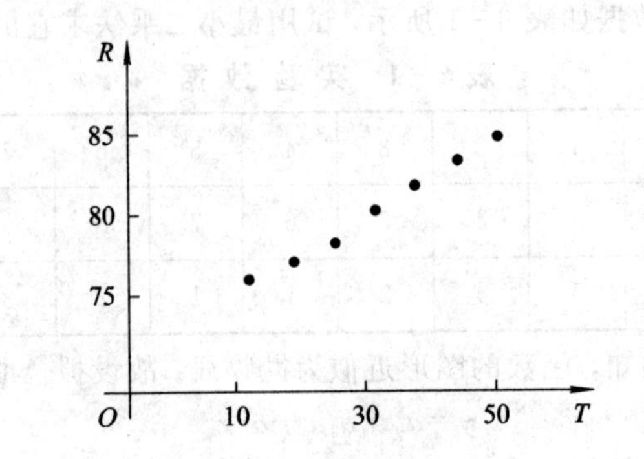

图 6-1 散点图

可见测得的数据接近一条直线，故取 $n=1$，拟合函数为

$$R=a_0+a_1T$$

计算正则方程组的系数如表 6-4 所示。

表 6-4 方程组系数

i	T_i	R_i	T_i^2	T_iR_i
0	19.1	76.30	364.81	1457.330
1	25.0	77.80	625.00	1945.000
2	30.1	79.25	906.01	2385.425
3	36.0	80.80	1296.00	2908.800
4	40.0	82.35	1600.00	3294.000
5	45.1	83.90	2034.01	3783.890
6	50.0	85.10	2500.00	4255.000
$\sum$	245.3	565.5	9325.83	20029.445

得到正则方程组

$$\begin{bmatrix} 7 & 245.3 \\ 245.3 & 9325.83 \end{bmatrix} \begin{bmatrix} a_0 \\ a_1 \end{bmatrix} = \begin{bmatrix} 565.5 \\ 20\,029.445 \end{bmatrix}$$

解得 $a_0=70.572$，$a_1=0.921$，故得 R 与 T 的拟合直线为

$$R=70.572+0.921T$$

利用上述关系式，可以预测不同温度时铜导线的电阻值。

当拟合曲线 $\varphi(x)$ 中的待定常数不是线性形式时，如幂函数 $\varphi(x)=ax^b$、指数函数 $\varphi(x)=ae^{bx}$ 或对数函数 $\varphi(x)=a+b\ln x$ 时，需要首先进行适当变换，将其化为线性模型，然后利用最小二乘法去求解。

例 6-4　求形如 $y=ae^{bx}$(a、b 为常数)的经验公式，使它能和表 6-5 给出的数据相拟合。

分析　经验公式中待定常数 a、b 是非线性形式，如果按多项式拟合的方法做，将得到难以求解的非线性方程组。对经验公式进行变量替换，转化为待定常数的线性形式，再用最小二乘法计算。

表 6-5　实验数据

x	1	2	3	4	5	6	7	8
y	15.3	20.5	27.4	36.6	49.1	65.6	87.8	117.6

解　对经验公式 $y=ae^{bx}$ 两边取常用对数有 $\lg y=\lg a+bx\lg e$。令 $u=\lg y$，$A=\lg a$，$B=b\lg e$，则有

$$u=A+BX$$

这样即将原来的指数型拟合问题转化为一次多项式拟合问题，为了得出正则方程组，需要计算出以下数值：

$$\sum_{i=1}^{8}x_i=36\quad \sum_{i=1}^{8}u_i=419.8$$

$$\sum_{i=1}^{8}\lg y_i=13.018\ 90,\ \sum_{i=1}^{8}x_iu_i=63.895\ 95$$

$$\sum_{i=1}^{8}x_i^2=204$$

求解方程组

$$\begin{cases}8A+36B=13.0189\\36A+204B=63.895\ 95\end{cases}$$

得到 $A=1.058\ 337$，$B=0.126\ 45$，$a=11.437\ 76$，$b=0.291\ 162$，因此经验公式为 $y=11.437\ 76e^{0.291162x}$。

6.5　曲线拟合的最小二乘算法设计

1. 曲线拟合的最小二乘算法的基本思想

已知数据对 $(x_j,\ y_j)$　$(j=1,\ 2,\ \cdots,\ n)$。求多项式

$$P(x)=\sum_{i=0}^{m}a_ix^i\quad (m<n)$$

使得 $\Phi(a_0,\ a_1,\ \cdots,\ a_m)=\sum_{j=1}^{n}\left(\sum_{i=0}^{m}a_ix_j^i-y_j\right)^2$ 为最小。

注意到此时 $\varphi_k(x)=x^k$，多项式系数 a_0，a_1，…，a_m 满足下面的线性方程组：

$$\begin{bmatrix} S_0 & S_1 & \cdots & S_m \\ S_0 & S_1 & \cdots & S_m \\ \vdots & \vdots & & \vdots \\ S_0 & S_1 & \cdots & S_m \end{bmatrix} \begin{bmatrix} a_0 \\ a_1 \\ \vdots \\ a_m \end{bmatrix} = \begin{bmatrix} T_0 \\ T_1 \\ \vdots \\ T_m \end{bmatrix}$$

其中 $S_k=\sum_{j=1}^{n} x_j^k \quad (k=0, 1, 2, \cdots, 2m)$，$T_k=\sum_{j=1}^{n} y_j x_j^k \quad (k=0, 1, 2, \cdots, m)$，直接调用解线性方程组的函数程序。

- 输入参数：$(x_j, y_j)(j=1, 2, \cdots, n)$。
- 输出参数：拟合多项式 $P(x)$。
- 算法描述：

Step 1：输入数据对 $(x_j, y_j) \quad (j=1, 2, \cdots, n)$。

Step 2：计算 $S_k=\sum_{j=1}^{n} x_j^k \quad (k=0, 1, 2, \cdots, 2m)$。

Step 3：计算 $T_k=\sum_{j=1}^{n} y_j x_j^k \quad (k=0, 1, 2, \cdots, m)$。

Step 4：解线性方程组 $\begin{bmatrix} S_0 & S_1 & \cdots & S_m \\ S_0 & S_1 & \cdots & S_m \\ \vdots & \vdots & & \vdots \\ S_0 & S_1 & \cdots & S_m \end{bmatrix} \begin{bmatrix} a_0 \\ a_1 \\ \vdots \\ a_m \end{bmatrix} = \begin{bmatrix} T_0 \\ T_1 \\ \vdots \\ T_m \end{bmatrix}$。

Step 5：求得 a_0，a_1，…，a_m，得出拟合多项式 $P(x)=\sum_{i=0}^{m} a_i x^i (m<n)$。

2. N－S 流程图

曲线拟合的最小二乘法算法的 N－S 流程图如图 6－2 所示。

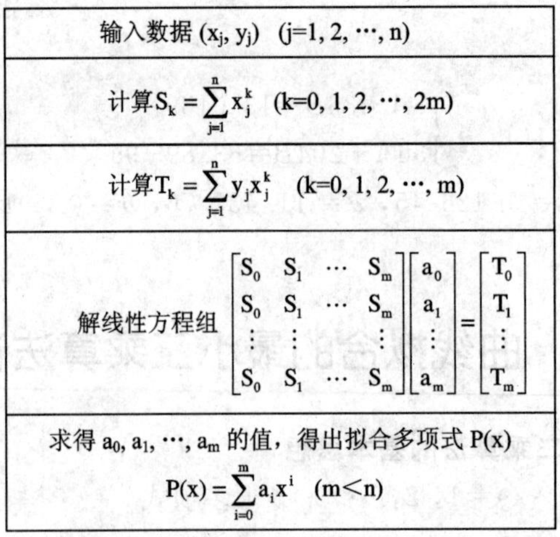

输入数据 $(x_j, y_j) \quad (j=1, 2, \cdots, n)$
计算 $S_k=\sum_{j=1}^{n} x_j^k \quad (k=0, 1, 2, \cdots, 2m)$
计算 $T_k=\sum_{j=1}^{n} y_j x_j^k \quad (k=0, 1, 2, \cdots, m)$
解线性方程组 $\begin{bmatrix} S_0 & S_1 & \cdots & S_m \\ S_0 & S_1 & \cdots & S_m \\ \vdots & \vdots & & \vdots \\ S_0 & S_1 & \cdots & S_m \end{bmatrix} \begin{bmatrix} a_0 \\ a_1 \\ \vdots \\ a_m \end{bmatrix} = \begin{bmatrix} T_0 \\ T_1 \\ \vdots \\ T_m \end{bmatrix}$
求得 $a_0, a_1, \cdots, a_m$ 的值，得出拟合多项式 $P(x)$ $P(x)=\sum_{i=0}^{m} a_i x^i \quad (m<n)$

图 6－2　曲线拟合的最小二乘法的 N－S 流程图

6.6　算例分析

例 1　求矛盾方程组 $\begin{bmatrix} 1 & 0 & 0 \\ 0 & 1 & 0 \\ 0 & 0 & 1 \\ -1 & 1 & 0 \\ 0 & -1 & 1 \\ -1 & 0 & 1 \end{bmatrix}\begin{bmatrix} x_1 \\ x_2 \\ x_3 \end{bmatrix}=\begin{bmatrix} 1 \\ 2 \\ 3 \\ 1 \\ 2 \\ 1 \end{bmatrix}$ 的最小二乘解。

解　矛盾方程组的矩阵形式为 $\boldsymbol{Ax}=\boldsymbol{b}$，$\boldsymbol{A}$ 是 6×3 的矩阵，$N=6$，$n=3$，因为 $\text{rank}\boldsymbol{A}=3$，所以最小二乘解存在。正则方程组 $\boldsymbol{A}^{\mathrm{T}}\boldsymbol{Ax}=\boldsymbol{A}^{\mathrm{T}}\boldsymbol{b}$，即

$$\begin{bmatrix} 3 & -1 & -1 \\ -1 & 3 & -1 \\ -1 & -1 & 3 \end{bmatrix}\begin{bmatrix} x_1 \\ x_2 \\ x_3 \end{bmatrix}=\begin{bmatrix} -1 \\ 1 \\ 6 \end{bmatrix}$$

解得 $x_1=5/4$，$x_2=7/4$，$x_3=3$。

例 2　试用最小二乘法求形如 $y=a+bx^2$ 的多项式，使其与下列数据相拟合(计算取 3 位小数)：

x_i	19	25	31	28	44
y_i	19.0	32.3	49.0	73.3	97.8

解　设拟合曲线为二次多项式 $y=a+bx^2$，计算下列元素：

$$n=5,\ \sum_{i=1}^{5}x_i^2=5327,\ \sum_{i=1}^{5}x_i^4=7\,277\,699,\ \sum_{i=1}^{5}y_i=271.4,\ \sum_{i=1}^{5}x_i^2y_i=369\,321.5$$

得到正则方程组

$$\begin{bmatrix} 5 & 5327 \\ 5327 & 7\,277\,699 \end{bmatrix}\begin{bmatrix} a \\ b \end{bmatrix}=\begin{bmatrix} 271.4 \\ 369\,321.5 \end{bmatrix}$$

解得 $a=0.973$，$b=0.050$，所以 $y=0.973+0.050x^2$。

例 3　用最小二乘法求一个形如 $y=\varphi(x)=a+b\ln x$ 的经验公式，使其与下列数据相拟合(计算取 4 位小数)：

x_i	1	2	3	4
y_i	2.5	3.4	4.1	4.4

解　令 $\ln x=X$，则　$y=\varphi(x)=a+bX$，计算下列元素：

$$n=4,\ \sum_{i=1}^{4}X_i=3.178,\ \sum_{i=1}^{4}X_i^2=3.609\,14,\ \sum_{i=1}^{4}y_i=14.4,\ \sum_{i=1}^{4}X_iy_i=12.9605$$

得到正则方程组

$$\begin{bmatrix} 4 & 3.178 \\ 3.178 & 3.609\,14 \end{bmatrix}\begin{bmatrix} a \\ b \end{bmatrix}=\begin{bmatrix} 14.4 \\ 12.9605 \end{bmatrix}$$

解得 $a=2.496$，$b=1.402$，所以 $y=\varphi(x)=2.49+1.402\ln x$。

例 4　设一发射源的发射强度公式为 $I=I_0\mathrm{e}^{-at}$，测得 I 与 t 的数据如下：

t_i	0.2	0.3	0.4	0.5	0.6	0.7	0.8
I_i	3.16	2.38	1.75	1.34	1.00	0.74	0.56

解　对公式 $I=I_0\mathrm{e}^{-at}$ 两边取常用对数有 $\lg I=\lg I_0-at\lg\mathrm{e}$。令 $u=\lg I$，$A=\lg I_0$，$B=-a\lg\mathrm{e}$，则得线性模型 $u=A+Bt$，计算下列元素：

$$n=7,\ \sum_{i=1}^{7}t_i=3.5,\ \sum_{i=1}^{7}t_i^2=2.03,\ \sum_{i=1}^{7}u_i=0.8638,\ \sum_{i=1}^{7}t_iu_i=0.080\ 67$$

得到正则方程组

$$\begin{bmatrix}7 & 3.5\\3.5 & 2.03\end{bmatrix}\begin{bmatrix}A\\B\end{bmatrix}=\begin{bmatrix}0.8638\\0.080\ 67\end{bmatrix}$$

解得 $A=0.7509$，$B=-1.2546$，即 $I_0=5.635$，$a=2.889$，所以 $I=5.635\mathrm{e}^{-2.889t}$。

本章小结

曲线拟合的最小二乘法是计算机数据处理的重要内容，也是函数逼近的另一种重要方法，它在工程技术中有着广泛的应用，都是实用性较强的方法。从函数角度来看，它是根据函数表求函数的近似表达式问题，也即函数逼近问题；而从几何角度来看，它是一种根据一列数据点求曲线的近似问题，属于曲线拟合问题，通过依据“偏差平方和最小”的准则选取近似函数。

本章重点介绍了矛盾方程组的最小二乘求解方法，并介绍了用多项式作最小二乘曲线拟合的方法，针对大量实验数据采用最小二乘拟合曲线，首先通过草图观察确定所选取的拟合曲线类型，再以计算其最小二乘偏差最小为目标，给出其最终的近似拟合曲线。

习　题

1. 何谓最小二乘原理？为什么要研究最小二乘原理？
2. 用最小二乘法求函数近似表达式的一般步骤是什么？
3. 最小二乘法求函数近似表达式与插值函数求近似式有何区别？
4. 最小二乘问题的正则方程组是如何构造出来的？它是否存在唯一解？
5. 何谓矛盾方程组？如何求解？
6. 已知如下函数表：

x	−2	−1	0	1	2
y	0	1	2	1	0

试用二次多项式 $p(x)=a_0+a_1x+a_2x^2$ 拟合这组数据。

7. 求矛盾方程组 $\begin{cases}x_1-x_2=1\\-x_1+x_2=2\\2x_1-2x_2=3\\-3x_1+x_2=4\end{cases}$ 的最小二乘解。

8. 通过实验获得数据如下：

x_i	1.0	1.4	1.8	2.2	2.6
y_i	0.931	0.473	0.297	0.224	0.168

试求形如 $y=\dfrac{1}{a+bx}$ 的拟合函数。

9. 求形如 $y=ae^{bx}$（a、b 为常数，且 $a>0$）的经验公式，使它能和下表数据拟合（计算取4位小数）。

x_i	1.00	1.25	1.50	1.75	2.00
y_i	5.10	5.79	6.53	7.45	8.46

10. 用下表数据做一次多项式最小二乘逼近 $y=ax+b$。

x	−2	−1	0	1	2
y	0	0.2	0.5	0.8	1

11. 已知一组实验数据：

x	2	3	4	6
y	0.760	0.340	0.190	0.085

试用最小二乘法确定拟合公式 $y=ax^b$。

12. 函数值如下表所示，要求用公式 $y=a+bx^3$ 拟合所给数据，试确定拟合公式中的 a 和 b。

x	−3	−2	−1	0	1	2	3
y	−1.76	0.42	1.20	1.34	1.43	2.25	4.38

13. 设有某实验数据如下表所示，试用最小二乘法求一次多项式拟合这些数据。

x	165	123	150	123	141
y	187	126	172	125	148

第 7 章 积分与微分的数值方法

在理论研究和具体实验中经常需要计算定积分。牛顿—莱布尼兹公式就是计算定积分的一种有效工具，如对定积分 $I=\int_a^b f(x)\mathrm{d}x$，若 $f(x)$在区间$[a, b]$上连续，且 $f(x)$的原函数为 $F(x)$，则依据牛顿—莱布尼兹公式可计算定积分：

$$I=\int_a^b f(x)\mathrm{d}x=F(b)-F(a)$$

但在工程计算和科学研究中，经常会遇到被积函数 $f(x)$的下列情况：

(1) $f(x)$本身形式复杂，求原函数非常困难，例如 $f(x)=\sqrt{ax^2+bx+c}$；

(2) $f(x)$的原函数不能以初等函数形式表示，例如 $f(x)=\frac{1}{\ln x}$，e^{-x^2}，$\sin x^2$，$\frac{\sin x}{x}$；

(3) $f(x)$虽有初等函数形式表示的原函数，但其原函数形式相当复杂，例如 $F(x)=\frac{1}{1+x^4}$；

(4) $f(x)$本身没有解析表达式，其函数关系由表格或图形给出。

以上情况都不能用牛顿—莱布尼兹公式方便地计算该函数的定积分，满足不了实际需求。因此，有必要研究定积分的数值计算问题；另外，一些函数的求导、微分过程相当复杂，所以也有必要研究求导、微分的数值计算问题。本章主要介绍数值求积分和微分的方法。

7.1 梯形公式、辛甫生公式与柯特斯公式

7.1.1 梯形公式

在得出梯形公式的具体表达式之前，首先引入数值求积的基本思想和插值型求积公式。

当函数 $f(x)$为已知时，我们讨论如何计算定积分 $I=\int_a^b f(x)\mathrm{d}x$。为避开求原函数的困难，我们通过被积函数 $f(x)$的值来求出定积分的值。由积分中值定理：对于连续函数 $f(x)$，在$[a, b]$内存在一点 ξ，有

$$I=\int_a^b f(x)\mathrm{d}x=(b-a)f(\xi) \quad (a\leqslant\xi\leqslant b)$$

但 ξ 的值一般是不知道的，因而难以准确计算 $f(\xi)$ 的值。我们称 $f(\xi)$ 为 $f(x)$ 在区间$[a, b]$上的平均高度。若能对 $f(\xi)$ 提供一种近似算法，就可得到数值求积公式。最简单的形式有左矩形公式 $I=\int_a^b f(x)\mathrm{d}x\approx(b-a)f(a)$、右矩形公式 $I=\int_a^b f(x)\mathrm{d}x\approx(b-a)f(b)$

和中矩形公式 $I=\int_a^b f(x)\mathrm{d}x \approx (b-a)f\left(\frac{a+b}{2}\right)$。

更一般地，根据 $f(x)$ 在 $[a, b]$ 内 $n+1$ 个节点 x_i 处的高度 $f(x_i)(i=0, 1, \cdots, n)$，通过加权平均的方法近似得出平均高度 $f(\xi)$，这类数值求积公式的一般形式为

$$I=\int_a^b f(x)\mathrm{d}x \approx \sum_{i=0}^{n} A_i f(x_i) \tag{7-1}$$

我们称 x_i 为求积节点，称 A_i 为求积系数(或节点 x_i 的权)。记

$$R_n[f]=\int_a^b f(x)\mathrm{d}x-\sum_{i=0}^{n} A_i f(x_i) \tag{7-2}$$

称 $R_n[f]$ 为求积公式(7-1)的截断误差。

这类求积方法通常称为机械求积方法，其特点是直接利用某些节点上的函数值计算积分，从而将积分求值问题转化为函数值的计算问题，避免了利用牛顿—莱布尼兹公式计算时求原函数的尴尬。

用拉格朗日多项式 $L_n(x)$ 作为 $f(x)$ 的近似函数。设 $[a, b]$ 上的节点为

$$a=x_0<x_1<\cdots<x_n=b$$

则有 $L_n(x)=\sum_{i=0}^{n} l_i(x)f(x_i)$，其中 $l_i(x)=\prod_{\substack{j=0\\j\neq i}}^{n}\frac{x-x_j}{x_i-x_j}$，则计算定积分时，有

$$\begin{aligned}I&=\int_a^b f(x)\mathrm{d}x \approx \int_a^b L_n(x)\mathrm{d}x=\int_a^b \sum_{i=0}^{n} l_i(x)f(x_i)\mathrm{d}x\\&=\sum_{i=0}^{n}\left\{\int_a^b l_i(x)\mathrm{d}x\right\}f(x_i)\end{aligned}$$

记

$$A_i=\int_a^b l_i(x)\mathrm{d}x \tag{7-3}$$

则有公式

$$I=\int_a^b f(x)\mathrm{d}x \approx \sum_{i=0}^{n} A_i f(x_i) \tag{7-4}$$

上式中 A_i 只与插值节点 x_i 有关，而与被积函数 $f(x)$ 无关。称式(7-4)为插值型求积公式。

由拉格朗日插值余项可知，公式(7-4)的截断误差为

$$R_n[f]=\int_a^b [f(x)-L_n(x)]\mathrm{d}x=\frac{1}{(n+1)!}\int_a^b f^{(n+1)}(\xi_x)\omega_{n+1}(x)\mathrm{d}x \tag{7-5}$$

其中 $\omega_{n+1}(x)=\prod_{i=0}^{n}(x-x_i)$，$\xi_x \in (a, b)$。

在插值型求积公式(7-4)中，取等距节点，将区间 $[a, b]$ 分成 n 等份，记节点 $x_i=a+ih$ $(i=0, 1, \cdots, n)$，$h=\frac{b-a}{n}$。这样，计算 A_i 的公式(7-3)在作变量替换 $x=a+th$ 后可简化为

$$\begin{aligned}A_i&=\int_a^b \prod_{\substack{j=0\\j\neq i}}^{n}\frac{x-x_j}{x_i-x_j}\mathrm{d}x=h\int_0^n \prod_{\substack{j=0\\j\neq i}}^{n}\frac{(t-j)}{(i-j)}\mathrm{d}t\\&=\frac{b-a}{n}\frac{(-1)^{n-i}}{i!(n-i)!}\int_0^n \prod_{\substack{j=0\\j\neq i}}^{n}(t-j)\mathrm{d}t\end{aligned}$$

记

$$C_i^{(n)} = \frac{1}{n}\frac{(-1)^{n-i}}{i!(n-i)!}\int_0^n \prod_{\substack{j=0\\ j\neq i}}^{n}(t-j)\mathrm{d}t \tag{7-6}$$

则有

$$A_i = (b-a)C_i^{(n)} \tag{7-7}$$

且

$$I = \int_a^b f(x)\mathrm{d}x \approx (b-a)\sum_{i=0}^{n} C_i^{(n)} f(x_i) \tag{7-8}$$

上式中 $C_i^{(n)}$ 是不依赖于 $f(x)$ 和区间 $[a, b]$ 的常数，称公式(7-8)为牛顿—柯特斯公式，$C_i^{(n)}$ 称为柯特斯系数。

由公式(7-6)可知柯特斯系数具有以下性质：

(1) $C_i^{(n)} = C_{n-i}^{(n)}$（对称性）；

(2) $\sum_{i=0}^{n} C_i^{(n)} = 1$（权性）。

$n = 1$ 时，

$$C_0^{(1)} = C_1^{(1)} = \int_0^1 t\mathrm{d}t = \frac{1}{2}$$

则

$$I = \int_a^b f(x)\mathrm{d}x \approx \frac{b-a}{2}[f(a) + f(b)] \tag{7-9}$$

公式(7-9)称为梯形公式。

7.1.2 辛甫生公式

当 $n=2$ 时，

$$C_0^{(2)} = C_2^{(2)} = \frac{1}{4}\int_0^2 t(t-1)\mathrm{d}t = \frac{1}{6},\ C_1^{(2)} = \frac{1}{4}\int_0^2 t(t-2)\mathrm{d}t = \frac{4}{6}$$

$$I = \int_a^b f(x)\mathrm{d}x \approx \frac{b-a}{6}\left[f(a) + 4f\left(\frac{a+b}{2}\right) + f(b)\right] \tag{7-10}$$

公式(7-10)称为辛甫生公式，也叫抛物公式。

7.1.3 柯特斯公式

当 $n=4$ 时，类似地，

$$\begin{aligned} I &= \int_a^b f(x)\mathrm{d}x \\ &\approx \frac{(b-a)}{90}[7f(x_0) + 32f(x_1) + 12f(x_2) + 32f(x_3) + 7f(x_4)] \end{aligned} \tag{7-11}$$

公式(7-11)称为柯特斯公式，$x_i = a + i\,\frac{(b-a)}{4}$ $(i=0, 1, \cdots, 4)$。

为了便于应用，将部分柯特斯系数列于表 7-1 中。

表 7-1　柯特斯系数列表

n	$C_i^{(n)}$								
1	$\frac{1}{2}$	$\frac{1}{2}$							
2	$\frac{1}{6}$	$\frac{4}{6}$	$\frac{1}{6}$						
3	$\frac{1}{8}$	$\frac{3}{8}$	$\frac{3}{8}$	$\frac{1}{8}$					
4	$\frac{7}{90}$	$\frac{32}{90}$	$\frac{12}{90}$	$\frac{32}{90}$	$\frac{7}{90}$				
5	$\frac{19}{288}$	$\frac{75}{288}$	$\frac{50}{288}$	$\frac{50}{288}$	$\frac{75}{288}$	$\frac{19}{288}$			
6	$\frac{41}{840}$	$\frac{216}{840}$	$\frac{27}{840}$	$\frac{272}{840}$	$\frac{27}{840}$	$\frac{216}{840}$	$\frac{41}{840}$		
7	$\frac{751}{17280}$	$\frac{3577}{17280}$	$\frac{1323}{17280}$	$\frac{2989}{17280}$	$\frac{2989}{17280}$	$\frac{1323}{17280}$	$\frac{3577}{17280}$	$\frac{751}{17280}$	
8	$\frac{989}{28350}$	$\frac{5888}{28350}$	$\frac{-928}{28350}$	$\frac{10496}{28350}$	$\frac{-4540}{28350}$	$\frac{10496}{28350}$	$\frac{-928}{28350}$	$\frac{5888}{28350}$	$\frac{989}{28350}$

从表 7-1 中可以看出，当 n 较大时，柯特斯系数较复杂，且出现负项，计算过程中的稳定性没有保证，因此一般较少使用。梯形公式、辛甫生公式和柯特斯公式只是最基本、最常用的求积公式，其截断误差可由下述定理给出。

定理 7.1　若 $f''(x)$在$[a, b]$上连续，则梯形公式(7-9)的截断误差为

$$R_1[f]=-\frac{(b-a)^3}{12}f''(\xi),\ \xi\in[a, b] \tag{7-12}$$

若 $f^{(4)}(x)$在$[a, b]$上连续，则辛甫生公式(7-10)的截断误差为

$$R_2[f]=-\frac{(b-a)^5}{2880}f^{(4)}(\xi)=-\frac{1}{90}\left(\frac{b-a}{2}\right)^5 f^{(4)}(\xi),\ \xi\in[a, b] \tag{7-13}$$

若 $f^{(6)}(x)$在$[a, b]$上连续，则柯特斯公式(7-11)的截断误差为

$$R_4[f]=-\frac{(b-a)^7}{1\,935\,360}f^{(6)}(\xi)=-\frac{8}{945}\left(\frac{b-a}{4}\right)^7 f^{(6)}(\xi),\ \xi\in[a, b] \tag{7-14}$$

例 7-1　分别利用梯形公式、辛甫生公式和柯特斯公式计算 $I=\int_{0.5}^{1}\sqrt{x}\,\mathrm{d}x$，并与精确值进行比较。

解　(1) 由梯形公式计算得到

$$I\approx\frac{0.5}{2}(\sqrt{0.5}+1)\approx 0.426\,776\,7$$

(2) 由辛甫生公式计算得到

$$I\approx\frac{0.5}{6}(\sqrt{0.5}+4\sqrt{0.75}+1)\approx 0.430\,934\,03$$

(3) 由柯特斯公式计算得到

$$I\approx\frac{0.5}{90}(7\sqrt{0.5}+32\sqrt{0.625}+12\sqrt{0.75}+32\sqrt{0.875}+7)\approx 0.430\,964\,07$$

精确值为

$I=\int_{0.5}^{1}\sqrt{x}\,\mathrm{d}x=\frac{2}{3}\sqrt{x^3}\,\Big|_{0.5}^{1}=0.430\,964\,41$，由此可知三种计算方法得到的结果分别

具有 2 位、4 位和 6 位有效数字。

7.1.4 柯特斯公式算法设计

1. 柯特斯公式算法的基本思想

当把区间$[a, b]$分成 4 等份时，$f(x)$在$[a, b]$上的积分值为

$$I=\int_a^b f(x)\mathrm{d}x \approx \frac{(b-a)}{90}[7f(x_0)+32f(x_1)+12f(x_2)+32f(x_3)+7f(x_4)]$$

上式中，$x_0=a$，$x_1=a+\frac{b-a}{4}=\frac{3a+b}{4}$，$x_2=a+2\times\frac{b-a}{4}=\frac{a+b}{2}$，$x_3=a+3\times\frac{b-a}{4}=\frac{a+3b}{4}$，$x_4=a+4\times\frac{b-a}{4}=b$。

- 输入参数：积分区间的左右边界 a、b；区间的等分数 $n=4$。
- 输出参数：$f(x)$在$[a, b]$上积分的近似值或失败信息。
- 算法步骤：

Step 1：计算 $f(x_i)$，$x_i=a+i\cdot\frac{b-a}{4}(i=0, 1, \cdots, 4)$。

Step 2：计算$\frac{(b-a)}{90}[7f(x_0)+32f(x_1)+12f(x_2)+32f(x_3)+7f(x_4)]$。

Step 3：停止计算，输出 $f(x)$在$[a, b]$上积分的近似值或失败信息。

2. N-S 流程图

柯特斯公式算法求函数近似值的 N-S 流程图如图 7-1 所示。

```
输入区间等分数n=4，区间的两个端点 a 和 b
令fx=0
for(i=0;i<=4;i++)
    x[i]=a+i*(b－a)/4;
    y[i]=f(x[i]);
fx=(b－a)*(7*(y[0]+y[4])+32*(y[1]+y[3])+12*y[2])/90;
输出积分的近似值fx
```

图 7-1 柯特斯公式算法的 N-S 流程图

7.2 龙贝格求积公式

7.2.1 龙贝格公式

1. 复化求积公式

为提高数值积分的精确度，将区间$[a, b]$等分成 n 个子区间，在每个子区间上用基本求积公式，然后再累加得出新的求积公式。这样既可提高计算结果的精度，又使得算法易于实现。这种求积公式称为复化求积公式。

将区间$[a, b]$分成n等份，记分点$x_i=a+ih(i=0, 1, \cdots, n)$，$h=\frac{b-a}{n}$称为步长。子区间为$[x_{i-1}, x_i](i=1, 2, \cdots, n)$。

若在每个小区间$[x_{i-1}, x_i]$上应用梯形公式(7-9)，即

$$\int_{x_{i-1}}^{x_i} f(x)\mathrm{d}x \approx \frac{h}{2}[f(x_{i-1})+f(x_i)] \quad (i=1, 2, \cdots, n)$$

则有

$$I=\int_a^b f(x)\mathrm{d}x=\sum_{i=1}^{n}\int_{x_{i-1}}^{x_i} f(x)\mathrm{d}x \approx \frac{h}{2}\sum_{i=1}^{n}[f(x_{i-1})+f(x_i)]$$
$$=\frac{h}{2}\left[f(a)+2\sum_{i=1}^{n-1}f(x_i)+f(b)\right]=T_n \tag{7-15}$$

并称式(7-15)为复化梯形公式。

类似地，有复化辛甫生公式

$$S_n=\frac{h}{6}\left[f(a)+4\sum_{i=0}^{n-1}f(x_{i+\frac{1}{2}})+2\sum_{i=1}^{n-1}f(x_i)+f(b)\right] \tag{7-16}$$

以及复化柯特斯公式

$$C_n=\frac{h}{90}\left[7f(a)+32\sum_{i=0}^{n-1}f(x_{i+\frac{1}{4}})+12\sum_{i=0}^{n-1}f(x_{i+\frac{1}{2}})+32\sum_{i=0}^{n-1}f(x_{i+\frac{3}{4}})+14\sum_{i=1}^{n-1}f(x_i)+7f(b)\right] \tag{7-17}$$

其中，$x_{i+\frac{1}{2}}=x_i+\frac{h}{2}$，$x_{i+\frac{1}{4}}=x_i+\frac{h}{4}$，$x_{i+\frac{3}{4}}=x_i+\frac{3}{4}h$。

定理 7.2　设$f(x)$在区间$[a, b]$上具有连续的二阶导数，则复化梯形公式的截断误差为

$$R_{\mathrm{T}}[f]=-\frac{b-a}{12}h^2 f''(\eta), \ \eta \in (a, b) \tag{7-18}$$

证明　由定理7.1可知，在区间$[x_i, x_{i+1}]$上梯形公式的截断误差为

$$-\frac{h^3}{12}f''(\eta_i), \ \eta_i \in (x_i, x_{i+1})(i=0, 1, \cdots, n-1)$$

误差相加得$R_{\mathrm{T}}[f]=\int_a^b f(x)\mathrm{d}x-T_n=-\frac{h^3}{12}\sum_{i=0}^{n-1}f''(\eta_i)$，由于$f''(x)$在区间$[a, b]$上连续，所以在$[a, b]$内必存在一点$\eta$，使得$f''(\eta)=\frac{1}{n}\sum_{i=0}^{n-1}f''(\eta_i)$，于是有$R_{\mathrm{T}}[f]=-\frac{b-a}{12}h^2 f''(\eta)$，$\eta \in (a, b)$。

类似地，可推出复化辛甫生公式的截断误差为

$$R_{\mathrm{S}}[f]=-\frac{b-a}{2880}h^4 f^{(4)}(\eta), \ \eta \in (a, b) \tag{7-19}$$

以及复化柯特斯公式的截断误差为

$$R_{\mathrm{C}}[f]=-\frac{2(b-a)}{945}\left(\frac{h}{4}\right)^6 f^{(6)}(\eta), \ \eta \in (a, b) \tag{7-20}$$

2. 变步长求积公式

在使用复化求积公式时，必须事先给出合适的步长。但在许多实际问题中，有时导数

的绝对值上界很难估计，进而导致误差也不好估计。所以，在实际计算中，通常采用变步长的计算方法，即步长逐次分半，反复利用复化求积公式进行计算，并查看前后两次计算结果的误差是否达到要求，直到所求得的积分近似值满足预定的精度要求为止。下面以复化梯形公式为例，介绍变步长求积公式。

设求积区间$[a, b]$分为n等份，共有$n+1$个节点，由复化梯形公式得

$$T_n = \frac{h}{2}\left[f(a) + 2\sum_{i=1}^{n-1} f(x_i) + f(b)\right], h = \frac{b-a}{n}$$

若将求积区间再二分一次，分成$2n$个子区间，则有$2n+1$个节点。为了讨论二分前后两个积分值之间的关系，考察一个子区间$[x_i, x_{i+1}]$，其中点为$x_{i+\frac{1}{2}}$，该子区间上二分前后的两个积分值分别为$T_1 = \frac{h}{2}[f(x_i) + f(x_{i+1})]$及$T_2 = \frac{h}{4}[f(x_i) + 2f(x_{i+\frac{1}{2}}) + f(x_{i+1})]$，显然有

$$T_2 = \frac{1}{2}T_1 + \frac{h}{2}f(x_{i+\frac{1}{2}})$$

将这一关系式两边关于i由0到$n-1$累加求和，则得到下列关系式：

$$T_{2n} = \frac{1}{2}T_n + \frac{h}{2}\sum_{i=0}^{n-1} f(x_{i+\frac{1}{2}}) \tag{7-21}$$

上式即为二分前后区间$[a, b]$上积分值T_n与T_{2n}的递推公式。在计算T_{2n}时，T_n为已知数据，只需累加新增分点$x_{i+\frac{1}{2}}$的函数值$f(x_{i+\frac{1}{2}})$，使计算量节约一半。计算过程中，常用$|T_{2n} - T_n| < \varepsilon$作为是否满足计算精度的条件。若满足，则取$T_{2n}$为$I$的近似值；若不满足，则再将区间分半，直到满足要求为止。

3. 龙贝格求积公式

我们对递推化的梯形公式进行修正，希望提高该公式的收敛速度。由复化梯形公式的误差式(7-18)，有

$$\frac{I - T_{2n}}{I - T_n} = \frac{1}{4}\frac{f''(\eta_1)}{f''(\eta_2)}$$

若$f''(x)$在$[a, b]$上变化不大，即有$f''(\eta_1) \approx f''(\eta_2)$，则二分之后的误差是原先误差的$\frac{1}{4}$倍，即$\frac{I - T_{2n}}{I - T_n} \approx \frac{1}{4}$，可得

$$I \approx \frac{4}{3}T_{2n} - \frac{1}{3}T_n = \overline{T} \tag{7-22}$$

$\overline{T}$应当比T_{2n}更接近于积分值I。

事实上，容易验证$S_n = \overline{T}$，这说明二分前后的两个梯形公式值T_n和T_{2n}按式(7-22)组合，得出的是复化辛甫生公式的计算结果S_n。

类似地，由复化辛甫生公式将步长逐次分半，有

$$\frac{I - S_{2n}}{I - S_n} \approx \frac{1}{16}$$

可得

$$I \approx \frac{16}{15}S_{2n} - \frac{1}{15}S_n$$

也可验证右端即为复化柯特斯公式计算得到的值C_n，即

$$C_n \approx \frac{16}{15}S_{2n} - \frac{1}{15}S_n \tag{7-23}$$

同样，由复化柯特斯公式将步长逐次分半，有

$$\frac{I-C_{2n}}{I-C_n} \approx \frac{1}{64}$$

可得

$$I \approx \frac{64}{63}C_{2n} - \frac{1}{63}C_n$$

将该式右端记为

$$R_n = \frac{64}{63}C_{2n} - \frac{1}{63}C_n \tag{7-24}$$

得到龙贝格公式(7-24)。

在步长二分的过程中依次运用公式(7-22)、公式(7-23)和公式(7-24)修正三次，便把粗糙的梯形公式积分值 T_n 逐步加工成精度较高的龙贝格积分值 R_n，这种加速方法称为龙贝格算法。

例 7-2　计算积分 $I = \int_0^1 e^x dx$，若要求误差不超过 $\frac{1}{2} \times 10^{-4}$，分别用复化梯形公式和复化辛甫生公式计算，则至少各取多少个节点？

解　由 $f(x)=e^x$，$f''(x)=f^{(4)}(x)=e^x$，得 $\max\limits_{x\in[0,1]} |f''(x)| = \max\limits_{x\in[0,1]} |f^{(4)}(x)| = e$。

由式(7-18)得

$$|R_T[f]| \leqslant \frac{e}{12n^2} \leqslant \frac{1}{2} \times 10^{-4}$$

解得 $n>67.3$，故采用复化梯形公式 n 至少取 68，即需 69 个节点。

由式(7-19)得

$$|R_S[f]| \leqslant \frac{e}{2880n^4} \leqslant \frac{1}{2} \times 10^{-4}$$

解得 $n>2.1$，故用复化辛甫生公式 n 至少取 3，即需 7 个节点。

例 7-3　用龙贝格算法计算积分 $I = \int_0^1 \frac{4}{1+x^2} dx$，要求误差不超过 $\varepsilon = \frac{1}{2} \times 10^{-5}$(其精确值为 π)。

解　计算结果见表 7-2，故 $I \approx 3.141\,593$。

表 7-2　龙贝格计算结果列表

k	区间等分数 $n=2^k$	梯形序列 T_{2^k}	辛甫生序列 $S_{2^{k-1}}$	柯特斯序列 $C_{2^{k-2}}$	龙贝格序列 $R_{2^{k-3}}$
0	1	3			
1	2	3.1	3.133 333		
2	4	3.131 177	3.141 569	3.142 118	
3	8	3.138 989	3.141 593	3.141 595	3.141 586
4	16	3.140 942	3.141 593	3.141 593	3.141 593
5	32	3.141 430	3.141 593	3.141 593	3.141 593

7.2.2 龙贝格算法设计

1. 龙贝格算法的基本思想

在区间$[a, b]$上利用复化梯形公式计算得到积分的近似值T_n，再把各子区间分半，利用复化梯形公式计算得到积分的近似值T_{2n}，由T_n与T_{2n}可计算得到S_n。再把各子区间分半，计算得到S_{2n}，由S_n与S_{2n}可计算得到C_n。继续把各子区间分半，依次计算得到C_{2n}、R_n、R_{2n}，若$|R_{2n}-R_n|\leqslant\varepsilon$，则取积分近似值$I\approx R_{2n}$；否则重复上述过程，依次类推。

- 输入参数：积分区间的左右边界a、b；控制精度ε。
- 输出参数：$f(x)$在$[a, b]$上积分的近似值或失败信息。
- 算法步骤：

Step 1：计算$f(a)$和$f(b)$，并根据梯形公式计算T_1。

Step 2：将区间$[a, b]$分半，计算$f\left(\dfrac{a+b}{2}\right)$，并计算$T_2$和$S_1$。

Step 3：再把区间分半，计算T_4、S_2和C_1。

Step 4：把区间再次分半，计算T_8、S_4和C_2，并通过C_1和C_2计算R_1。

Step 5：将区间再次分半，继续计算T_{16}、S_8、C_4和R_2，若$|R_2-R_1|\leqslant\varepsilon$，输出$R_2$，停算；否则，继续把区间分半，重复上述计算过程。

Step 6：输出积分近似值R_{2n}或错误信息，结束程序。

2. N-S流程图

龙贝格算法求函数近似值的N-S流程图如图7-2所示。

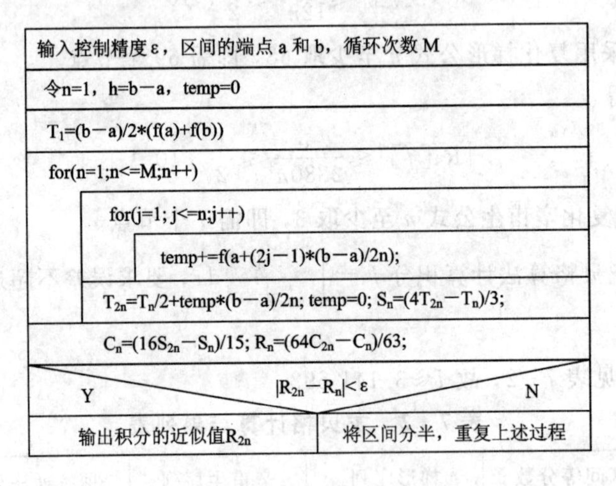

图7-2 龙贝格算法N-S流程图

7.3 高斯公式

7.3.1 高斯公式

1. 代数精确度

定义7.1 若求积公式$\int_a^b f(x)\mathrm{d}x\approx\sum\limits_{k=0}^{n}A_k f(x_k)$对于任意不高于$m$次的代数多项式都

准确成立，而对于 $m+1$ 次多项式却不能准确成立，则称该求积公式具有 m 次代数精确度。

由上述定义和积分性质可知，求积公式

$$\int_a^b f(x)\mathrm{d}x \approx \sum_{k=0}^{n} A_k f(x_k)$$

具有 m 次代数精确度的充要条件是，该公式对 $f(x)=1$，x，…，x^m 能准确成立，而对 $f(x)=x^{m+1}$ 不能准确成立。

可以验证，梯形公式

$$\int_a^b f(x)\mathrm{d}x \approx \frac{b-a}{2}[f(a)+f(b)]$$

对于 $f(x)=1$，x 准确成立，但对 $f(x)=x^2$ 却不准确成立，所以其代数精确度 $m=1$。

由插值型求积公式的余项(7-5)易得定理7.3。

定理 7.3　含有 $n+1$ 个节点 $x_i(i=0, 1, \cdots, n)$ 的插值型求积公式(7-4)的代数精确度至少为 n。

定理 7.4　牛顿—柯特斯公式(7-11)的代数精确度至少是 n。特别地，当 n 为偶数时，牛顿—柯特斯求积公式的代数精确度可以达到 $n+1$。

证明　这里主要证明定理的后半部分内容，前半部分证明从略。

当 $n=2k$ 时，公式对 $f(x)=x^{n+1}$ 精确成立，由误差 $R=\int_a^b \frac{f^{(n+1)}(\xi)}{(n+1)!}\omega_{n+1}(x)\mathrm{d}x$ 得

$$R=\int_a^b \omega_{n+1}(x)\mathrm{d}x$$

令 $x=a+th$，则上式变成

$$R=h^{n+2}\int_0^n t(t-1)\cdots(t-n)\mathrm{d}t$$

令 $n=2k$，则上式为

$$R=h^{n+2}\int_0^{2k} t(t-1)\cdots(t-k)(t-k-1)\cdots(t-2k+1)(t-2k)\mathrm{d}t$$

设 $u=t-k$，则

$$R=h^{n+2}\int_{-k}^{k}(u+k)(u+k-1)\cdots u(u-1)\cdots(u-k+1)(u-k)\mathrm{d}u$$

再令 $H(u)=(u+k)(u+k-1)\cdots u(u-1)\cdots(u-k+1)(u-k)$，则

$$H(-u)=(-1)^{2k+1}H(u)=-H(u)$$

即 $H(u)$ 是奇函数，故 $R=0$。这说明，当 n 为偶数时，牛顿—柯特斯求积公式的代数精确度可达 $n+1$。

辛甫生公式即 $n=2$ 时的牛顿—柯特斯公式，其代数精确度为3。

2. 高斯型求积公式

当节点等距时，插值型求积公式的代数精确度是 n 或者 $n+1$。若对节点适当选择，可提高插值型求积公式的代数精确度。对具有 $n+1$ 个节点的插值型求积公式，其代数精确度最高可达 $2n+1$。

定义 7.2　将 $n+1$ 个节点的具有 $2n+1$ 次代数精度的插值型求积公式

$$\int_a^b f(x)\mathrm{d}x \approx \sum_{k=0}^{n} A_k f(x_k) \tag{7-25}$$

称为高斯型求积公式，节点 x_k 称为高斯点，A_k 称为高斯系数。

下面主要讨论如何确定高斯型求积公式的高斯点 x_k 及高斯系数 A_k。

以 $\int_{-1}^{1} f(x)\mathrm{d}x$ 为例，一点高斯公式是中矩形公式 $\int_{-1}^{1} f(x)\mathrm{d}x \approx 2f(0)$，其高斯点为 $x_0 = 0$，系数 $A_0 = 2$。

现推导两点高斯公式 $\int_{-1}^{1} f(x)\mathrm{d}x \approx A_0 f(x_0) + A_1 f(x_1)$ 具有三次代数精度，即要求该公式对 $f(x) = 1, x, x^2, x^3$ 都准确成立，于是有

$$\begin{cases} A_0 + A_1 = 2 \\ A_0 x_0 + A_1 x_1 = 0 \\ A_0 x_0^2 + A_1 x_1^2 = \dfrac{2}{3} \\ A_0 x_0^3 + A_1 x_1^3 = 0 \end{cases}$$

解之得 $x_0 = -x_1 = -\dfrac{1}{\sqrt{3}}$，$A_0 = A_1 = 1$，则公式为

$$\int_{-1}^{1} f(x)\mathrm{d}x \approx f\left(-\frac{1}{\sqrt{3}}\right) + f\left(\frac{1}{\sqrt{3}}\right) \tag{7-26}$$

对任意求积区间$[a, b]$，可通过 $x = \dfrac{b-a}{2}t + \dfrac{b+a}{2}$ 将其变换到区间$[-1, 1]$上，这时

$$\int_a^b f(x)\mathrm{d}x = \frac{b-a}{2}\int_{-1}^{1} f\left(\frac{b-a}{2}t + \frac{b+a}{2}\right)\mathrm{d}t$$

相应的两点高斯型求积公式为

$$\int_a^b f(x)\mathrm{d}x \approx \frac{b-a}{2}\left[f\left(\frac{a-b}{2\sqrt{3}} + \frac{a+b}{2}\right) + f\left(\frac{b-a}{2\sqrt{3}} + \frac{b+a}{2}\right)\right] \tag{7-27}$$

更一般的高斯型求积公式虽可化为代数方程问题，但求解困难。因此下面给出高斯点的基本特性定理。

定理 7.5 节点 $x_k(k=0, 1, \cdots, n)$ 为高斯点的充要条件是以这些点为零点的多项式 $\omega_{n+1}(x) = \prod_{i=0}^{n}(x - x_i)$ 与任意的次数小于等于 n 的多项式 $P(x)$ 在$[a, b]$上正交，即

$$\int_a^b P(x)\omega_{n+1}(x)\mathrm{d}x = 0$$

证明 先证明必要性，设 $x_k(k=0, 1, \cdots, n)$ 是插值型求积公式的高斯点，$P(x)$ 是次数不超过 n 的多项式，则 $P(x)\omega_{n+1}(x)$ 是次数不超过 $2n+1$ 的多项式，由高斯点定义及

$$\omega_{n+1}(x_k) = 0 \quad (k=0, 1, \cdots, n)$$

有

$$\int_a^b P(x)\omega_{n+1}(x)\mathrm{d}x = \sum_{k=0}^{n} A_k P(x_k)\omega_{n+1}(x_k) = 0$$

再证充分性，设 $\omega_{n+1}(x)$ 与任意次数不超过 n 的多项式正交，并设 $f(x)$ 是任一次数不超过 $2n+1$ 的多项式，则必然存在次数不超过 n 的多项式 $P(x)$ 与 $Q(x)$，使得

$$f(x) = P(x)\omega_{n+1}(x) + Q(x)$$

由插值型求积公式至少具有 n 次代数精确度，且 $\omega_{n+1}(x_k) = 0(k=0, 1, \cdots, n)$，得

$$\begin{aligned}\int_a^b f(x)\mathrm{d}x &= \int_a^b P(x)\omega_{n+1}(x)\mathrm{d}x + \int_a^b Q(x)\mathrm{d}x \\ &= 0 + \int_a^b Q(x)\mathrm{d}x \\ &= \sum_{k=0}^{n} A_k Q(x_k) \\ &= \sum_{k=0}^{n} A_k [P(x_k)\omega_{n+1}(x_k) + Q(x_k)] \\ &= \sum_{k=0}^{n} A_k f(x_k)\end{aligned}$$

可见，求积公式至少具有 $2n+1$ 次代数精确度。而对于 $2n+2$ 次多项式

$$f(x)=\omega_{n+1}^2(x)$$

有$\int_a^b \omega_{n+1}^2(x)\mathrm{d}x > 0$。故求积公式的代数精确度是 $2n+1$，$x_k(k=0, 1, \cdots, n)$ 是高斯点。

由定理7.5可知：

(1) 具有 $n+1$ 个节点的插值型求积公式的代数精确度最高是 $2n+1$，因此，高斯型求积公式是代数精确度最高的求积公式。

(2) 定理给出了求高斯点的方法。寻找与任意的次数不超过 n 的多项式 $P(x)$ 在 $[a, b]$上正交的多项式

$$\omega_{n+1}(x) = \prod_{k=0}^{n}(x-x_k)$$

其零点 $x_k(k=0, 1, \cdots, n)$即为高斯点。

3. 勒让德(Legendre)多项式

以高斯点 $x_k(k=1, 2, \cdots, n)$为零点的 n 次多项式如下：

$$P_n(x) = \omega_n(x) = \prod_{k=1}^{n}(x-x_k) \tag{7-28}$$

式(7-28)称为勒让德多项式。

在区间$[-1, 1]$上，可以证明勒让德多项式为

$$P_n(x) = \frac{1}{2^n n!}\frac{\mathrm{d}^n}{\mathrm{d}x^n}[(x^2-1)^n] \tag{7-29}$$

由此得出

$$P_1(x)=x,\ P_2(x)=x^2-\frac{1}{3},\ P_3(x)=x^3-\frac{3}{5}x,\ P_4(x)=x^4-\frac{30}{35}x^2+\frac{3}{35},\ \cdots$$

这样，通过求勒让德多项式的零点就可得到高斯点 x_k，进而求出求积系数 A_k。例如三点高斯型求积公式为

$$\int_{-1}^{1} f(x)\mathrm{d}x \approx \frac{5}{9}f\left(-\sqrt{\frac{3}{5}}\right)+\frac{8}{9}f(0)+\frac{5}{9}f\left(\sqrt{\frac{3}{5}}\right) \tag{7-30}$$

可以证明，一点、两点、三点高斯型求积公式的代数精度分别为1、3、5。表7-3给出了高斯型求积公式的部分节点和系数。

表 7-3　高斯型求积公式部分节点、系数表

n	x_k	A_k
0	0	2
1	±0.577 350 269 2	1
2	±0.774 596 669 2	0.555 555 555 6
	0	0.888 888 888 9
3	±0.861 136 311 6	0.347 854 845 1
	±0.339 981 043 6	0.652 145 154 9
4	±0.906 179 845 9	0.236 926 885 1
	±0.538 469 310 1	0.478 628 670 5
	0	0.568 888 889
5	±0.932 469 514 2	0.171 324 492 4
	±0.661 209 386 5	0.360 761 573 0
	±0.238 619 186 1	0.467 913 934 6
6	±0.949 107 912 3	0.129 484 966 2
	±0.741 531 185 6	0.279 705 391 5
	±0.405 845 151 4	0.381 830 050 5
	0	0.417 959 183 7
7	±0.960 289 856 6	0.101 228 536 3
	±0.796 666 477 4	0.222 381 034 5
	±0.525 532 409 9	0.313 706 645 9
	±0.183 434 642 5	0.362 683 783 4

7.3.2　高斯公式的余项与收敛性

1. 高斯公式的余项

定理 7.6　设 $f(x)$在$[a, b]$内具有 $2n+2$ 阶导数，则高斯型求积公式的截断误差为

$$R[f]=\frac{f^{(2n+2)}(\xi)}{(2n+2)!}\int_a^b \omega_{n+1}^2(x)\mathrm{d}x \tag{7-31}$$

上式中，$\xi\in[a, b]$，$\omega_{n+1}(x)=\prod_{k=0}^{n}(x-x_k)$。

证明　设 $H_{2n+1}(x)$是满足插值条件

$$H_{2n+1}(x_i)=f(x_i),\ H'_{2n+1}(x_i)=f'(x_i)\quad(i=0, 1, \cdots, n)$$

的 $2n+1$ 次埃尔米特插值多项式，则由第 5 章可知，其插值余项为

$$f(x)-H_{2n+1}(x)=\frac{f^{(2n+2)}(\eta)}{(2n+2)!}\omega_{n+1}^2(x),\ \eta\in(a, b) \tag{7-32}$$

由于高斯型求积公式对于 $H_{2n+1}(x)$准确成立，所以

$$\int_a^b H_{2n+1}(x)\mathrm{d}x=\sum_{k=0}^{n}A_kH_{2n+1}(x_k)=\sum_{k=0}^{n}A_kf(x_k)$$

故有

$$\begin{aligned}R[f]&=\int_a^b f(x)\mathrm{d}x-\sum_{k=0}^{n}A_kf(x_k)\\&=\int_a^b f(x)\mathrm{d}x-\sum_{k=0}^{n}A_kH_{2n+1}(x)\\&=\int_a^b f(x)\mathrm{d}x-\int_a^b H_{2n+1}(x)\mathrm{d}x\\&=\int_a^b f(x)-H_{2n+1}(x)\mathrm{d}x\\&=\int_a^b\frac{f^{(2n+2)}(\eta)}{(2n+2)!}\omega_{n+1}^2(x)\mathrm{d}x\end{aligned}$$

因为 $\omega_{n+1}^2(x)$ 在 $[a, b]$ 上不变号，根据积分第二中值定理可得

$$R[f]=\frac{f^{(2n+2)}(\xi)}{(2n+2)!}\int_a^b \omega_{n+1}^2(x)\mathrm{d}x,\ \xi\in(a, b)$$

2. 高斯公式的收敛性

定理 7.7 高斯型求积公式(7-25)的系数 $A_k>0(k=0, 1, \cdots, n)$，即高斯型求积公式是稳定的。

(证明从略)

定理 7.8 设 $f\in C[a, b]$，则高斯型求积公式(7-25)是收敛的，即

$$\lim_{n\to\infty}I_n(f)=\int_a^b f(x)\mathrm{d}x$$

(证明从略)

高斯型求积公式具有计算精度较高的优点，但当求积节点数增加时，前面计算的函数值不可以在后面使用，并且在计算机上运算时，需要预先存入不同节点的相应节点值和系数表。为了避免这些缺点，有时也可将区间分割成若干个小区间，在每个小区间上应用低阶的高斯求积公式。

例 7-4 用三点高斯—勒让德求积公式计算积分 $\int_0^1 x^2\mathrm{e}^x\mathrm{d}x$ 和 $\int_1^3\frac{\mathrm{d}y}{y}$。

解 (1) 对积分 $\int_0^1 x^2\mathrm{e}^x\mathrm{d}x$，由题意知，

$$a=0,\ b=1$$

作变换

$$x=\frac{b-a}{2}t+\frac{b+a}{2}=\frac{1}{2}t+\frac{1}{2}$$

则

$$\int_0^1 x^2\mathrm{e}^x\mathrm{d}x=\frac{1}{2}\int_{-1}^1\left(\frac{1}{2}t+\frac{1}{2}\right)^2\mathrm{e}^{\frac{1}{2}t+\frac{1}{2}}\mathrm{d}t=\frac{1}{8}\int_{-1}^1(t+1)^2\mathrm{e}^{\frac{1}{2}(t+1)}\mathrm{d}t$$

由 $n=2$，查表得 x_0、x_1、x_2、A_0、A_1、A_2，把它们都代入，可得

$$\begin{aligned}\int_0^1 x^2\mathrm{e}^x\mathrm{d}x &\approx\frac{1}{8}[0.555\,556\times1.774\,597^2\times\mathrm{e}^{0.887\,298}+(1-0.774\,597)^2\times\mathrm{e}^{0.112\,702}\\ &\quad+0.888\,889\times\mathrm{e}^{0.5}]\\ &=0.718\,252\end{aligned}$$

本题的精确解为

$$\int_0^1 x^2\mathrm{e}^x\mathrm{d}x=\mathrm{e}-2=0.718\,281\,828$$

由此可见，求积公式的计算结果具有4位有效数字。

(2) 对积分 $\int_1^3\frac{\mathrm{d}y}{y}$，由题意知，$a=1$，$b=3$，作变换

$$x=\frac{b-a}{2}t+\frac{b+a}{2}=t+2$$

则

$$\int_1^3\frac{\mathrm{d}y}{y}=\int_{-1}^1\frac{1}{t+2}\mathrm{d}t$$

用三点公式，可得

$$\begin{aligned}\int_1^3 \frac{dy}{y} &= \int_{-1}^1 \frac{1}{t+2}dt \\ &\approx \left[0.555\,556\left(\frac{1}{2+0.774\,596\,7}+\frac{1}{2-0.774\,596\,7}\right)+0.888\,889\times\frac{1}{2+0}\right] \\ &= 1.098\,039\end{aligned}$$

本题的精确解为$\int_1^3 \frac{dy}{y}=\ln 3=1.098\,612\,289$，可见求积公式的计算结果具有4位有效数字。

7.4　数值微分

数值微分是根据函数在某些离散点的函数值，推算它在某点导数或高阶导数的近似值的方法。通常用差商代替微商，或者用一个可以近似代替该函数的较简单的可微函数(如多项式函数或样条函数等)的相应导数作为导数的近似值。例如，一些常用的数值微分公式(如两点公式、三点公式等)就是在等距步长下用插值多项式的导数作为原函数导数的近似值。此外，还可以采用待定系数法建立各阶导数的数值微分公式，并利用外推技术提高所求近似值的精确度。当函数可微性较差时，采用样条插值要比采用多项式插值进行数值微分更为适合。如果离散点上的数据带有不容忽视的随机误差，应该用曲线拟合代替函数插值，然后用拟合曲线的导数作为所求导数的近似值，这样可以大大减少随机误差。下面主要讨论数值微分的差商型求导公式和插值型求导公式。

7.4.1　差商型求导公式

数值微分可统一表述为：给定函数表$(x_i,\ f(x_i))(i=0,\ 1,\ \cdots,\ n)$或$(x_i,\ y_i)(i=0,\ 1,\ \cdots,\ n)$，求函数$f(x)$在节点$x_i$处的导数值。

最简单的数值微分公式建立是用节点x_k处的差商代替微商。若为等距节点，设$h=x_{k+1}-x_k$，则有

$$f'(x_k)=\frac{f(x_k+h)-f(x_k)}{h}+O(h)\approx\frac{f(x_{k+1})-f(x_k)}{h} \qquad (7-33)$$

$$f'(x_k)=\frac{f(x_k)-f(x_k-h)}{h}+O(h)\approx\frac{f(x_k)-f(x_{k-1})}{h} \qquad (7-34)$$

$$f'(x_k)=\frac{f(x_k+h)-f(x_k-h)}{2h}+O(h)\approx\frac{f(x_{k+1})-f(x_{k-1})}{2h} \qquad (7-35)$$

公式(7-30)、公式(7-31)和公式(7-32)分别称为数值微分的向前差商、向后差商和中心差商公式。

类似地，可得到

$$f''(x_k)=\frac{f(x_{k+1})-2f(x_k)+f(x_{k-1})}{h^2}+O(h)$$

以上数值微分公式形式简洁，可利用节点值快速计算节点处的导数值，但精度较低，在实际计算中，步长h应较小。

7.4.2　插值型求导公式

利用数据表构造函数 $f(x)$ 的插值多项式 $P_n(x)$，并取 $P_n{}'(x)$ 的值作为 $f'(x)$ 的近似值，这样建立的数值公式 $f'(x)\approx P_n{}'(x)$ 称为插值型求导公式。

设 $P_n(x)$ 是满足插值条件

$$P_n(x_i)=f(x_i)\quad (i=0, 1, \cdots, n)$$

的多项式，则余项为

$$f(x)-P_n(x)=\frac{f^{(n+1)}(\xi)}{(n+1)!}\omega_{n+1}(x)$$

上式中，ξ 是 x 的函数，对其求导得

$$f'(x)-P_n{}'(x)=\frac{f^{(n+1)}(\xi)}{(n+1)!}\omega'_{n+1}(x)+\frac{\omega_{n+1}(x)}{(n+1)!}\frac{\mathrm{d}}{\mathrm{d}x}f^{(n+1)}(\xi) \tag{7-36}$$

由于 ξ 与 x 的具体关系无法知道，所以式(7-36)中第二项 $\frac{\mathrm{d}}{\mathrm{d}x}f^{(n+1)}(\xi)$ 无法求得。因此，对于任意给定的节点 x，误差 $f'(x)-P_n{}'(x)$ 可能很大。为此，我们限定求节点 $x_i(i=0, 1, \cdots, n)$ 处的导数值，于是 $\omega_{n+1}(x_i)=0$，则数值微分公式为

$$f'(x_i)=P_n{}'(x_i)+\frac{f^{(n+1)}(\xi)}{(n+1)!}\omega'_{n+1}(x_i)\quad (i=0, 1, \cdots, n) \tag{7-37}$$

下面是节点等距分布时常用的数值微分公式

(1) 一阶两点公式：

$$f'(x_i)=\frac{1}{h}(y_{i+1}-y_i)-\frac{h}{2}f''(\xi_1),\ \xi_1\in(x_i, x_{i+1})\quad (i=0, 1, \cdots, n-1) \tag{7-38}$$

$$f'(x_i)=\frac{1}{h}(y_i-y_{i-1})+\frac{h}{2}f''(\xi_2),\ \xi_2\in(x_{i-1}, x_i)\quad (i=1, 2, \cdots, n) \tag{7-39}$$

(2) 一阶三点公式：

$$f'(x_i)=\frac{1}{2h}(-3y_i+4y_{i+1}-y_{i+2})+\frac{h^2}{3}f^{(3)}(\xi_1),\ \xi_1\in(x_i, x_{i+2}) \tag{7-40}$$

$$f'(x_i)=\frac{1}{2h}(-y_{i-1}+y_{i+1})-\frac{h^2}{6}f^{(3)}(\xi_2),\ \xi_2\in(x_{i-1}, x_{i+1}) \tag{7-41}$$

$$f'(x_i)=\frac{1}{2h}(y_{i-2}-4y_{i-1}+3y_i)+\frac{h^2}{3}f^{(3)}(\xi_3),\ \xi_3\in(x_{i-2}, x_i) \tag{7-42}$$

用插值多项式 $P_n(x)$ 作为 $f(x)$ 的近似函数，还可以建立高阶数值微分公式：

$$f^{(k)}(x_i)\approx P_n^{(k)}(x_i)$$

(3) 二阶三点公式：

$$f''(x_i)=\frac{1}{h^2}(y_{i-1}-2y_i+y_{i+1})-\frac{h^2}{12}f^{(4)}(\xi_1),\ \xi_1\in(x_{i-1}, x_{i+1}) \tag{7-43}$$

在实际计算数值微分时，要特别注意误差分析。由于数值微分对舍入误差比较敏感，往往计算过程不稳定。还需指出，当插值多项式 $P_n(x)$ 收敛到 $f(x)$ 时，$P_n{}'(x)$ 不一定收敛到 $f'(x)$。为避免这方面的问题，可用样条插值函数的导函数代替函数 $f(x)$ 的导函数。

7.5 算例分析

例 1　确定求积公式$\int_a^b f(x)\mathrm{d}x \approx A_1 f(a)+A_2 f(b)+A_3 f'(a)$的待定系数，使其代数精度尽量高，并明确指出该求积公式的代数精度。

解　令$a=0$，$b=h$，$b-a=h$，设所求的代数精度为 2，则当$f(x)=1$，x，x^2时，该求积公式变成等式

$$\begin{cases} A_1+A_2=h \\ A_2 h+A_3=\dfrac{h^2}{2} \\ A_2 h^2=\dfrac{1}{3}h^3 \end{cases}$$

这是关于未知数A_1、A_2、A_3的三个方程，解之得

$$A_1=\frac{2h}{3},\ A_2=\frac{h}{3},\ A_3=\frac{h^2}{6}$$

于是有

$$\int_a^b f(x)\mathrm{d}x \approx \frac{h}{6}[4f(a)+2f(b)+hf'(a)]$$

其中$h=b-a$。

把$f(x)=x^3$代入刚求得的求积公式，左边$=\frac{1}{4}h^4$，右边$=\frac{1}{3}h^4$，左边$\neq$右边，说明该题目中的求积公式只有 2 次代数精度。

所构造的求积公式不仅对$f(x)=1$，x，x^2准确成立，而且对任意次数不高于 2 的多项式$a_2x^2+a_1x+a_0$也准确成立。

例 2　导出右矩形公式$\int_a^b f(x)\mathrm{d}x \approx (b-a)f(b)$的余项。

解　将$f(x)$在$x=b$处作泰勒展开有

$$f(x)=f(b)+f'(\xi)(x-b)$$

其中$\xi\in[a,b]$，且依赖于x，即$f(\xi)$是依赖于x的连续函数。

对上式两边在$[a,b]$上积分，有

$$\int_a^b f(x)\mathrm{d}x=\int_a^b f(b)\mathrm{d}x+\int_a^b f'(\xi)(x-b)\mathrm{d}x=(b-a)f(b)+\int_a^b f'(\xi)(x-b)\mathrm{d}x$$

右矩形公式的余项

$$R_{\mathrm{R}}=\int_a^b f(x)\mathrm{d}x-(b-a)f(b)=\int_a^b f'(\xi)(x-b)\mathrm{d}x$$

其中$(x-b)$在$[a,b]$上不变号，由广义积分中值定理知，至少有一点$\eta\in[a,b]$，使

$$R_{\mathrm{R}}=\int_a^b f'(\xi)(x-b)\mathrm{d}x=f'(\eta)\int_a^b (x-b)\mathrm{d}x$$

即

$$R_{\mathrm{R}}=\frac{1}{2}f''(\eta)(b-a)^2,\ \eta\in[a,b]$$

例 3　用梯形公式、辛甫生公式计算$\int_0^1 \frac{1}{1+x}\mathrm{d}x$，并估计误差。

解 取 $f(x)=\frac{1}{1+x}$，$a=0$，$b=1$，应用梯形公式，有

$$I=\int_0^1 \frac{1}{1+x}\mathrm{d}x \approx T=\frac{1}{2}\times\left[\frac{1}{1+0}+\frac{1}{1+1}\right]=0.75$$

由 $f(x)=\frac{1}{1+x}$，$f'(x)=-\frac{1}{(1+x)^2}$，$f''(x)=-\frac{1}{(1+x)^3}$ 和余项公式，有

$$|R_1[f]|\leqslant\frac{M_2}{12}|b-a|^3=\frac{1}{6}=0.1667$$

应用辛甫生公式，有

$$I=\int_0^1 \frac{1}{1+x}\mathrm{d}x \approx S=\frac{1-0}{6}\times\left[\frac{1}{1+0}+\frac{4}{1+0.5}+\frac{1}{1+1}\right]=0.694$$

由 $f^{(3)}(x)=-\frac{6}{(1+x)^4}$，$f^{(4)}(x)=\frac{24}{(1+x)^5}$ 和余项公式，有

$$|R_2[f]|\leqslant\frac{M_4}{2880}|b-a|^5=\frac{24}{2880}=0.008\ 33$$

例 4 取 7 个等距节点（包括区间端点），分别利用复化梯形公式、复化辛甫生公式计算积分 $I=\int_1^2 \ln x\mathrm{d}x$ 的近似值（取 6 位小数进行计算）。

解 取 7 个等距节点，$f(x)=\ln x$，则有如表 7-4 所示的节点及其函数值列表。

表 7-4 节点及其函数值列表

x	1	1.166 67	1.333 33	1.5	1.666 67	1.833 33	2
$f(x)$	0.000 00	0.154 15	0.287 68	0.405 47	0.510 83	0.606 14	0.693 15

(1) 复化梯形公式：用 7 个点上的函数值计算，$n=6$，所以有

$$\begin{aligned}T_6&=\frac{h}{2}\left[f(a)+f(b)+2\sum_{k=1}^{5}f(x_k)\right]\\&=\frac{0.166\ 667}{2}\{f(1)+f(2)\\&\quad+2[f(1.166\ 667)+f(1.333\ 334)+f(1.5)+f(1.666\ 667)+f(1.833\ 334)]\}\\&=\frac{0.166\ 667}{2}\{0+0.693\ 147\\&\quad+2\times[0.154\ 151+0.287\ 683+0.405\ 465+0.510\ 826+0.606\ 136]\}\\&=0.385\ 139\end{aligned}$$

(2) 复化辛甫生公式：用 7 个点上的函数值计算，$n=3$，所以有

$$\begin{aligned}S_3&=\frac{h}{6}\left[f(a)+f(b)+4\sum_{k=0}^{2}f(x_{k+\frac{1}{2}})+2\sum_{k=1}^{2}f(x_k)\right]\\&=\frac{0.333\ 333}{6}\{f(1)+f(2)+4[f(1.166\ 667)+f(1.5)+f(1.833\ 334)]\\&\quad+2[f(1.333\ 334)+f(1.666\ 667)]\}\\&=\frac{0.333\ 333}{6}\{0+0.693\ 147+4\times[0.154\ 151+0.405\ 465+0.606\ 136]\\&\quad+2\times[0.287\ 683+0.510\ 826]\}\\&=0.386\ 287\end{aligned}$$

积分 $I=\int_1^2 \ln x \mathrm{d}x$ 的准确值为 0.386 294 36…。可见，复化梯形公式的计算结果有 2 位有效数字，复化辛甫生公式的计算结果有 5 位有效数字。

例 5　用复化梯形公式计算积分 $\int_0^1 \mathrm{e}^x \mathrm{d}x$，区间应分多少份才能保证计算结果有 5 位有效数字？若改用复化辛甫生公式应分多少份？

解　取 $f(x)=\mathrm{e}^x$，则

$$f''(x)=\mathrm{e}^x,\ f^{(4)}(x)=\mathrm{e}^x$$

又因为区间长度 $b-a=1$，对复化梯形公式要求余项

$$|R_n(x)|=\left|-\frac{b-a}{12}h^2 f''(\eta)\right|\leqslant\frac{1}{12}\left(\frac{1}{n}\right)^2\mathrm{e}\leqslant\frac{1}{2}\times10^{-5}$$

即 $n^2\geqslant\frac{1}{6}\times10^5$，$n\geqslant212.85$。取 $n=213$，即将区间[0, 1]分成 213 等份时，用复化梯形公式计算误差不超过 $\frac{1}{2}\times10^{-5}$。

用复化辛甫生公式计算时，要求余项

$$|R_n(x)|=\left|-\frac{b-a}{2880}h^4 f^{(4)}(\eta)\right|\leqslant\frac{1}{2880}\left(\frac{1}{n}\right)^4\mathrm{e}\leqslant\frac{1}{2}\times10^{-5}$$

即 $n^2\geqslant\frac{1}{144}\times10^4$，$n\geqslant3.7066$。取 $n=4$，即将区间[0, 1]分成 8 等份时，用复化辛甫生公式计算误差不超过 $\frac{1}{2}\times10^{-5}$。

例 6　用复化辛甫生公式计算 $\int_0^1 \frac{1}{1+x}\mathrm{d}x$，使误差小于 10^{-3}。

解　由 $a=0$，$b=1$，$f(x)=\frac{1}{1+x}$，$M_4\leqslant\max\limits_{0\leqslant x\leqslant1}|f^{(4)}(x)|=\max\limits_{0\leqslant x\leqslant1}\left|\frac{24}{(1+x)^5}\right|=24$ 和余项公式，有

$$|R[f]|\leqslant\frac{M_4}{2880}h^4(b-a)^5=\frac{24}{2880}\left(\frac{1}{n}\right)^4=\frac{1}{120n^4}<10^{-3}$$

解得 $n\geqslant2$，取 $n=2$，即将区间[0, 1]分成 4 等份时，用 $n=2$ 的复化辛甫生公式可满足误差小于 10^{-3}。

计算得

$$\begin{aligned}I&=\int_0^1 f(x)\mathrm{d}x\approx\frac{1}{12}\left[f(0)+4f\left(\frac{1}{4}\right)+2f\left(\frac{1}{2}\right)+4f\left(\frac{3}{4}\right)+f(1)\right]\\&=\frac{1}{12}\left[1+\frac{16}{5}+\frac{4}{3}+\frac{16}{7}+\frac{1}{2}\right]\\&\approx0.693\ 25\end{aligned}$$

例 7　分别用复化梯形公式和复化辛甫生公式计算积分 $\int_0^1 \frac{x}{4+x^2}\mathrm{d}x$，$n=8$(用 9 个点上的函数值计算)。

解　(1) 复化梯形公式：用 9 个点上的函数值进行计算时，$n=8$，所以 $h=\frac{1}{8}$。

$$T_8=\frac{h}{2}\left[f(0)+2\sum_{k=1}^{7}f(x_k)+f(1)\right]$$
$$=\frac{1}{16}\left\{f(0)+2\left[f\left(\frac{1}{8}\right)+f\left(\frac{2}{8}\right)+f\left(\frac{3}{8}\right)+f\left(\frac{4}{8}\right)+f\left(\frac{5}{8}\right)+f\left(\frac{6}{8}\right)+f\left(\frac{7}{8}\right)\right]+f(1)\right\}$$
$$=\frac{1}{16}\left\{0+2\left[\frac{8}{257}+\frac{16}{260}+\frac{24}{265}+\frac{32}{272}+\frac{40}{281}+\frac{48}{292}+\frac{56}{305}\right]+\frac{1}{5}\right\}$$
$$=0.111\ 402\ 354$$

(2) 复化辛甫生公式：用9个点上的函数值进行计算时，$n=4$，$h=1/4$。

$$S_4=\frac{h}{6}\left[f(a)+4\sum_{k=0}^{3}f(x_{k+\frac{1}{2}})+2\sum_{k=1}^{3}f(x_k)+f(b)\right]$$
$$=\frac{1}{24}\left\{f(0)+4\left[f\left(\frac{1}{8}\right)+f\left(\frac{3}{8}\right)+f\left(\frac{5}{8}\right)+f\left(\frac{7}{8}\right)\right]\right.$$
$$\left.+2\left[f\left(\frac{1}{4}\right)+f\left(\frac{1}{2}\right)+f\left(\frac{3}{4}\right)\right]+f(1)\right\}$$
$$=\frac{1}{24}\left\{0+4\left[\frac{8}{257}+\frac{24}{265}+\frac{40}{281}+\frac{56}{305}\right]+2\left[\frac{16}{260}+\frac{32}{272}+\frac{48}{292}\right]+0.2\right\}$$
$$=0.111\ 571\ 813$$

例8 计算椭圆$\frac{x^2}{4}+y^2=1$的周长l，使其结果具有5位有效数字。

解 令$x=2\cos\theta$，$y=\sin\theta$，则椭圆周长可表示为线积分

$$l=\int_L \mathrm{d}s=\int_0^{\frac{\pi}{2}}\sqrt{4\sin^2\theta+\cos^2\theta}\mathrm{d}\theta=4\int_0^{\frac{\pi}{2}}\sqrt{1+3\sin^2\theta}\mathrm{d}\theta$$

记$I=\int_0^{\frac{\pi}{2}}\sqrt{1+3\sin^2\theta}\mathrm{d}\theta$，则$\frac{\pi}{2}<I<\pi$，$I$有1位整数，要使其具有5位有效数字，需使截断误差小于等于$\frac{1}{2}\times10^{-4}$。利用区间逐次分半，由复化梯形公式计算，用事后误差估计来控制是否结束计算，其计算结果如表7-5所示，故取$I\approx T_8=2.4221$，则I有5位有效数字，从而所求椭圆的周长$l=4I\approx9.6884$。

表7-5 区间逐次分半梯形公式计算结果列表

k	等分	T_{2^k}	$\lvert T_{2^k}-T_{2^{k+1}}\rvert$
0	1	2.356 194 5	
1	2	2.419 920 78	0.063 726 3
2	4	2.442 103 10	0.002 182 32
3	8	2.422 112 06	0.000 008 958

例9 用龙贝格方法计算积分$I=\int_0^1\frac{4}{1+x^2}\mathrm{d}x$，要求相邻两次龙贝格值的偏差不超过$10^{-5}$。

解 令$f(x)=\frac{4}{1+x^2}$，$a=0$，$b=1$，则由复化梯形公式得

$$T_1=\frac{b-a}{2}\times[f(a)+f(b)]=\frac{1-0}{2}[f(a)+f(b)]=3$$

$$T_2 = \frac{1}{2}T_1 + \frac{1}{2}f\left(\frac{1}{2}\right) = \frac{1}{2}\left[3 + f\left(\frac{1}{2}\right)\right] = 3.1$$

$$T_4 = \frac{1}{2}T_2 + \frac{b-a}{4}\left[f\left(\frac{3a+b}{4}\right) + f\left(\frac{a+3b}{4}\right)\right] = \frac{3.1}{2} + \frac{1}{4}[f(0.25) + f(0.75)] = 3.131\,176\,5$$

$$T_8 = \frac{1}{2}T_4 + \frac{b-a}{8}\left[f\left(\frac{7a+b}{8}\right) + f\left(\frac{5a+3b}{8}\right) + f\left(\frac{3a+5b}{8}\right) + f\left(\frac{a+7b}{8}\right)\right]$$

$$= \frac{1}{2} \times 3.131\,176\,5 + \frac{1}{8}[f(0.125) + f(0.375) + f(0.625) + f(0.875)]$$

$$= 3.138\,988\,5$$

$$S_1 = \frac{4}{3}T_2 - \frac{1}{3}T_1 = 3.313\,333\,3$$

$$S_2 = \frac{4}{3}T_4 - \frac{1}{3}T_2 = 3.141\,567\,8$$

$$S_4 = \frac{4}{3}T_8 - \frac{1}{3}T_4 = 3.141\,592\,5$$

$$C_1 = \frac{16}{15}S_2 - \frac{1}{15}S_1 = 3.142\,117\,9$$

此时

$$|C_1 - S_2| = \frac{1}{15}|S_2 - S_1| = 0.549 \times 10^{-3} > 10^{-5}$$

$$C_2 = \frac{16}{15}S_4 - \frac{1}{15}S_2 = 3.141\,594\,1$$

有

$$|C_2 - S_4| = \frac{1}{15}|S_4 - S_2| = 0.158\,7 \times 10^{-6} < 10^{-5}$$

所以取

$$I = \int_0^1 \frac{4}{1+x^2}\mathrm{d}x \approx 3.141\,59$$

例 10　用龙贝格方法计算积分 $I = \int_0^{\pi} \mathrm{e}^x \cos x \mathrm{d}x$。

解　对区间[0，π]用梯形公式，则

$$f(x) = \mathrm{e}^x \cos x,\ f(0) = 1,\ f(\pi) = -\mathrm{e}^{\pi} = -23.140\,693$$

$$T_1 = \frac{1}{2} \times \pi[f(0) + f(\pi)] = \frac{\pi(1-\mathrm{e}^{\pi})}{2} = -34.778\,521$$

$$T_2 = \frac{1}{2}T_1 + \frac{\pi}{2}f\left(\frac{\pi}{2}\right) = \frac{\pi(1-\mathrm{e}^{\pi})}{4} = -17.389\,260$$

$$T_4 = \frac{1}{2}T_2 + \frac{\pi}{4}\left[f\left(\frac{\pi}{4}\right) + f\left(\frac{3\pi}{4}\right)\right] = \frac{\pi(1-\mathrm{e}^{\pi})}{8} + \frac{\sqrt{2}\pi}{8}(\mathrm{e}^{\frac{\pi}{4}} - \mathrm{e}^{\frac{3\pi}{4}})$$

$$= -8.694\,63 - 4.641\,392 = -13.336\,022$$

$$T_8 = \frac{1}{2}T_4 + \frac{\pi}{8}\left[f\left(\frac{\pi}{8}\right) + f\left(\frac{3\pi}{8}\right) + f\left(\frac{5\pi}{8}\right) + f\left(\frac{7\pi}{8}\right)\right]$$

$$= -6.668\,011 - 5.714\,152 = -12.382\,163$$

$$S_1 = \frac{4}{3}T_2 - \frac{1}{3}T_1 = -23.185\,680 + 11.592\,840 = -11.592\,840$$

$$S_2=\frac{4}{3}T_4-\frac{1}{3}T_2=-17.781\ 363+5.796\ 420=-11.984\ 940$$

$$S_4=\frac{4}{3}T_8-\frac{1}{3}T_4=-16.509\ 551+4.445\ 341=-12.064\ 210$$

$$C_1=\frac{16}{15}S_2-\frac{1}{15}S_1=-12.783\ 936+0.772\ 856=-12.011\ 080$$

$$C_2=\frac{16}{15}S_4-\frac{1}{15}S_2=-12.868\ 491+0.798\ 996=-12.069\ 495$$

$$R_1=\frac{64}{63}C_2-\frac{1}{63}C_1=-12.261\ 074+0.190\ 652=-12.070\ 422$$

例 11　构造下列形式的高斯求积公式：

$$\int_0^1\frac{1}{\sqrt{x}}f(x)\mathrm{d}x\approx A_0f(x_0)+A_1f(x_1)$$

解　所求的高斯求积公式应具有 3 次代数精度，对 $f(x)=1$，x，x^2，x^3 均准确成立，因此有

$$\begin{cases}A_0+A_1=2 & (1)\\ A_0x_0+A_1x_1=\dfrac{2}{3} & (2)\\ A_0x_0^2+A_1x_1^2=\dfrac{2}{5} & (3)\\ A_0x_0^3+A_1x_1^3=\dfrac{2}{7} & (4)\end{cases}$$

为解此方程，将式(3)＋式(2) * a＋式(1) * b，得

$$A_0(x_0^2+ax_0+b)+A_1(x_1^2+ax_1+b)=\frac{2}{5}+\frac{2}{3}a+2b$$

将式(4)＋式(3) * a＋式(2) * b，得

$$A_0x_0(x_0^2+ax_0+b)+A_1x_1(x_1^2+ax_1+b)=\frac{2}{7}+\frac{2}{5}a+\frac{2}{3}b$$

令 x_0、x_1 为二次方程 $x^2+ax+b=0$ 的两个根，有

$$\begin{cases}\dfrac{1}{5}+\dfrac{1}{3}a+b=0\\ \dfrac{1}{7}+\dfrac{1}{5}a+\dfrac{1}{3}b=0\end{cases}$$

解得 $a=-\dfrac{6}{7}$，$b=\dfrac{3}{35}$，从而有 $x^2-\dfrac{6}{7}x+\dfrac{3}{35}=0$，解得

$$\begin{cases}x_0=\dfrac{3}{7}-\dfrac{2}{7}\sqrt{\dfrac{5}{6}}\\ x_1=\dfrac{3}{7}+\dfrac{2}{7}\sqrt{\dfrac{5}{6}}\end{cases}$$

代入式(1)、(2)，解得

$$\begin{cases}A_0=1+\dfrac{1}{3}\sqrt{\dfrac{5}{6}}\\ A_1=1-\dfrac{1}{3}\sqrt{\dfrac{5}{6}}\end{cases}$$

于是所求的高斯求积公式

$$\int_0^1 \frac{1}{\sqrt{x}} f(x)\mathrm{d}x \approx \left(1+\frac{1}{3}\sqrt{\frac{5}{6}}\right) f\left(\frac{3}{7}-\frac{2}{7}\sqrt{\frac{5}{6}}\right)+\left(1-\frac{1}{3}\sqrt{\frac{5}{6}}\right) f\left(\frac{3}{7}+\frac{2}{7}\sqrt{\frac{5}{6}}\right)$$

具有三次代数精度。

本章小结

本章主要介绍了数值积分和数值微分的一些常用方法。

牛顿—柯特斯公式是在等距节点情形下的插值型求积公式，其简单情形如梯形公式、辛甫生公式等。复化求积公式是改善求积公式精度的一种行之有效的方法，特别是复化梯形公式和复化辛甫生公式使用方便，在实际计算中常常使用。

龙贝格求积公式是在区间逐次分半过程中，对用梯形法所得的近似值进行多级“修改”而获得的准确度较高的求积分近似值的一种方法。

高斯型求积公式是一种高精度的求积公式。在求积节点数相同，即计算量相近的情况下，利用高斯型求积公式往往可以获得准确度较高的积分近似值，但需确定高斯点，且当节点数据变化时，所有数据都需重新查表计算。

数值微分仅仅介绍了简单形式的差商型和插值型求导公式，在精度要求不高时可采用。

一个公式使用的效果如何，与被积分、被微分的函数性态及计算结果的精度要求等有关，因此需要根据具体实际问题，选择合适的公式进行计算。

习　题

1. 用梯形公式和辛甫生公式计算积分$\int_0^1 \mathrm{e}^{-x}\mathrm{d}x$，并估计误差(计算结果取 5 位小数)。

2. 已知函数 $f(x)$ 的数据如表 7-6 所示，用柯特斯公式计算积分$\int_{1.8}^{2.6} f(x)\mathrm{d}x$(计算结果取 5 位小数)。

表 7-6　节点及其函数值列表

x_k	1.8	2.0	2.2	2.4	2.6
$f(x_k)$	3.120 14	4.426 59	6.042 41	8.030 14	10.466 75

3. 若 $f''(x)>0(x\in[a, b])$，证明用梯形公式计算积分$\int_a^b f(x)\mathrm{d}x$所得到的结果比准确值要大，并说明几何意义。

4. 确定下列求积公式中的参数，使其代数精度尽量高，并指出所得到求积公式的代数精度(计算结果取 4 位小数)。

(1) $\int_{-h}^{h} f(x)\mathrm{d}x = A_{-1}f(-h)+A_0 f(0)+A_1 f(h)$；

(2) $\int_{-1}^{1} f(x)\mathrm{d}x = \frac{1}{3}[2f(x_1)+3f(x_2)+f(1)]$；

(3) $\int_0^h f(x)\mathrm{d}x = \frac{h}{2}[f(0)+f(h)]+ah^2[f'(0)-f'(h)]$；

(4) $\int_0^1 f(x)\mathrm{d}x = A_0 f\left(\frac{1}{4}\right)+A_1 f\left(\frac{1}{2}\right)+A_2 f\left(\frac{3}{4}\right)$。

5. 验证当 $f(x)=x^5$ 时，柯特斯求积公式成立。

6. 已知函数 $f(x)$ 的数据如表 7-7 所示，用复化梯形公式和复化辛甫生公式计算积分 $\int_0^1 f(x)\mathrm{d}x$（计算结果取 6 位小数）。本题目中，$f(x)=\cos x+\sin^2 x$，积分真实值 $I=1.114\,146\,77$。

表 7-7　节点及其函数值列表

x_k	0	0.1	0.2	0.3	0.4	0.5
$f(x_k)$	1	1.004 971	1.019 536	1.042 668	1.072 707	1.107 432
x_k	0.6	0.7	0.8	0.9	1.0	
$f(x_k)$	1.144 157	1.759 859	1.211 307	1.235 211	1.248 375	

7. 用复化梯形公式和复化辛甫生公式计算积分 $\int_0^1 \sqrt{x}\mathrm{d}x$ 和 $\int_0^{10} \mathrm{e}^{-x^2}\mathrm{d}x$，两种方法均用 11 个节点（计算结果取 6 位小数）。

8. 用积分 $\int_2^8 \frac{1}{x}\mathrm{d}x = 2\ln 2$ 计算 $2\ln 2$，要使误差不超过 $\frac{1}{2}\times 10^{-5}$，则用复化梯形公式时至少取多少个节点？

9. 假定函数 $f(x)$ 在区间 $[a, b]$ 可积，证明复化辛甫生公式收敛于积分 $\int_a^b f(x)\mathrm{d}x$。

10. 用龙贝格求积算法计算积分 $I=\frac{2}{\sqrt{\pi}}\int_0^1 \mathrm{e}^{-x}\mathrm{d}x$，要求误差不超过 10^{-5}（计算结果取6 位小数）。

11. 用龙贝格求积算法计算椭圆 $\frac{x^2}{4}+y^2=1$ 的周长，使计算结果有 5 位有效数字。

12. 用五点高斯—勒让德求积公式计算积分 $\int_0^1 \frac{1}{1+x}\mathrm{d}x$（计算结果取 8 位小数）。

13. 证明求积公式

$$\int_{-1}^1 f(x)\mathrm{d}x \approx \frac{1}{9}\left[5f(-\sqrt{0.6})+8f(0)+5f(\sqrt{0.6})\right]$$

对不高于 5 次的多项式准确成立，并计算积分 $\int_0^1 \frac{\sin x}{1+x}\mathrm{d}x$（结果取 5 位小数）。

14. 按下列指定公式计算积分 $\int_1^2 \frac{1}{x}\mathrm{d}x$，并与 $\ln 2$ 比较（计算结果取 8 位小数）：

(1) 龙贝格求积算法，要求误差不超过 10^{-5}；

(2) 三点和五点高斯—勒让德求积公式；

(3) 将区间 4 等分，在每段上应用两点高斯—勒让德求积公式，然后累加（称复合高斯型求积法）。

第8章 常微分方程的数值方法

在生产实践中常常要遇到常微分方程的求解问题。给出一阶常微分方程的初值问题，即给定一阶微分方程

$$\frac{\mathrm{d}y}{\mathrm{d}x}=f(x,\ y) \tag{8-1}$$

及初始条件

$$y(x_0)=y_0 \tag{8-2}$$

已有理论证明，如果式(8-1)中的函数 $f(x,\ y)$连续，且关于 y 满足李普希茨(Lipshitz)条件，即存在常数 L，使得

$$|f(x,\ y_1)-f(x,\ y_2)|\leqslant L|y_1-y_2|$$

那么初值问题即式(8-1)和式(8-2)的解 $y=y(x)$存在且唯一。

求解常微分方程的解析方法有很多种，但是解析方法只适用于求解一些特殊的方程，所以求解常微分方程主要借助于数值解法。差分方法是一类重要的数值解法，应用差分方法就是求它在一系列节点 $x_0<x_1<x_2\cdots<x_n<\cdots$上的近似解 y_1，y_2，y_3，…，y_n，…。其中 $h=x_{n+1}-x_n$称为步长，一般取 h 为常数。在求解微分方程初值问题的过程中按照节点排列的次序一步一步向前推进，从已知的 y_n，y_{n-1}，y_{n-2}，…计算 y_{n+1}的递推公式。本章主要介绍一阶常微分方程的几种常用的数值解法——欧拉公式、改进的欧拉公式、龙格—库塔方法和亚当姆斯方法，然后再介绍一阶微分方程组及高阶微分方程初值问题的数值解法。

8.1 欧拉公式

8.1.1 欧拉公式及其几何意义

1. 欧拉折线法

欧拉公式首先用离散化的方法将微分方程中的导数项 $y'(x)$消去。实现离散化的基本思想就是用差分近似代替微分，其基本方法就是用差商替代导数。此方法在几何上就是用一系列折线去代替曲线，所以该方法也被称为“欧拉折线法”。

欧拉折线法：初值问题即式(8-1)和式(8-2)的解 $y=y(x)$，在几何上是表示过点$(x_0,\ y_0)$的一条曲线，如图8-1所示。

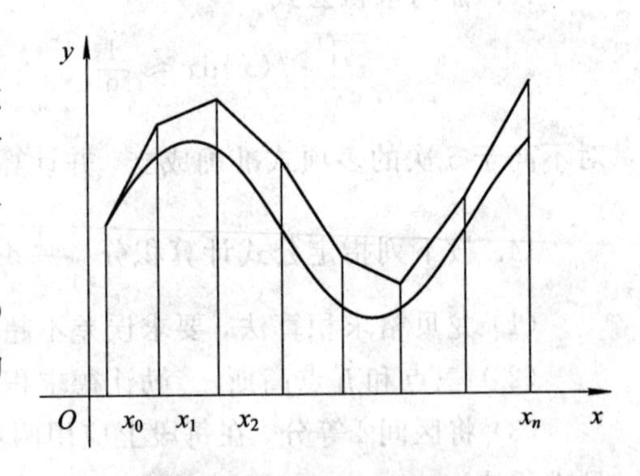

图8-1 欧拉折线法示意图

首先，过点$(x_0,\ y_0)$作曲线 $y=y(x)$的切线，由式(8-1)知该点切线斜率为 $f(x_0,\ y_0)$，所以切

线方程为 $y=y_0+f(x_0,y_0)(x-x_0)$，它与直线 $x=x_1$ 交点的纵坐标为

$$y_1=y_0+f(x_0,y_0)(x_1-x_0)$$

取纵坐标值 y_1 作为 $y(x_1)$ 的近似值。

其次，再过点 (x_1,y_1) 作直线，由式(8-1)知其斜率为 $f(x_1,y_1)$，这里 $f(x_1,y_1)\approx f(x_1,y(x_1))$。这条直线方程为 $y=y_1+f(x_1,y_1)(x-x_1)$，它与直线 $x=x_2$ 交点的纵坐标为

$$y_2=y_1+f(x_1,y_1)(x_2-x_1)$$

取 y_2 作为 $y(x_2)$ 的近似值。

以此类推，如果已经求出 (x_n,y_n)，那么过这点且斜率为 $f(x_n,y_n)$ 的直线方程为 $y=y_n+f(x_n,y_n)(x-x_n)$，它与直线 $x=x_{n+1}$ 交点的纵坐标为

$$y_{n+1}=y_n+f(x_n,y_n)(x_{n+1}-x_n)$$

取 y_{n+1} 作为 $y(x_{n+1})$ 的近似值。这样就得到了初值问题即式(8-1)和式(8-2)在节点 x_1，x_2，…，x_n，x_{n+1}，…处的近似值 y_1，y_2，…，y_n，y_{n+1}，…。

至此，得到欧拉公式

$$\begin{cases} y_{n+1}=y_n+hf(x_n,y_n) \\ x_n=x_0+nh \end{cases} \quad (n=0,1,2,\cdots) \tag{8-3}$$

其中 $h=x_{n+1}-x_n$，h 为常数。若初值 y_0 是已知的，可由式(8-3)逐步计算出 y_1，y_2，y_3，…。

将欧拉公式(8-3)的第一式 $y_{n+1}=y_n+hf(x_n,y_n)$ 写成 $\frac{y_{n+1}-y_n}{h}=f(x_n,y_n)$ 的形式，相当于将微分方程(8-1)中的导数 $\frac{dy}{dx}$ 用差分 $\frac{y_{n+1}-y_n}{h}$ 代替。其几何意义就是用一系列折线去代替曲线，并用这些折线交点处的纵坐标值作为曲线上对应点的纵坐标的近似值。

2. 截断误差

下面给出欧拉公式的截断误差。设初值问题即式(8-1)和式(8-2)在点 x_{n+1} 的精确解是 $y(x_{n+1})$，y_{n+1} 为由欧拉公式求出的相应的近似解。简单起见，我们在 $y_n=y(x_n)$ 的前提下估计误差 $y(x_{n+1})-y_{n+1}$，这种误差称为局部截断误差。如果其误差为 $O(h^{p+1})$，则称这种数值方法的精度是 p 阶的。

对于欧拉公式(8-3)，假定第 n 步求得的 y_n 是精确的，即 $y_n=y(x_n)$，则由欧拉公式(8-3)和方程(8-1)有

$$y_{n+1}=y(x_n)+hf(x_n,y(x_n))=y(x_n)+hy'(x_n)$$

又由泰勒公式，得

$$y(x_{n+1})=y(x_n)+hy'(x_n)+\frac{h^2}{2}y''(\xi) \quad (x_n<\xi<x_{n+1})$$

以上两式相减有 $y(x_{n+1})-y_{n+1}=\frac{h^2}{2}y''(\xi)$，即 $y(x_{n+1})-y_{n+1}=O(h^2)$。这说明欧拉公式的截断误差为 $O(h^2)$，仅为一阶，精度较差。从几何意义上来考察，假设点 $P_n(x_n,y_n)$ 位于曲线 $y=y(x)$ 上，由欧拉公式计算出的点 $P_{n+1}(x_{n+1},y_{n+1})$ 则落在曲线 $y=y(x)$ 在点 x_n

处的切线上，由此也可以看出欧拉公式是很粗糙的，所以很少使用欧拉公式直接求近似解，需要对此方法进行一定的改进。

例 8-1 利用欧拉公式求初值问题

$$\begin{cases}\dfrac{dy}{dx}=\dfrac{1}{1+x^2}-2y^2 \quad (0\leqslant x\leqslant 2)\\ y(0)=0\end{cases}$$

的数值解，将结果与精确解作比较，要求计算结果保留 5 位小数(此问题的精确解是 $y(x)=\dfrac{x}{1+x^2}$)。

解 由欧拉公式(8-3)，分别取步长 $h=0.2$，0.1，0.05，计算结果见表 8-1。

表 8-1 例 8-1 计算结果

h	x_n	y_n	$y(x_n)$	$y(x_n)-y_n$
0.2	0.00	0.000 00	0.000 00	0.000 00
	0.40	0.376 31	0.344 83	−0.031 48
	0.80	0.542 28	0.487 80	−0.054 48
	1.20	0.527 09	0.491 80	−0.035 29
	1.60	0.466 32	0.449 44	−0.016 89
	2.00	0.406 82	0.400 00	−0.006 82
0.1	0.00	0.000 00	0.000 00	0.000 00
	0.40	0.360 85	0.344 83	−0.016 03
	0.80	0.513 71	0.487 80	−0.025 90
	1.20	0.509 61	0.491 80	−0.017 81
	1.60	0.458 72	0.449 44	−0.009 28
	2.00	0.404 19	0.400 00	−0.004 19
0.05	0.00	0.000 00	0.000 00	0.000 00
	0.40	0.352 87	0.344 83	−0.008 04
	0.80	0.500 49	0.487 80	−0.012 68
	1.20	0.500 73	0.491 80	−0.008 92
	1.60	0.454 25	0.449 44	−0.004 81
	2.00	0.402 27	0.400 00	−0.002 27

从计算结果可见，步长 h 越小，数值解的精度越高。

8.1.2 欧拉公式的改进

1. 梯形格式

将方程(8-1)两端对 x 从 x_n 到 x_{n+1} 积分，得

$$y(x_{n+1}) = y(x_n) + \int_{x_n}^{x_{n+1}} f(x,\ y(x))\mathrm{d}x \tag{8-4}$$

由此可见，要求出 $y(x_{n+1})$ 的近似值，只要通过式(8-4)算出积分 $\int_{x_n}^{x_{n+1}} f(x, y(x))\mathrm{d}x$ 的近似值就可以了。如果选用不同的计算方法计算这个积分项，就会得到不同的差分格式。

例如，用左矩形公式计算积分项 $\int_{x_n}^{x_{n+1}} f(x, y(x))\mathrm{d}x \approx hf(x_n, y(x_n))$ 并代入式(8-4)，有

$$y(x_{n+1}) \approx y(x_n) + hf(x_n, y(x_n))$$

用 y_{n+1}、y_n 分别近似代替 $y(x_{n+1})$、$y(x_n)$，则有计算公式 $y_{n+1} = y_n + hf(x_n, y_n)$，这就是欧拉公式。由于欧拉公式的精度很低，为了提高精度我们尝试改用其它的方法得到 $\int_{x_n}^{x_{n+1}} f(x, y(x))\mathrm{d}x$ 的近似值。

用梯形公式计算积分项

$$\int_{x_n}^{x_{n+1}} f(x, y(x))\mathrm{d}x \approx \frac{h}{2}[f(x_n, y(x_n)) + f(x_{n+1}, y(x_{n+1}))]$$

再代入式(8-4)

$$y(x_{n+1}) \approx y(x_n) + \frac{h}{2}[f(x_n, y(x_n)) + f(x_{n+1}, y(x_{n+1}))]$$

将上式中的 $y(x_n)$、$y(x_{n+1})$ 分别用 y_n、y_{n+1} 代替，得到下面的公式：

$$y_{n+1} = y_n + \frac{h}{2}[f(x_n, y_n) + f(x_{n+1}, y_{n+1})] \quad (n = 0, 1, 2, \cdots) \tag{8-5}$$

由于用到了梯形求积公式，所以此差分格式被称为梯形格式。因为数值积分的梯形公式要比矩形公式精确，所以梯形格式要比欧拉格式的精度高。

例 8-2　取步长 $h=0.2$，用梯形法求解下列初值问题(计算结果至少保留 6 位小数)：

$$\begin{cases} \dfrac{\mathrm{d}y}{\mathrm{d}x} = -y + x + 1 & (1 < x \leqslant 1.6) \\ y(1) = 2 \end{cases}$$

解　梯形公式为

$$y_{n+1} = y_n + \frac{h}{2}[(-y_n + x_n + 1) + (-y_{n+1} + x_{n+1} + 1)]$$

这是一个隐格式，将它整理为显格式：

$$y_{n+1} = \frac{2-h}{2+h}y_n + \frac{h}{2+h}(x_n + x_{n+1} + 2) \quad (n=0, 1, 2, \cdots)$$

取步长 $h=0.2$ 以及初值 $y(1)=2$，计算结果见表 8-2。

表 8-2　例 8-2 计算结果

x_n	y_n
1.2	2.018 182
1.4	2.069 422
1.6	2.147 709

2. 改进的欧拉公式

欧拉格式中的 y_n 已知或者已经计算出来，可由 y_n 直接计算出 y_{n+1}，这是一种显式计算方法，计算简单，但精度低；梯形格式虽然提高了精度，但是 y_{n+1} 隐含在函数 $f(x_{n+1}, y_{n+1})$ 中，必须通过迭代方式求解方程才能得到，这是一种隐式计算方法。综合这两种方法，先用欧拉公式得到一个初步的近似值，称为预报值；用它代替式(8-5)右端的 y_{n+1} 再直接计算，得到校正值 y_{n+1}，这样就建立了如下预报—校正公式：

$$\begin{cases} y_{n+1}^{(0)} = y_n + hf(x_n, y_n) \\ y_{n+1} = y_n + \dfrac{h}{2}[f(x_n, y_n) + f(x_{n+1}, y_{n+1}^{(0)})] \end{cases} \tag{8-6}$$

式(8-6)中的第一式称为预报公式，第二式称为校正公式。也可以将式(8-6)改写为下面的嵌套形式：

$$y_{n+1}=y_n+\frac{h}{2}[f(x_n, y_n)+f(x_{n+1}, y_n+hf(x_n, y_n))] \quad (k=0, 1, 2, \cdots) \tag{8-7}$$

还可以改写为下列形式以方便运算：

$$\begin{cases} y_p=hf(x_n, y_n) \\ y_c=hf(x_{n+1}, y_n+y_p) \\ y_{n+1}=y_n+\dfrac{1}{2}(y_p+y_c) \end{cases} \tag{8-8}$$

下面再来研究公式(8-8)的截断误差。假设 $y_n=y(x_n)$，因为

$$y_p=hf(x_n, y_n)=hf(x_n, y(x_n))=hy'(x_n)$$

$$\begin{aligned} y_c&=hf(x_{n+1}, y_n+y_p)=hf(x_n+h, y(x_n)+y_p)=hf(x_n+h, y(x_n)+hf(x_n, y_n)) \\ &=h\left[f(x_n, y(x_n))+h\frac{\partial}{\partial x}f(x_n, y(x_n))+hf(x_n, y_n)\frac{\partial}{\partial y}f(x_n, y(x_n))+\cdots\right] \\ &=hy'(x_n)+h^2y''(x_n)+O(h^3) \end{aligned}$$

将上述的 y_p、y_c 代入公式(8-8)中的第三式，整理得

$$y_{n+1}=y_n+hy'(x_n)+\frac{h^2}{2}y''(x_n)+O(h^3) \tag{8-9}$$

由此得到预报—校正公式的截断误差为

$$y(x_{n+1})-y_{n+1}=O(h^3)$$

它比欧拉公式的截断误差提高了一阶。由于数值积分中的梯形公式的截断误差为 $O(h^3)$，所以梯形格式的截断误差亦为 $O(h^3)$。预报—校正公式和梯形格式的计算精度是一样的，但后者是隐式的，前者是显式的，便于计算。

例 8-3　用欧拉公式和改进的欧拉公式求下列初值问题的数值解：

$$\begin{cases} \dfrac{dy}{dx}=y-\dfrac{2x}{y} \quad (0\leqslant x\leqslant 1) \\ y(0)=1 \end{cases}$$

取步长 $h=0.1$，计算结果保留 6 位小数(本题的精确解是 $y(x)=\sqrt{1+2x}$)。

解　(1) 欧拉公式为

$$\begin{cases} y_{n+1}=y_n+h\left(y_n-\dfrac{2x_n}{y_n}\right) \quad (n=0, 1, 2, \cdots) \\ y_0=1 \end{cases}$$

(2) 改进的欧拉公式为

$$\begin{cases} y_{n+1}^{(0)}=y_n+h\left(y_n-\dfrac{2x_n}{y_n}\right) \\ y_{n+1}^{(k+1)}=y_n+\dfrac{h}{2}\left[\left(y_n-\dfrac{2x_n}{y_n}\right)+\left(y_{n+1}^{(k)}-\dfrac{2x_{n+1}}{y_{n+1}^{(k)}}\right)\right] \quad (k, n=0, 1, 2, \cdots) \\ y_0=1 \end{cases}$$

迭代结果见表8-3。

表8-3　例8-3迭代结果

x_n	欧拉公式 y_n	改进的欧拉公式 y_n	精确解 $y(x_n)$
0	1	1	1
0.1	1.100 000	1.095 909	1.095 445
0.2	1.191 818	1.184 096	1.183 216
0.3	1.277 438	1.266 201	1.264 911
0.4	1.358 213	1.343 360	1.341 641
0.5	1.435 133	1.416 402	1.414 214
0.6	1.508 966	1.485 956	1.483 240
0.7	1.580 338	1.552 515	1.549 193
0.8	1.649 783	1.616 476	1.612 452
0.9	1.717 779	1.678 168	1.673 320
1.0	1.784 770	1.737 869	1.732 051

从计算结果可见，改进的欧拉公式明显地改善了精度。

8.1.3　改进的欧拉公式算法设计

1. 改进的欧拉算法的基本思想

先用欧拉公式得到一个初步的近似值，称为预报值，记作 $y_{n+1}^{(0)}=y_n+hf(x_n, y_n)$。用它代替式(8-5)中右端的 y_{n+1}，得到校正值 y_{n+1}，再改写成便于计算的形式(8-8)。由初始值 x_0、y_0 计算 y_p，进而计算 y_c，再由 $y_{n+1}=y_n+\frac{1}{2}(y_p+y_c)$ 计算出 y_{n+1} 的值。

- 输入参数：初值 x_0、y_0，步长 h，迭代次数 N。
- 输出参数：近似解 x_1、y_1 或失败信息。
- 算法步骤：

Step 1：输入 x_0、y_0、h、N。

Step 2：赋初值 $n=0$。

Step 3：若 $n\geqslant N$，则输出错误信息，结束程序，转向 Step 6；否则转向 Step 4。

Step 4：若 $n<N$，则转向 Step 5：否则，转向 Step 6。

Step 5：$x_1=x_0+h$；$y_p=hf(x_0, y_0)$；$y_c=hf(x_1, y_0+y_p)$；$y_1=y_0+(y_p+y_c)/2$，输出 x_1、y_1；置 $n=n+1$；$x_0=x_1$；$y_0=y_1$，转向 Step 4。

Step 6：程序结束。

2. N－S 流程图

改进的欧拉算法的 N－S 流程图如图 8－2 所示。

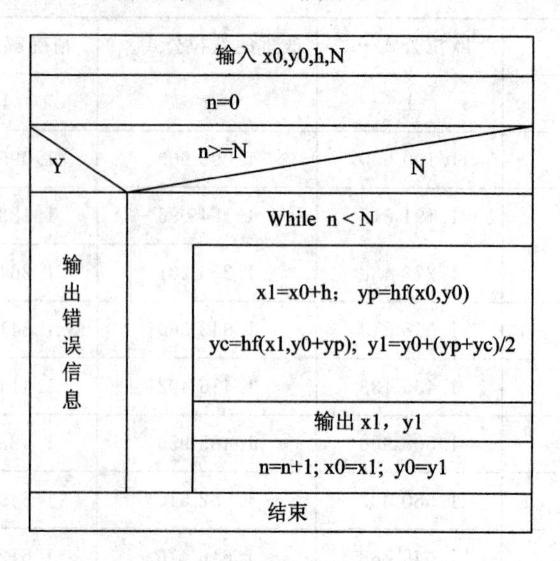

图 8－2　改进的欧拉算法的 N－S 流程图

8.2　龙格—库塔方法

欧拉公式和改进的欧拉公式算法比较简单，但精度较低。在实际工程计算中，我们需要构造精度更高的计算格式。考察差商$\frac{y(x_{n+1})-y(x_n)}{h}$，由微分中值定理，存在点 $\xi(x_n<\xi<x_{n+1})$，使得$\frac{y(x_{n+1})-y(x_n)}{h}=y'(\xi)$，代入方程(8－1)得

$$y(x_{n+1})=y(x_n)+hf(\xi,\ y(\xi)) \tag{8-10}$$

令 $K^*=f(\xi,\ y(\xi))$，将式(8－10)改写为

$$y(x_{n+1})=y(x_n)+hk^* \tag{8-11}$$

对 K^* 提供一种算法，就可以由式(8－11)导出一种计算格式。考察欧拉公式(8－3)，如果只取点 $K_1=f(x_n,\ y_n)$代替 K^*，精度肯定很低。为了提高精度，可设法用 x_n 和 x_{n+1} 两个点处的 x_n和 y_n的算术平均值$(K_1+K_2)/2$ 代替式(8－11)中的 K^*，而 x_{n+1}处的 K_2则利用已知的 y_n通过欧拉公式来预报，得到以下公式：

$$\begin{cases} y_{n+1}=y_n+\dfrac{h}{2}(K_1+K_2) \\ K_1=f(x_n,\ y_n) \\ K_2=f(x_{n+1},\ y_n+hK_1) \end{cases} \tag{8-12}$$

由此看出，用预报—校正公式计算 y_{n+1}时，多计算了一次 $f(x,\ y)$的值(即 K_2)，而且在计算 K_2时又利用了 K_1的值，最后用 $f(x,\ y)$在点$(x_n,\ y_n)$、$(x_{n+1},\ y_n+hK_1)$上的值的线性组合$\frac{K_1+K_2}{2}$来作为 y_n的补偿，就构造出了更高精度的计算格式，这就是龙格—库塔

(Runge - Kutta)方法的设计思想。

8.2.1　二阶龙格—库塔法

上面的叙述表明，只需增加计算 $f(x, y)$ 函数值的次数，并用它们的线性组合作为 y_n 的补偿，还有可能再提高精度。这启示我们考虑建立如下高阶龙格—库塔差分公式：

$$\begin{cases} y_{n+1} = y_n + h(\lambda_1 K_1 + \lambda_2 K_2 + \cdots + \lambda_m K_m) \\ K_1 = f(x_n, y_n) \\ K_2 = f(x_n + \alpha_2 h, y_n + h\beta_{21} K_1) \\ K_3 = f(x_n + \alpha_3 h, y_n + h\beta_{31} K_1 + h\beta_{32} K_2) \\ \cdots \\ K_m = f(x_n + \alpha_m h, y_n + h(\beta_{m1} K_1 + \cdots + \beta_{m,m-1} K_{m-1})) \end{cases} \tag{8-13}$$

其中 λ_i、α_i、β_{ij} 都是待定常数。公式(8 - 13)称为 m 阶显式龙格—库塔公式。如何确定这些常数的值，使得公式为 m 阶的？下面以二阶龙格—库塔公式为例进行说明。二阶龙格—库塔公式为

$$\begin{cases} y_{n+1} = y_n + h(\lambda_1 K_1 + \lambda_2 K_2) \\ K_1 = f(x_n, y_n) \\ K_2 = f(x_n + ph, y_n + hqK_1) \end{cases} \tag{8-14}$$

将 $y(x_{n+1})$ 在点 x_n 作泰勒展开

$$y(x_{n+1}) = y(x_n) + hy'(x_n) + \frac{h^2}{2!}y''(x_n) + O(h^3) \tag{8-15}$$

又因为 $y'(x_n)$、$y''(x_n)$ 可以表示为 $y'(x_n) = f(x_n, y_n) = K_1$，故

$$y''(x_n) = \frac{\partial f}{\partial x} + \frac{\partial f}{\partial y}\frac{\mathrm{d}y}{\mathrm{d}x} = \frac{\partial f}{\partial x} + \frac{\partial f}{\partial y} f(x_n, y_n) = \frac{\partial f}{\partial x} + \frac{\partial f}{\partial y} K_1$$

其中，$\frac{\partial f}{\partial x}$、$\frac{\partial f}{\partial y}$ 都在 x_n、y_n 处取值。将 $y'(x_n)$、$y''(x_n)$ 的表达式代入式(8 - 15)，得

$$y(x_{n+1}) = y(x_n) + hy'(x_n) + \frac{h^2}{2!}\frac{\partial f}{\partial x} + \frac{h^2}{2!}K_1\frac{\partial f}{\partial y} + O(h^3) \tag{8-16}$$

接下来，将 K_2 在点 (x_n, y_n) 处作泰勒展开得

$$K_2 = f(x_n, y_n) + ph\frac{\partial f}{\partial x} + qK_1 h\frac{\partial f}{\partial y} + O(h^2) \tag{8-17}$$

上式中的 $\frac{\partial f}{\partial x}$、$\frac{\partial f}{\partial y}$ 都在 x_n、y_n 处取值。将 $K_1 = y'(x_n)$ 以及式(8 - 17)代入式(8 - 14)的第一式得

$$y_{n+1} = y_n + (\lambda_1 + \lambda_2)hy'(x_n) + p\lambda_2 h^2\frac{\partial f}{\partial x} + \lambda_2 qK_1 h^2\frac{\partial f}{\partial y} + O(h^3) \tag{8-18}$$

比较式(8 - 16)和式(8 - 18)的系数，假设 $y_n = y(x_n)$，要使得截断误差 $y(x_{n+1}) - y_{n+1} = O(h^3)$ 成立，只要满足下式：

$$\begin{cases} \lambda_1 + \lambda_2 = 1 \\ p\lambda_2 = \frac{1}{2} \\ q\lambda_2 = \frac{1}{2} \end{cases} \tag{8-19}$$

上述方程组有无穷多解，也就是说只要满足方程组(8－19)的一组常数λ_1、λ_2、p、q对应的二阶龙格—库塔公式(8－14)都具有二阶精度。特别地，若取$\lambda_1=\frac{1}{2}$，$\lambda_2=\frac{1}{2}$，$p=q=1$，便得到了预报—校正公式(8－6)。若取$\lambda_1=0$，$\lambda_2=1$，$p=q=\frac{1}{2}$，这时的二阶龙格—库塔格式被称做变形的欧拉格式：

$$\begin{cases} y_{n+1}=y_n+hK_2 \\ K_1=f(x_n,\ y_n) \\ K_2=f\left(x_n+\dfrac{h}{2},\ y_n+\dfrac{h}{2}K_1\right) \end{cases} \tag{8-20}$$

表面上看，上述公式第一式中仅显含一个斜率值K_2，但K_2是通过计算K_1得来的，因此做每一步仍然需要两次计算函数$f(x,y)$的值，工作量和改进的欧拉格式相同。

注意到$y_{n+\frac{1}{2}}=y_n+\frac{h}{2}K_1$是欧拉公式中预报出的中点$x_{n+\frac{1}{2}}$的近似值，而$K_2=f(x_{n+\frac{1}{2}},\ y_{n+\frac{1}{2}})$则近似地等于中点的斜率值$f(x_{n+\frac{1}{2}},\ y(x_{n+\frac{1}{2}}))$，格式(8－20)可以理解为用中点的斜率取代式(8－10)中的平均斜率。所以，格式(8－20)也称为中点格式。

例 8－4　用二阶龙格—库塔格式(二阶中点格式)求初值问题

$$\begin{cases} \dfrac{dy}{dx}=x+y^2 \quad (0<x\leqslant 0.4) \\ y(0)=1 \end{cases}$$

的数值解(取步长$h=0.2$，运算过程中保留5位小数)。

解　将$f(x,y)=x+y^2$以及$h=0.2$代入二阶龙格—库塔格式(二阶中点格式)得

$$\begin{cases} y_{n+1}=y_n+0.2K_2 \\ K_1=x_n+y_n^2 \qquad\qquad (n=0,1,2,\cdots) \\ K_2=(x_n+0.1)+(y_n+0.1K_1)^2 \end{cases}$$

由初值$y_0=1$计算得：$n=0$时，$K_1=1.000\,00$，$K_2=1.310\,00$，$y(0.2)\approx y_1=1.262\,00$；$n=1$时，$K_1=1.792\,64$，$K_2=2.377\,92$，$y(0.4)\approx y_2=1.737\,45$。

8.2.2　四阶经典的龙格—库塔算法及变步长的龙格—库塔算法

1. 四阶经典的龙格—库塔算法

在m阶龙格—库塔差分公式(8－13)中，取$m=4$，类似于二阶龙格—库塔公式的推导，需要经过较为复杂的推导过程，可以得到四阶经典的龙格—库塔格式：

$$\begin{cases} y_{n+1}=y_n+\dfrac{h}{6}(K_1+2K_2+2K_3+K_4) \\ K_1=f(x_n,\ y_n) \\ K_2=f\left(x_n+\dfrac{1}{2}h,\ y_n+\dfrac{1}{2}hK_1\right) \\ K_3=f\left(x_n+\dfrac{1}{2}h,\ y_n+\dfrac{1}{2}hK_2\right) \\ K_4=f(x_n+h,\ y_n+hK_3) \end{cases} \tag{8-21}$$

格式(8－21)的截断误差为$y(x_{n+1})-y_{n+1}=O(h^5)$，具有四阶精度。该方法计算简单且

精度较高，但是它每一次计算 y_{n+1} 的值需要计算 4 次函数值 $f(x, y)$，计算量较大。

2. 变步长的龙格—库塔算法

从四阶经典的龙格—库塔算法来看，随着步长的缩小，所要完成求解的步数就会增加，这样就会使计算量增大，所以在满足精度的要求下，应考虑如何自动选择适当的步长。

考察四阶经典的龙格—库塔格式(8-21)，从节点出发，先以 h 为步长求出一个近似值，记为 $y_{n+1}^{(h)}$。由于四阶经典的龙格—库塔格式的截断误差为 $O(h^5)$，所以有

$$y(x_{n+1}) - y_{n+1}^{(h)} \approx Ch^5 \tag{a}$$

当 h 不大时，C 可以近似地看做常数。然后将步长折半，即取 $\frac{h}{2}$ 为步长，从节点 x_n 出发经过两步求得节点 x_{n+1} 的近似值，即 $y(x_{n+1}) \approx y_{n+1}^{(h/2)}$。由于每一步的截断误差为 $C\left(\frac{h}{2}\right)^5$，因此有

$$y(x_{n+1}) - y_{n+1}^{(h/2)} \approx 2C\left(\frac{h}{2}\right)^5 \tag{b}$$

将式(a)和式(b)相除，则有 $\dfrac{y(x_{n+1}) - y_{n+1}^{(h/2)}}{y(x_{n+1}) - y_{n+1}^{(h)}} \approx \dfrac{1}{16}$

整理得

$$y(x_{n+1}) - y_{n+1}^{(h/2)} \approx \frac{1}{15}\left[y_{n+1}^{(h/2)} - y_{n+1}^{(h)}\right]$$

这样，可以通过检查步长折半前后两次计算结果的偏差 $\delta = \left| y_{n+1}^{(h/2)} - y_{n+1}^{(h)} \right|$ 来判断所选取的步长是否合适，我们将这种方法称做变步长的龙格—库塔方法。

例 8-5　用梯形方法与四阶经典的龙格—库塔算法求解下列关于 $y = y(x)$ 的初值问题

$$\begin{cases} y' + y = 0 \quad (0 < x \leqslant 1) \\ y(0) = 1 \end{cases}$$

取步长 $h = 0.1$，并与精确解 $y = e^{-x}$ 相比较，计算结果保留 5 位小数。

解　由梯形计算公式(8-5)和四阶经典的龙格—库塔格式(8-21)得到的计算结果如表 8-4 所示。

表 8-4　梯形方法与四阶经典的龙格—库塔算法的计算结果

x_n	梯形方法 y_n	龙格—库塔方法 y_n	精确值 $y(x_n)$
0.1	0.904 76	0.904 84	0.904 84
0.3	0.740 63	0.740 82	0.740 82
0.5	0.606 28	0.606 53	0.606 53
0.7	0.496 30	0.496 59	0.496 59
0.9	0.406 26	0.406 57	0.406 57

例 8-6　用四阶经典的龙格—库塔算法求解初值问题

$$\begin{cases} y' = \sqrt{x + y} \quad (0 \leqslant x \leqslant 0.5) \\ y(0) = 1 \end{cases}$$

取步长 $h=0.1$，小数点后至少保留 5 位。

解　设 $f(x, y)=\sqrt{x+y}$，由四阶经典的龙格—库塔格式(8-21)，计算结果如下：

$$y(0.1)\approx 1.10492,\quad y(0.2)\approx 1.21941,\quad y(0.3)\approx 1.34309$$
$$y(0.4)\approx 1.47568,\quad y(0.5)\approx 1.61692$$

例 8-7　用四阶经典的龙格—库塔算法求解初值问题

$$\begin{cases} y'=x\sin(x+y) & (1\leqslant x\leqslant 9) \\ y(1)=0 \end{cases}$$

并计算 $y(1.8)$的近似值(取步长 $h=0.4$，小数点后至少保留 5 位)。

解　设 $f(x, y)=x\sin(x+y)$，$x_0=1$，$y_0=0$，$x_n=x_0+nh=1+0.4h(n=0, 1\cdots, 20)$。由四阶经典的龙格—库塔格式(8-21)，代入 $f(x, y)=x\sin(x+y)$有

$$\begin{cases} y_{n+1}=y_n+\dfrac{0.4}{6}(K_1+2K_2+2K_3+K_4) \\ K_1=(1+0.4n)\sin(1+0.4n+y_n) \\ K_2=(1.2+0.4n)\sin(1.2+0.4n+y_n+0.2K_1) \\ K_3=(1.2+0.4n)\sin(1.2+0.4n+y_n+0.2K_2) \\ K_4=(1.4+0.4n)\sin(1.4+0.4n+y_n+0.4K_3) \end{cases}$$

由 $y_0=1$，计算得

$$y(1.4)\approx 0.46039,\quad y(1.8)\approx 0.91170$$

8.2.3　四阶经典的龙格—库塔法算法设计

1. 四阶经典龙格—库塔算法的基本思想

利用差商公式，由微分中值定理，令 $K^*=f(\xi, y(\xi))$，将所给方程 $y'=f$ 改写为 $y(x_{n+1})=y(x_n)+hK^*$。在此基础上，通过增加计算 $f(x, y)$的次数，并用它们的线性组合作为 y_n 的补偿，可以得到 m 阶龙格—库塔差分公式。取 $m=4$，就得到了四阶经典的龙格—库塔格式。

- 输入参数：初值 x_0、y_0，步长 h，迭代步数 N。
- 输出参数：近似解 x_1、y_1或失败信息。
- 算法步骤：

Step 1：输入 x_0，y_0，h，N。

Step 2：赋初值 $n=0$。

Step 3：若 $n\geqslant N$，则输出错误信息，转向 Step 6；否则转向 Step 4。

Step 4：若 $n<N$，则转向 Step 5；否则转向 Step 6。

Step 5：$x_1=x_0+h$；$K_1=f(x_0, y_0)$；$K_2=f\left(x_0+\dfrac{h}{2}, y_0+\dfrac{h}{2}K_1\right)$；$K_3=f\left(x_0+\dfrac{h}{2}, y_0+\dfrac{h}{2}K_2\right)$；$K_4=f(x_0+h, y_0+hK_3)$；$y_1=y_0+\dfrac{h}{6}(K_1+2K_2+2K_3+K_4)$；输出 x_1，y_1；置 $n=n+1$；$x_0=x_1$；$y_0=y_1$，转向 Step 4。

Step 6：程序结束。

2. N-S 流程图

四阶经典龙格—库塔算法的 N-S 流程图如图 8-3 所示。

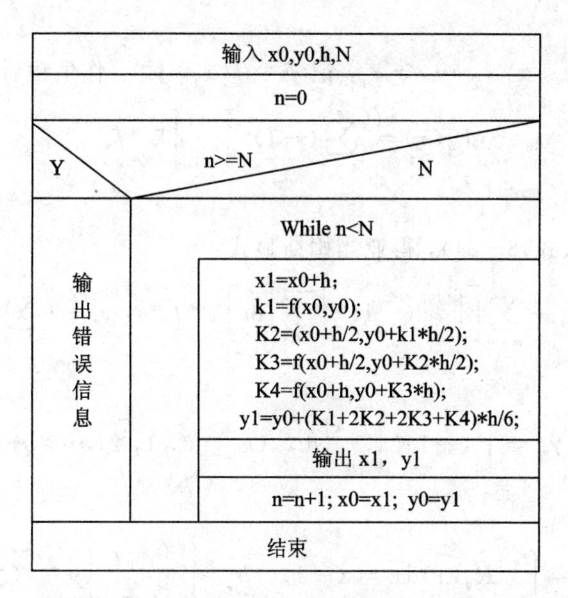

图 8－3　四阶经典的龙格—库塔算法的 N－S 流程图

8.3　亚当姆斯方法

龙格—库塔法是线性单步法，计算 y_{n+1} 时只用到前一个值 y_n。为此，我们自然想到，若能利用前面已算出的 y_0，y_1，…，y_n 这几个值的信息，则所得公式的计算精度会更高。亚当姆斯方法就是基于这种思想设计的一种线性多步法。

介绍欧拉方程的改进时曾指出，常微分方程初值问题

$$\begin{cases}\dfrac{\mathrm{d}y}{\mathrm{d}x}=f(x,\ y)\\ y(x_0)=y_0\end{cases}$$

等价于积分方程，即

$$y(x_{n+1})=y(x_n)+\int_{x_n}^{x_{n+1}}f(x,\ y(x))\mathrm{d}x$$

对积分式采用矩形公式和梯形公式得到欧拉公式和改进的欧拉公式，其截断误差分别为 $O(h^2)$ 和 $O(h^3)$。现用 k 次插值多项式 $P_k(x)$ 来代替 $f(x,\ y(x))$：

$$y(x_{n+1})=y(x_n)+\int_{x_n}^{x_{n+1}}P_k(x)\mathrm{d}x+\int_{x_n}^{x_{n+1}}R_k(x)\mathrm{d}x \tag{8-22}$$

舍去余项

$$R_k=\int_{x_n}^{x_{n+1}}R_k(x)\mathrm{d}x \tag{8-23}$$

并设 $y_n=y(x_n)$，而 y_{n+1} 为 $y(x_{n+1})$ 的近似值，于是可以得到线性多步法的计算公式：

$$y_{n+1}=y_n+\int_{x_n}^{x_{n+1}}P_k(x)\mathrm{d}x \tag{8-24}$$

8.3.1　亚当姆斯公式

亚当姆斯公式包含亚当姆斯显式和亚当姆斯隐式，依次介绍如下。

1. 亚当姆斯显式

取 $q+1$ 个基点 x_n，x_{n-1}，…，x_{n-q}，记 $f_n=f(x_n, y_n)$。作牛顿后差插值多项式，得

$$P_q(x)=\sum_{m=0}^{q}(-1)^m\begin{pmatrix}-t\\m\end{pmatrix}\nabla^m f_n \tag{8-25}$$

其中 $x=x_n+th$。

将式(8-25)带入式(8-24)，得亚当姆斯显式：

$$y_{n+1}=y_n+\sum_{m=0}^{q}\left[\int_{x_n}^{x_{n+1}}(-1)^m\begin{pmatrix}-t\\m\end{pmatrix}\mathrm{d}t\right]\nabla^m f_n=y_n+h\sum_{m=0}^{q}\gamma_m\nabla^m f_n \tag{8-26}$$

这里

$$\gamma_m=\int_0^1(-1)^m\begin{pmatrix}-t\\m\end{pmatrix}\mathrm{d}t\quad (m=0, 1, 2, \cdots, q) \tag{8-27}$$

余项即为

$$R_q=\int_{x_n}^{x_{n+1}}R_q(x)\mathrm{d}x=(-1)^{q+1}h^{q+2}\int_0^1\begin{pmatrix}-t\\q+1\end{pmatrix}y^{(q+2)}(\xi)\mathrm{d}t$$

设 $y^{(q+2)}(\xi)$为 t 的连续函数，由于$\begin{pmatrix}-t\\q+1\end{pmatrix}$在[0，1]保持定号，因此利用积分第二中值定理，可得

$$R_q=\int_{x_n}^{x_{n+1}}R_q(x)\mathrm{d}x=(-1)^{q+1}h^{q+2}y^{(q+2)}(\eta)\int_0^1\begin{pmatrix}-t\\q+1\end{pmatrix}\mathrm{d}t$$

其中 $\eta\in(x_{n-q}, x_n)$。

余项也可简记为 $R_q=h^{q+2}y^{(q+2)}(\eta)\gamma_{q+1}$。$\gamma_m$是多项式积分，如

$$\gamma_3=\frac{1}{6}\int_0^1 t(t+1)(t+2)\mathrm{d}t=\frac{1}{6}\left(\frac{1}{4}t^4+t^3+t^2\right)\Big|_0^1=\frac{3}{8}$$

常用的 γ_m计算结果见表 8-5。

表 8-5　常用的 γ_m 计算结果

m	0	1	2	3	4	…
γ_m	1	$\frac{1}{2}$	$\frac{5}{12}$	$\frac{3}{8}$	$\frac{251}{720}$	…

当 $q=2$ 时，有

$$R_3=h^{2+2}y^{(2+2)}(\eta)\gamma_{2+1}=\frac{3}{8}h^4y^{(4)}(\eta)$$

$$y_{n+1}=y_n+\frac{h}{12}(23f_n-16f_{n-1}+5f_{n-2}) \tag{8-28}$$

当 $q=3$ 时，有

$$R_3=h^{3+2}y^{(3+2)}(\eta)\gamma_{3+1}=\frac{251}{720}h^5y^{(5)}(\eta)$$

$$y_{n+1}=y_n+\frac{h}{24}(55f_n-59f_{n-1}+37f_{n-2}-9f_{n-3}) \tag{8-29}$$

例 8-8　应用四阶四步亚当姆斯显式求解初值问题：

$$\begin{cases} y'=x-y+1 & (0\leqslant x\leqslant 0.6) \\ y(0)=1 \end{cases}$$

取步长 $h=0.1$。

解　应用四步亚当姆斯显式必须有四个起步值。y_0已知，而 y_1、y_2、y_3可用精度相同的四阶龙格—库塔方法求出。

步长 $h=0.1$，节点 $x_n=nh=0.1n(n=0, 1, \cdots, 6)$。由四阶龙格—库塔法算出有 8 位有效数字的 y_1、y_2、y_3的值，即 $y_1=1.004\ 837\ 5$，$y_2=1.018\ 730\ 9$，$y_3=1.040\ 818\ 4$。

四阶四步亚当姆斯显式：

$$y_{n+1}=y_n+\frac{h}{24}(55f_n-59f_{n-1}+37f_{n-2}-9f_{n-3})$$

已知 $f_n=f(x_n, y_n)=x_n-y_n+1$，$h=0.1$，$x_n=0.1n$，那么

$$\begin{aligned} y_{n+1}&=y_n+\frac{0.1}{24}[55(x_n-y_n+1)-59(x_{n-1}-y_{n-1}+1) \\ &\quad+37(x_{n-2}-y_{n-2}+1)-9(x_{n-3}-y_{n-3}+1)] \\ &=\frac{1}{24}(18.5y_n+5.9y_{n-1}-3.7y_{n-2}+0.9y_{n-3}+0.24n+2.52) \end{aligned}$$

由此算出 $y_4=1.070\ 323\ 1$，$y_5=1.106\ 535\ 6$，$y_6=1.148\ 818\ 6$。

2. 亚当姆斯隐式

类似于上节，取 $q+1$ 个基点 x_{n+1}，x_n，$\cdots$，x_{n-q+1}，作牛顿后差插值多项式，得

$$P_q(x)=\sum_{m=0}^{q}(-1)^m\begin{pmatrix}-t\\m\end{pmatrix}\nabla^m f_{n+1} \tag{8-30}$$

其中 $x=x_{n+1}+th$。

将式(8-30)代入式(8-24)，可得亚当姆斯隐式：

$$\begin{aligned} y_{n+1}&=y_n+\sum_{m=0}^{q}\left[\int_{x_n}^{x_{n+1}}(-1)^m\begin{pmatrix}-t\\m\end{pmatrix}\mathrm{d}t\right]\nabla^m f_{n+1} \\ &=y_n+h\sum_{m=0}^{q}\left[\int_{-1}^{0}(-1)^m\begin{pmatrix}-t\\m\end{pmatrix}\mathrm{d}t\right]\nabla^m f_{n+1} \\ &=y_n+h\sum_{m=0}^{q}\gamma'_m\nabla^m f_{n+1} \end{aligned} \tag{8-31}$$

这里

$$\gamma'_m=\int_{-1}^{0}(-1)^m\begin{pmatrix}-t\\m\end{pmatrix}\mathrm{d}t\quad(m=0, 1, 2, \cdots, q) \tag{8-32}$$

亚当姆斯隐式的余项为

$$R'_q=\int_{x_n}^{x_{n+1}}R'_q(x)\mathrm{d}x=(-1)^{q+1}h^{q+2}\int_{-1}^{0}\begin{pmatrix}-t\\q+1\end{pmatrix}y^{(q+2)}(\xi)\mathrm{d}t$$

由于 $y^{(q+2)}(\xi)$为 t 的连续函数且$\begin{pmatrix}-t\\q+1\end{pmatrix}$在$[-1, 0]$保持定号，结合积分第二中值定理，

类似亚当姆斯显式的余项求法，可得余项

$$R'_q = h^{q+2} y^{(q+2)}(\eta)\gamma'_{q+1}$$

其中 $\eta \in (x_{n-q+1}, x_{n+1})$，$\gamma'_m$ 为多项式积分。常用的 γ'_m 计算结果见表 8-6。

表 8-6 常用的 γ'_m 计算结果

m	0	1	2	3	4	…
γ'_m	1	$-\frac{1}{2}$	$-\frac{1}{12}$	$-\frac{1}{24}$	$-\frac{19}{720}$	…

显然，当 $q=2$ 时，有

$$R'_2 = h^{2+2} y^{(2+2)}(\eta)\gamma'_{2+1} = -\frac{1}{24}h^4 y^{(4)}(\eta)$$

$$y_{n+1} = y_n + \frac{h}{12}(5f_{n+1} + 8f_n - f_{n-1}) \tag{8-33}$$

当 $q=3$ 时，有

$$R'_3 = h^{3+2} y^{(3+2)}(\eta)\gamma'_{3+2} = -\frac{19}{720}h^5 y^{(5)}(\eta)$$

$$y_{n+1} = y_n + \frac{h}{24}(9f_{n+1} + 19f_n - 5f_{n-1} + f_{n-2}) \tag{8-34}$$

8.3.2 亚当姆斯预报—校正

亚当姆斯隐式为隐式方程，其优点是计算比较稳定，但必须通过迭代才能求出 y_{n+1}。实际应用时，常采用亚当姆斯预报—校正公式，将亚当姆斯显式和隐式联立使用：采用亚当姆斯显式提供初值 $y_{n+1}^{(0)}$，再由亚当姆斯隐式迭代一次得到的结果作为 y_{n+1}。

现以 $q=2$ 为例，构造亚当姆斯预报—校正公式：

$$\begin{cases} y_{n+1}^{(0)} = y_n + \frac{h}{12}(23f_n - 16f_{n-1} + 5f_{n-2}) \\ y_{n+1} = y_n + \frac{h}{12}(5f_{n+1} + 8f_n - f_{n-1}) \end{cases} \tag{8-35}$$

当 $q=3$ 时，预报—校正公式如下：

$$\begin{cases} y_{n+1}^{(0)} = y_n + \frac{h}{24}(55f_n - 59f_{n-1} + 37f_{n-2} - 9f_{n-3}) \\ y_{n+1} = y_n + \frac{h}{24}(9f_{n+1} + 19f_n - 5f_{n-1} + f_{n-2}) \end{cases} \tag{8-36}$$

亚当姆斯方法与同阶的线性单步龙格—库塔方法相比，具有公式简单、计算量很小、程序容易实现的优点；其主要缺点是不能自动开始，初始值需要依赖其它方法获得。

下面介绍两种获得初始值的方法。

(1) 用单步法中的数值方法求出初始值。通常使用四阶龙格－库塔法求出初始函数值，且在计算时多取几位小数以保证具有足够的精度。

(2) 使用泰勒展开式(8-37)求出初始值。

$$y(x) = y(x_0) + y'(x_0)(x - x_0) + \frac{y''(x_0)}{2!}(x - x_0)^2 + \cdots \tag{8-37}$$

这里函数 $f(x, y)$ 必须比较简单，易于由初值问题算出各阶导数 $y'(x_0)$，$y''(x_0)$，…之值。

由于 $y'=f(x, y)$，根据二元函数的导数可知

$$y'(x_0)=f(x_0, y_0)$$
$$y''(x_0)=f_x(x_0, y_0)+y'(x_0)f_y(x_0, y_0)$$
$$y'''(x_0)=f_{xx}(x_0, y_0)+2y'(x_0)f_{xy}(x_0, y_0)+(y'(x_0))^2 f_{yy}(x_0, y_0)+y''(x_0)f_y(x_0, y_0)$$
$$\vdots$$

将 $y'(x_0)$，$y''(x_0)$，$y'''(x_0)$，…之值带入式(8-37)即可得到 $y(x)$的泰勒展开式。

例 8-9　用亚当姆斯方法求常微分方程初值问题

$$\begin{cases} y'=x-y^2 \quad (0\leqslant x\leqslant 1) \\ y(0)=0 \end{cases}$$

的数值解($h=0.1$)。

解　首先用泰勒展式求出三个点的值。因为

$$y'(x)=x-y^2(x)$$
$$y''(x)=1-2y(x)y'(x)$$
$$y'''(x)=-2[y^2(x)+y(x)y''(x)]$$
$$\vdots$$

所以得到

$$y(0)=y'(0)=y'''(0)=y^{(4)}(0)=y^{(6)}(0)=y^{(7)}(0)=0$$
$$y''(0)=1,\ y^{(5)}(0)=-6,\ y^{(8)}(0)=252,\ \cdots$$

于是，由泰勒展开式，得

$$y(x)=\frac{1}{2}x^2-\frac{1}{20}x^5+\frac{1}{20}x^8+\cdots$$

选取与初值 $x_0=0$ 对称的两个点 $x_{-1}=-h$，$x_1=h$(其中 $h=0.1$)，得到三个开始值：$y_{-1}=0.005\,000\,500\,0$，$y_0=0$，$y_1=0.004\,999\,500\,0$。

再用亚当姆斯预报—校正公式计算，从而得到[0，1]区间上的计算结果，见表 8-7。

表 8-7　例 8-9 计算结果

x_n	y_n	x_n	y_n
0	0	0.6	0.176 181 149 6
0.1	0.004 999 500 0	0.7	0.236 900 394 0
0.2	0.019 981 198 4	0.8	0.304 552 917 6
0.3	0.044 870 899 1	0.9	0.377 887 152 2
0.4	0.079 476 812 2	1.0	0.455 495 339 8
0.5	0.123 437 626 0		

例 8-10　以四阶四步亚当姆斯显式与隐式作为预报—校正公式求解如下初值问题：

$$\begin{cases} y'=y-\dfrac{2x}{y} \quad (0\leqslant x\leqslant 1) \\ y(0)=1 \end{cases}$$

取步长 $h=0.1$，将结果与精确解比较。

解　由于预报公式与校正公式都是四阶公式，所以按四阶公式求解。

由 $y_0=1$，按四阶龙格—库塔方法算出 $y_1=1.095\,446$，$y_2=1.183\,217$，$y_3=1.264\,912$。

(1) 四阶亚当姆斯显式作为预报公式(取步长 $h=0.1$)，即

$$y_{n+1}^{(0)}=y_n+\frac{0.1}{24}\left[55\left(y_n-\frac{2x_n}{y_n}\right)-59\left(y_{n-1}-\frac{2x_{n-1}}{y_{n-1}}\right)+37\left(y_{n-2}-\frac{2x_{n-2}}{y_{n-2}}\right)-9\left(y_{n-3}-\frac{2x_{n-3}}{y_{n-3}}\right)\right]$$

(2) 四阶亚当姆斯隐式作为校正公式(取步长 $h=0.1$)，即

$$y_{n+1}=y_n+\frac{0.1}{24}\left[9\left(y_{n+1}^{(0)}-\frac{2x_{n+1}}{y_{n+1}^{(0)}}\right)+19\left(y_n-\frac{2x_n}{y_n}\right)-5\left(y_{n-1}-\frac{2x_{n-1}}{y_{n-1}}\right)+\left(y_{n-2}-\frac{2x_{n-2}}{y_{n-2}}\right)\right]$$

该问题的精确解为 $y=\sqrt{1+x}$。数值计算结果和精确解结果及误差列于表 8-8。

表 8-8　例 8-10 计算结果和精确解结果及误差

x_n	近似解 y_n	精确解 $y(x_n)$	误差 $\lvert y(x_n)-y_n \rvert$
0	1.000 000	1.000 000	0.000 000
0.1	1.095 446	1.095 445	0.000 001
0.2	1.183 217	1.183 216	0.000 001
0.3	1.264 912	1.264 911	0.000 001
0.4	1.341 641	1.341 641	0.000 000
0.5	1.414 214	1.414 214	0.000 000
0.6	1.483 240	1.483 240	0.000 000
0.7	1.549 193	1.549 193	0.000 000
0.8	1.612 451	1.612 452	−0.000 001
0.9	1.673 320	1.673 320	0.000 000
1.0	1.732 050	1.732 051	−0.000 001

8.3.3　亚当姆斯预报—校正的误差分析

由于亚当姆斯预报—校正公式同时包含了亚当姆斯显式(预报公式)和隐式(校正公式)，因此下面依次分析亚当姆斯显式和隐式的误差。

以 $q=3$ 为例，根据三阶亚当姆斯显式(8-29)及泰勒展开式得

$$\begin{aligned}y_{n+1}&=y_n+\frac{h}{24}(55y_n'-59y'_{n-1}+37y'_{n-2}-9y'_{n-3})\\&=y_n+hy'_n+\frac{1}{2}h^2y''_n+\frac{1}{6}h^3y'''_n+\frac{1}{24}h^4y_n^{(4)}-\frac{49}{144}h^5y_n^{(5)}+\cdots\end{aligned}$$

从而，三阶亚当姆斯显式的截断误差为

$$y(x_{n+1})-y_{n+1}=\frac{1}{120}h^5y_n^{(5)}+\frac{49}{144}h^5y_n^{(5)}+\cdots=\frac{251}{720}h^5y_n^{(5)}+\cdots=o(h^5)\qquad(8-38)$$

上式说明，亚当姆斯隐式是四阶的方法。这也是上节获得初始值时，采用四阶龙格—库塔法求解的原因。

类似地，可以推得三阶亚当姆斯隐式的截断误差为

$$y(x_{n+1})-y_{n+1}=-\frac{19}{720}h^5y_n^{(5)}+\cdots=o(h^5)\qquad(8-39)$$

将预报和校正公式(8-38)和公式(8-39)的截断误差相减，并略去含有 h^6 以上的后面各项得

$$y_{n+1}-y_{n+1}^{(0)}\approx\frac{3}{8}h^5y_n^{(5)}$$

将上式带入(8 - 39)并经整理得

$$y(x_{n+1}) - y_{n+1} \approx -\frac{19}{270}(y_{n+1} - y_{n+1}^{(0)}) \tag{8-40}$$

上式即亚当姆斯预报—校正的误差。通过该公式，还可以根据计算要求的精度确定步长 h。在计算过程中，检验不等式

$$\frac{19}{270}|y_{n+1} - y_{n+1}^{(0)}| < \varepsilon$$

是否满足。若不满足，应适当缩小步长。上述推导过程虽不严密，但所得结论适用于计算。

8.4　一阶微分方程组及高阶微分方程

8.4.1　一阶微分方程组的数值解

本章前几节研究了单个方程$\frac{dy}{dx}=f(x, y)$初值问题的数值解法。如果把 y 和函数 f 都推广至向量，那么本章所讲的各种数值求解公式，都可以推广应用到一阶方程组的情形。

一般地，给定一阶微分方程组的初值问题：

$$\begin{cases} y'_1 = f_1(x, y_1, y_2, \cdots, y_m), \ y_1(x_0) = y_1^0 \\ y'_2 = f_2(x, y_1, y_2, \cdots, y_m), \ y_2(x_0) = y_2^0 \\ \vdots \\ y'_m = f_m(x, y_1, y_2, \cdots, y_m), \ y_m(x_0) = y_m^0 \end{cases} \tag{8-41}$$

引入向量 $\boldsymbol{y}=(y_1, y_2, \cdots, y_m)$，$\boldsymbol{f}=(f_1, f_2, \cdots, f_m)$，$\boldsymbol{y}_0=(y_1^0, y_2^0, \cdots, y_m^0)$，式(8 - 41)可写为

$$\begin{cases} \boldsymbol{y}' = \boldsymbol{f}(x, \boldsymbol{y}) \\ \boldsymbol{y}(x_0) = \boldsymbol{y}_0 \end{cases} \tag{8-42}$$

采用四阶龙格一库塔法求解的公式为

$$\begin{cases} \boldsymbol{y}_{n+1} = \boldsymbol{y}_n + \frac{1}{6}(\boldsymbol{k}_1 + 2\boldsymbol{k}_2 + 3\boldsymbol{k}_3 + \boldsymbol{k}_4) \\ \boldsymbol{k}_1 = h\boldsymbol{f}(x_n, \boldsymbol{y}_n) \\ \boldsymbol{k}_2 = h\boldsymbol{f}\left(x_n + \frac{1}{2}h, \boldsymbol{y}_n + \frac{1}{2}\boldsymbol{k}_1\right) \\ \boldsymbol{k}_3 = h\boldsymbol{f}\left(x_n + \frac{1}{2}h, \boldsymbol{y}_n + \frac{1}{2}\boldsymbol{k}_2\right) \\ \boldsymbol{k}_4 = h\boldsymbol{f}(x_n + h, \boldsymbol{y}_n + \boldsymbol{k}_3) \end{cases} \tag{8-43}$$

下面仅以含两个方程的方程组

$$\begin{cases} y' = f(x, y, z), \ y(x_0) = y_0 \\ z' = g(x, y, z), \ z(x_0) = z_0 \end{cases} \tag{8-44}$$

为例，说明公式(8 - 43)的求解方法。此时，四阶龙格—库塔公式为

$$\begin{cases} y_{n+1} = y_n + \frac{1}{6}(k_1 + 2k_2 + 3k_3 + k_4) \\ z_{n+1} = z_n + \frac{1}{6}(l_1 + 2l_2 + 3l_3 + l_4) \end{cases} \tag{8-45}$$

其中

$$\begin{cases} k_1 = hf(x_n, y_n, z_n), & l_1 = hg(x_n, y_n, z_n) \\ k_2 = hf\left(x_n + \frac{1}{2}h, y_n + \frac{1}{2}k_1, z_n + \frac{1}{2}l_1\right), & l_2 = hg\left(x_n + \frac{1}{2}h, y_n + \frac{1}{2}k_1, z_n + \frac{1}{2}l_1\right) \\ k_3 = hf\left(x_n + \frac{1}{2}h, y_n + \frac{1}{2}k_2, z_n + \frac{1}{2}l_2\right), & l_3 = hg\left(x_n + \frac{1}{2}h, y_n + \frac{1}{2}k_2, z_n + \frac{1}{2}l_2\right) \\ k_4 = hf(x_n + h, y_n + k_3, z_n + l_3), & l_4 = hg(x_n + h, y_n + k_3, z_n + l_3) \end{cases}$$

具体计算时，应按照 k_1，l_1，k_2，l_2，k_3，l_3，k_4，l_4 的顺序计算，并将所得到的值带入式(8-45)。

例 8-11　取步长 $h=0.1$，求解初值问题：

$$\begin{cases} y' = \frac{1}{2}, & z' = -\frac{1}{y} \\ y(0) = 1, & z(0) = 1 \end{cases}$$

解　利用公式(8-45)进行计算，列结果于表 8-9。

表 8-9　例 8-11 计算结果

x_n	y_n	z_n
0.0	1	1
0.1	1.105 17	0.904 838
0.2	1.221 40	0.818 731
0.3	1.349 86	0.740 819
0.4	1.491 82	0.670 321
0.5	1.648 72	0.606 532
0.6	1.822 12	0.548 813
0.7	2.013 75	0.496 586
0.8	2.225 54	0.449 33
0.9	2.459 6	0.406 571
1.0	2.718 27	0.367 881

8.4.2　高阶微分方程的数值解

对于高阶(m 阶)常微分方程的初值问题

$$\begin{cases} y^{(m)} = f_1(x, y', y'', \cdots, y^{(m-1)}) \\ y(x_0) = y_0, y'(x_0) = y'_0, \cdots, y^{(m-1)}(x_0) = y_0^{(m-1)} \end{cases} \tag{8-46}$$

作代换 $y=y_1$，$y'=y_2$，…，$y^{(m-1)}=y_m$，可将式(8-46)转换为下面的一阶微分方程组：

$$\begin{cases} y'_1 = y_2, y'_2 = y_3 \\ \vdots \qquad \vdots \\ y'_{m-1} = y_m, y'_m = f(x, y_1, y_2, \cdots, y_m) \\ y_1(x_0) = y_0, y_2(x_0) = y'_0, \cdots, y_m(x_0) = y_m^{(m-1)} \end{cases}$$

下面以二阶微分方程的初值问题

$$\begin{cases} y'' = f(x, y, y') \\ y(x_0) = y_0, y'(x_0) = y'_0 \end{cases} \tag{8-47}$$

为例给出具体求解方法。

引入新变量 $z=y'$，则式(8-47)可化为下述一阶方程组的初值问题：

$$\begin{cases} y' = z, z' = f(x, y, z) \\ y(x_0) = y_0, z(x_0) = y'_0 \end{cases} \tag{8-48}$$

由公式(8-45)，则

$$\begin{cases} y_{n+1} = y_n + \dfrac{1}{6}(k_1 + 2k_2 + 3k_3 + k_4) \\ z_{n+1} = z_n + \dfrac{1}{6}(l_1 + 2l_2 + 3l_3 + l_4) \end{cases}$$

其中

$$\begin{cases} k_1 = hz_n, & l_1 = hf(x_n, y_n, z_n) \\ k_2 = hz_n + \dfrac{h}{2}l_1, & l_2 = hf\left(x_n + \dfrac{1}{2}h, y_n + \dfrac{1}{2}k_1, z_n + \dfrac{1}{2}l_1\right) \\ k_3 = hz_n + \dfrac{h}{2}l_2, & l_3 = hf\left(x_n + \dfrac{1}{2}h, y_n + \dfrac{1}{2}k_2, z_n + \dfrac{1}{2}l_2\right) \\ k_4 = hz_n + hl_3, & l_4 = hf(x_n + h, y_n + k_3, z_n + l_3) \end{cases}$$

消去 k_1、k_2、k_3 和 k_4，则上述公式可简化为

$$\begin{cases} y_{n+1} = y_n + hz_n + \dfrac{h}{6}(l_1 + l_2 + l_3) \\ z_{n+1} = z_n + \dfrac{1}{6}(l_1 + 2l_2 + 3l_3 + l_4) \end{cases} \tag{8-49}$$

其中

$$\begin{cases} l_1 = hf(x_n, y_n, z_n) \\ l_2 = hf\left(x_n + \dfrac{1}{2}h, y_n + \dfrac{1}{2}hz_n, z_n + \dfrac{1}{2}l_1\right) \\ l_3 = hf\left(x_n + \dfrac{1}{2}h, y_n + \dfrac{1}{2}hz_n + \dfrac{1}{4}h^2 l_1, z_n + \dfrac{1}{2}l_2\right) \\ l_4 = hf\left(x_n + h, y_n + hz_n + \dfrac{1}{2}h^2 l_2, z_n + l_3\right) \end{cases} \tag{8-50}$$

利用式(8-50)与式(8-49)，可自左向右逐个计算出这 n 个点 x_1，x_2，…，x_n所对应的值 y_1，y_2，…，y_n。

例 8-12　取步长 $h=0.1$，求解微分方程：

$$\begin{cases} y'' - 2y' + 2y = e^{2x}\sin x \quad (0 \leqslant x \leqslant 1) \\ y(0) = -0.4, y'(0) = -0.6 \end{cases}$$

解　令 $z=y'$，则上述二阶常微分方程初值问题转化为下列一阶方程组初值问题：

$$\begin{cases} y' = z, z' = e^{2x}\sin x - 2y + 2z \\ y(0) = -0.4, z(0) = -0.6 \end{cases}$$

记 $z'=f(x, y, z)$，用经典的龙格—库塔法计算得到的结果见表 8-10。

表 8－10　例 8－12 计算结果

x_n	y_n	精确解 $y(x_n)$	误差 $\lvert y(x_n)-y_n \rvert$
0.0	－0.400 000 00	－0.400 000 00	0.000 000 00
0.1	－0.461 733 34	－0.461 732 97	0.000 000 37
0.2	－0.525 559 88	－0.525 559 05	0.000 000 83
0.3	－0.588 601 44	－0.588 600 05	0.000 001 39
0.4	－0.646 612 31	－0.646 610 28	0.000 002 03
0.5	－0.693 566 66	－0.693 563 95	0.000 002 71
0.6	－0.721 151 90	－0.721 148 49	0.000 003 41
0.7	－0.718 152 95	－0.718 148 90	0.000 004 05
0.8	－0.669 711 33	－0.669 706 77	0.000 004 56
0.9	－0.556 442 90	－0.556 438 14	0.000 004 76
1.0	－0.353 398 86	－0.353 394 36	0.000 004 50

8.5　算例分析

例 1　用欧拉法计算初值问题

$$\begin{cases} y'=x^2+100y^2 \\ y(0)=0 \end{cases}$$

的解函数 $y(x)$ 在 $x=0.3$ 时的近似值(取步长 $h=0.1$，小数点后至少保留 4 位)。

解　欧拉格式为 $y_{n+1}=y_n+h(x_n^2+100y_n^2)=y_n+0.1(x_n^2+100y_n^2)$。由 $y_0=0$ 计算得到，$y(0.1)\approx y_1=0.0000$，$y(0.2)\approx y_2=0.0010$，$y(0.3)\approx y_3=0.0050$。

例 2　用梯形公式计算积分 $y=\int_0^x \mathrm{e}^{-t^2}\,\mathrm{d}t$ 在 $x=0.5$，0.75，1 时的近似值(至少保留 6 位小数)。

解　通过求导，可以把积分问题化为微分问题

$$\begin{cases} y'=\mathrm{e}^{-x^2} \\ y(0)=0 \end{cases}$$

取步长 $h=0.25$，梯形公式为

$$y_{n+1}=y_n+\frac{h}{2}[f(x_n,\ y_n)+f(x_{n+1},\ y_{n+1})]$$

因为 $f(x,\ y)=\mathrm{e}^{-x^2}$，故

$$y_{n+1}=y_n+\frac{h}{2}[\mathrm{e}^{-x_n^2}+\mathrm{e}^{-x_{n+1}^2}]$$

由 $y_0=0$ 计算得

$$y(0.25)\approx y_1=0.242\,427,\ y(0.50)\approx y_2=0.457\,204$$

$$y(0.75)\approx y_3=0.625\,777,\ y(1.00)\approx y_4=0.742\,985$$

例 3　用梯形法和改进的欧拉公式求解初值问题

$$\begin{cases} y' = x + y & (0 \leqslant x \leqslant 0.5) \\ y(0) = 1 \end{cases}$$

取步长 $h=0.1$，并与精确解 $y=-x-1+2e^x$ 相比较，计算结果保留 6 位小数。

解　(1) 梯形法计算公式为

$$y_{n+1} = y_n + \frac{h}{2}[x_n + y_n + x_{n+1} + y_{n+1}]$$

解得

$$y_{n+1} = \frac{1}{\left(1-\frac{h}{2}\right)}\left[\left(1+\frac{h}{2}\right)y_n + \frac{h(x_n + x_{n+1})}{2}\right] \quad (n=0, 1, 2, 3, 4)$$

(2) 改进的欧拉公式为

$$\begin{cases} y_{n+1}^{(0)} = y_n + h(x_n + y_n) = hx_n + (1+h)y_n \\ y_{n+1}^{(k+1)} = y_n + \frac{h}{2}[(x_n + y_n) + (x_{n+1} + y_{n+1}^{(k)})] \end{cases} \quad (k=0, 1, 2, 3, 4)$$

将 $h=0.1$，$y_0=1$ 代入上面的计算格式，结果见表 8-11。

表 8-11　例 3 计算结果

x_n	梯形法 y_n	$\lvert y_n - y(x_n)\rvert$	改进的欧拉公式 y_n	$\lvert y_n - y(x_n)\rvert$
0	1.000 000	0.000 000	1.000 000	0.000 000
0.1	1.110 526	0.000 184	1.110 000	0.000 342
0.2	1.243 213	0.000 408	1.242 050	0.000 756
0.3	1.400 394	0.000 676	1.398 465	0.001 252
0.4	1.584 646	0.000 996	1.581 804	0.001 845
0.5	1.798 819	0.001 376	1.794 894	0.002 549

例 4　用四阶经典的龙格—库塔方法求解初值问题

$$\begin{cases} y' = y + x & (0 < x \leqslant 1) \\ y(0) = 1 \end{cases}$$

取步长 $h=0.1$，并与精确解 $y(x)=-x-1+2e^x$ 相比较。

解　将 $y(0)=1$ 代入四阶经典的龙格—库塔格式(8-21)中，计算结果见表 8-12。

表 8-12　例 4 计算结果

x_n	y_n	精确值 $y(x_n)$
0.2	1.242 805	1.242 806
0.4	1.583 649	1.583 649
0.6	2.044 236	2.044 238
0.8	2.651 079	2.651 082
1.0	3.436 560	3.436 564

例 5　对初值问题

$$\begin{cases} y' = -y + x + 1 \\ y(0) = 1 \end{cases}$$

取步长 $h=0.1$，用四阶经典的龙格—库塔方法求 $y(0.2)$ 的近似值，并与解函数 $y=x+e^{-x}$ 在 $x=0.2$ 处的值比较。

解 将 $f(x, y)=1+x-y$ 及 $h=0.1$ 代入经典四阶龙格—库塔格式(8-21)中得

$$\begin{cases} y_{n+1}=y_n+\dfrac{0.1}{6}(K_1+2K_2+2K_3+K_4) \\ K_1=1+x_n-y_n \\ K_2=1+(x_n+0.05)-(y_n+0.05K_1) \\ K_3=1+(x_n+0.05)-(y_n+0.05K_2) \\ K_4=1+(x_n+0.1)-(y_n+0.1K_3) \end{cases} \quad (n=0, 1, 2, \cdots)$$

当 $n=0$ 时，$K_1=0.000\ 000\ 000$，$K_2=0.050\ 000\ 000$，$K_3=0.047\ 500\ 000$，$K_4=0.095\ 250\ 000$，$y(0.1)\approx y_1=y_0+\dfrac{0.1}{6}(K_1+2K_2+2K_3+K_4)=1.004\ 837\ 500$。

当 $n=1$ 时，$K_1=0.095\ 162\ 500$，$K_2=0.140\ 404\ 375$，$K_3=0.138\ 142\ 281$，$K_4=0.181\ 348\ 271$，$y(0.2)\approx y_2=y_1+\dfrac{0.1}{6}(K_1+2K_2+2K_3+K_4)=1.018\ 730\ 901$。

精确值为 $y(0.2)=0.2+e^{-0.2}=1.018\ 730\ 753\cdots$，故误差为

$$|y(0.2)-y_2|\approx 1.47\times 10^{-7}$$

例 6 用如下四步四阶的亚当姆斯显式

$$y_{n+1}=y_n+\frac{h}{24}(55f_n-59f_{n-1}+37f_{n-2}-9f_{n-3})$$

求解初值问题

$$\begin{cases} \dfrac{dy}{dx}=3x-2y \quad (0\leqslant x\leqslant 0.5) \\ y(0)=1 \end{cases}$$

取步长 $h=0.1$，小数点后至少保留 6 位。

解 先用四阶单步法如四阶经典龙格—库塔法求 y_1、y_2、y_3，由于 $f(x, y)=3x-2y$，于是

$$\begin{cases} K_1=hf(x_n, y_n)=0.3x_n-0.2y_n \\ K_2=hf\left(x_n+\dfrac{h}{2}, y_n+\dfrac{K_1}{2}\right)=0.27x_n-0.18y_n+0.015 \\ K_3=hf\left(x_n+\dfrac{h}{2}, y_n+\dfrac{K_2}{2}\right)=0.273x_n-0.182y_n+0.0135 \\ K_4=hf(x_n+h, y_n+K_3)=0.2454x_n-0.1636y_n+0.0273 \\ y_{n+1}=y_n+\dfrac{1}{6}(K_1+2K_2+2K_3+K_4)=0.2719x_n-0.818\ 733y_n+0.014\ 05 \end{cases}$$

由 $y(0)=y_0=1$ 计算得

$$y(0.1)\approx y_1=0.832\ 783$$
$$y(0.2)\approx y_2=0.723\ 067$$
$$y(0.3)\approx y_3=0.660\ 429$$

再由四阶亚当姆斯显式得

$$y_{n+1}=y_n+\frac{0.1}{24}\{(165x_n-110y_n)+(-177x_{n-1}+118y_{n-1})+(111x_{n-2}-74y_{n-2})+(-27x_{n-3}+18y_{n-3})\}$$

从而

$$y(0.4)\approx y_4=y_3+\frac{0.1}{24}\{(165x_3-110y_3)+(-177x_2+118y_2)+(111x_1-74y_1)+(-27x_0+18y_0)\}=0.636\,446$$

$$y(0.5)\approx y_5=y_4+\frac{0.1}{24}\{(165x_4-110y_4)+(-177x_3+118y_3)+(111x_2-74y_2)+(-27x_1+18y_1)\}=0.643\,976$$

本章小结

本章主要介绍了一阶常微分方程的几种常用的数值解法——欧拉公式、梯形方法、改进的欧拉公式、龙格—库塔方法、亚当姆斯方法，然后在此基础上再介绍一阶微分方程组及高阶微分方程的数值解法。

欧拉公式的基本思想就是在微分方程中用差商替代导数，此方法在几何上就是用一系列折线去代替曲线。欧拉格式是一种显式计算方法，计算、编程简单，但精度低。

梯形格式和欧拉格式比，虽然提高了精度，但它是一种隐式计算方法，计算量大，求解麻烦。

改进的欧拉格式和梯形格式的精度一样，都是二阶的。但前者是一种显式计算方法，相比较后者而言，计算量不大，便于求解。

二阶龙格—库塔公式具有二阶精度，但它做每一步仍然需要两次计算函数 $f(x, y)$ 的值，工作量和改进的欧拉格式相同。四阶经典的龙格—库塔格式具有四阶精度，计算简单且精度较高，它的不足是计算量较大。

亚当姆斯方法具有四阶精度，与同阶的线性单步龙格—库塔方法相比，具有公式简单、计算量很小、程序容易实现的优点；其主要缺点是不能自动开始，初始值需要依赖其它方法获得。一般常采用单步法中的数值方法，如四阶龙格－库塔法，计算初始值；也可使用泰勒展开式求解。使用四阶龙格－库塔法求初始值时，需要在计算时多取几位小数以保证具有足够的精度。使用泰勒展开式求初始值时，需要选择各阶导数之值容易计算的简单函数。

习　题

1. 用二阶泰勒展开法求初值问题

$$\begin{cases}y'=x^2+y^2\\y(1)=1\end{cases}$$

的解在 $x=1.5$ 时的近似值(取步长 $h=0.25$，小数点后至少保留 5 位)。

2. 用欧拉公式求解初值问题

$$\begin{cases}\dfrac{\mathrm{d}y}{\mathrm{d}x}=1+x^3+y^3\\ y(0)=0\end{cases}$$

的解函数 $y(x)$ 在 $x=0.4$ 处的近似值(取步长 $h=0.1$，计算结果至少保留 6 位小数)。

3. 用欧拉法计算积分 $y=\int_0^x \mathrm{e}^{-t^2}\,\mathrm{d}t$ 在 $x=0.5, 1.0, 1.5, 2.0$ 处的近似值(至少保留 5 位小数)。

4. 用改进的欧拉公式求解下列关于 $y=y(x)$ 的初值问题

$$\begin{cases}y'=-y \quad (0\leqslant x\leqslant 1)\\ y(0)=1\end{cases}$$

取步长 $h=0.1$，将结果与其精确解 $y=\mathrm{e}^{-x}$ 比较。

5. 用改进的欧拉公式求解初值问题

$$\begin{cases}y'+y+y^2\sin x=0\\ y(1)=1\end{cases}$$

要求取步长 $h=0.2$，计算 $y(1.2)$ 及 $y(1.4)$ 的近似值，小数点后至少保留 5 位。

6. 用改进欧拉法和梯形法解初值问题

$$\begin{cases}y'=x^2+x-y\\ y(0)=0\end{cases}$$

要求取步长 $h=0.1$，计算到 $x=0.5$。

7. 用如下改进的欧拉格式

$$\begin{cases}y_{n+1}^{(0)}=y_n+hf(x_n, y_n)\\ y_{n+1}^{(k+1)}=y_n+\dfrac{h}{2}[f(x_n, y_n)+f(x_{n+1}, y_{n+1}^{(k)})]\end{cases} \quad (k=0, 1, 2, \cdots; n=0, 1, 2, \cdots)$$

求解初值问题

$$\begin{cases}y'=\mathrm{e}^x\sin(xy) \quad (0<x\leqslant 1)\\ y(0)=1\end{cases}$$

如何选取步长 h，使上述格式关于 k 的迭代收敛。

8. 取 $h=0.2$，用四阶经典的龙格—库塔方法求解下列初值问题：

$$\begin{cases}y'=\dfrac{3y}{1+x} \quad (0<x<1)\\ y(0)=1\end{cases}$$

9. 写出四阶经典龙格—库塔法求解初值问题

$$\begin{cases}y'=8-3y\\ y(0)=2\end{cases}$$

的计算公式，并取步长 $h=0.2$，计算 $y(0.4)$ 的近似值，小数点后至少保留 4 位。

10. 用四阶经典的龙格—库塔方法求初值问题

$$\begin{cases}y'=y-\dfrac{2x}{y} \quad (0\leqslant x\leqslant 1)\\ y(0)=1\end{cases}$$

的数值解，取步长 $h=0.2$。

11. 分别用二阶亚当姆斯显式和隐式求解初值问题

$$\begin{cases} y'=1-y \\ y(0)=0 \end{cases}$$

取步长 $h=0.2$，$y_0=0$，$y_1=0.181$，计算 $y(1.0)$，并与准确解 $y=1-e^{-x}$ 相比较。

12. 应用四阶四步亚当姆斯显式求解初值问题

$$\begin{cases} y'=3x-2y \quad (0\leqslant x\leqslant 0.5) \\ y(0)=1 \end{cases}$$

的数值解，取步长 $h=0.1$，计算结果保留小数点后 6 位。

13. 设有求解常微分方程初值问题 $y'=f(x, y)$，$y(x_0)=\eta$ 的线性二步显式：

$$y_{n+1}=\alpha_0 y_n+\alpha_1 y_{n-1}+h(\beta_0 f_n+\beta_1 f_{n-1})$$

其中 $f_n=f(x_n, y_n)$，$f_{n-1}=f(x_{n-1}, y_{n-1})$。确定参数 α_0、α_1、β_0、β_1，使其成为三阶格式。

14. 用四步四阶亚当姆斯显式求初值问题

$$\begin{cases} y'=x+y \quad (0\leqslant x\leqslant 0.5) \\ y(0)=1 \end{cases}$$

的数值解。取步长 $h=0.1$，计算结果保留小数点后 9 位。

15. 写出下列常微分方程等价的一阶方程组：

(1) $y''=y'(1-y^2)-y$　　(2) $y'''=y'-2y'+y-x+1$

第 9 章　数值计算方法的编程实现

9.1　MATLAB 编程基础

9.1.1　MATLAB 简介

MATLAB(Matrix Laboratory)是美国 MathWorks 公司开发的用于概念设计、算法开发、建模仿真、实时实现的理想的集成环境，是目前最好的科学计算类软件。作为和 Mathematica、Maple 并列的三大数学软件之一，其强项就是强大的矩阵计算及仿真能力。MATLAB 提供了自己的编译器，全面兼容 C++以及 Fortran 两大语言。

数值计算功能是数学软件 MATLAB 的基础和特色，强大的数值计算功能使得 MATLAB 在诸多的数学软件中傲视群雄。自商用的 MATLAB 软件推出之后，它的数值计算功能就在不断地改进并日趋完善。目前的 MATLAB 8.2 版本更是把其数值计算功能推向了一个新的高度。正是由于 MATLAB 有了如此令人惊叹的强大数值计算功能，MathWorks 公司才有能力把 MATLAB 的应用延伸到不同的专业、不同的行业和部门的各个领域，使其成为世界上最优秀、应用最广泛、最受用户喜爱的数学软件。

9.1.2　命令窗口

命令窗口(Command Window)是 MATLAB 的主要交互窗口，用于输入并显示除图形外的所有执行结果。命令窗口如图 9－1 所示。

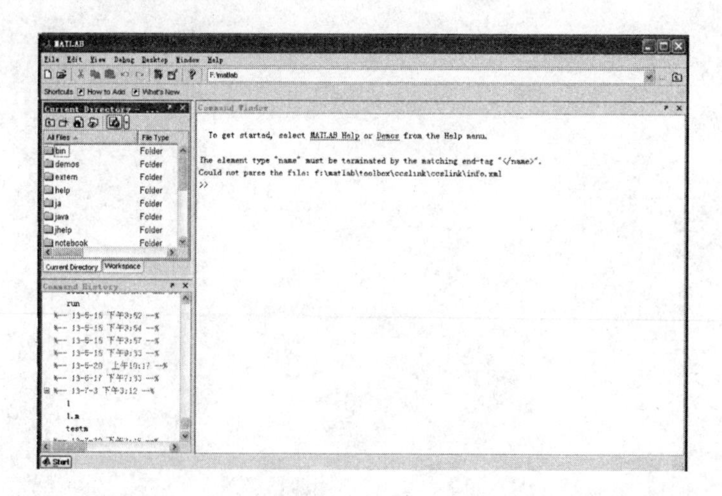

图 9－1　命令窗口

在命令窗口内执行的 MATLAB 主要操作有：

(1) 运行函数和输入变量；

(2) 控制输入和输出；

(3) 执行程序，包括 M 文件和外部程序；

(4) 保存一段日志；

(5) 打开或关闭其它应用窗口；

(6) 各应用窗口的参数选择。

计算机安装 MATLAB 之后，双击 MATLAB 图标，就可以进入命令窗口，此时系统处于准备接受命令的状态，可以在命令窗口直接输入命令语句。

MATLAB 语句形式为：

　　＞＞变量＝表达式

通过等号将表达式的值赋予变量。当输入＜Enter＞键时，该语句被执行。语句执行之后，窗口自动显示出语句执行的结果。

一般来说，一个命令行输入一条命令，并以按＜Enter＞键结束；但一个命令行也可以输入若干条命令，各命令之间以逗号分隔，若前一命令后带有分号，则逗号可以省略。使用方向键和控制键可以编辑、修改已输入的命令，＜↑＞键回调上一行命令，＜↓＞键回调下一行命令。

MATLAB 中的 3 个小黑点为续行号，表示一条语句可分为几行编写。而分号";"的作用是不在命令窗口中显示中间结果，但将变量驻留在内存中。

例 9-1

```
>>a=1; b=2; c=a+b
c=
        3
```

例 9-2

```
>>a=1, b=2, c=a+b
a =
        1
b=
        2
c=
        3
```

以上两个例子都是在一个命令行输入 3 条命令，不同的是两条命令之间的分隔符不同，一个是逗号，一个是分号。可以看出，一条命令后如果带一个分号，则该命令执行结果不显示。

再看一个例子。

例 9-3　在命令行中输入二维数组。

```
>>B=[1, 2, 3; 4, 5, 6]
B=
          1    2    3
          4    5    6
```

在命令窗口中可输入的对象除 MATLAB 命令外，还包括函数、表达式、语句以及 M

文件名等，为叙述方便，这些可输入的对象以后通称为语句。

9.1.3 矩阵及矩阵运算

MATLAB 的所有数值功能都是以矩阵为基本单元进行的，因此，MATLAB 的矩阵运算功能可以说是最全面、最强大的。

1. 矩阵的生成

1) 直接输入小矩阵

生成矩阵最常用的方法是从键盘上直接输入，这种方法适合较小的矩阵。在用此方法创建矩阵时，需要注意以下几点：

(1) 输入矩阵时要以“[]”为标识，即矩阵元素应在“[]”的内部；

(2) 矩阵的同行元素之间用空格或“;”号分隔，行与行之间用“;”号或回车符分隔；

(3) 矩阵大小可不预先定义，无任何元素的空矩阵也是合法的；

(4) 若不想获取中间结果，可以用“;”号结束；

(5) 矩阵元素可是运算表达式。

例 9-4 创建一个简单的数值矩阵。

```
>>A=[1 2 3; 4 5 6; 7 8 9]
8A=
        1    2    3
        4    5    6
        7    8    9
```

2) 创建 M 文件输入大矩阵

当矩阵较大时，直接输入就显得比较笨拙，且容易出错。为解决此问题，可利用 M 文件的特点将所要输入的矩阵按格式先写入一个文本文件中，并将此文件存为 M 文件。在 MATLAB 的命令窗口输入此 M 文件名，则所要输入的大型矩阵就被输入到内存中。

例 9-5 创建名为 test1.m 的 M 文件，以输入矩阵。

```
%test1.m
exm=[1 2 3 77 56 54;
     86 45 5 7 98 567;
     32 34 45 44 67 78;
     0 99 37 557 574 66];
```

在命令窗口输入：

```
>>test1
>>size(exm)
ans=
        4    6
```

说明：利用 M 文件 test1 创建矩阵 exm，函数 size 的功能是求矩阵的维数。

2. 矩阵的基本运算

矩阵的基本数学运算包括矩阵的四则运算、数乘矩阵运算和矩阵求逆等。

1) 矩阵的加减法

矩阵的加减法使用“+”和“-”运算符，格式与数字运算完全相同，但要求两个矩阵是同阶的。

例 9-6

```
>>A=[1 2 3; 4 5 6; 7 8 9];
>>B=[2 2 2; 3 3 3 ; 1 1 1];
>>C=A+B
C=
        3    4    5
        7    8    9
        8    9    10
```

2）矩阵的乘法

矩阵的乘法使用运算符“*”，要求第一个矩阵列数与第二个矩阵的行数相同才能相乘。

例 9-7

```
>>A=[1 2 3; 4 5 6; 7 8 9];
>>D=[2 2 2 4; 3 3 3 4; 1 1 1 4];
>>E=A*D
E=
        11    11    1    24
        9     29    29   60
        47    47    47   96
```

3）矩阵的除法

矩阵的除法可以有两种形式：左除“\”和右除“/”。在低版本的 MATLAB 中，右除要先计算矩阵的逆再做矩阵的乘法，而左除则不需要计算矩阵的逆而直接做除法运算。通常左除要快一点。

通常用矩阵除法来求解线性方程组。对于方程组 $\boldsymbol{Ax}=\boldsymbol{b}$，其中 $\boldsymbol{A}$ 是一个 $m\times n$ 矩阵，则

(1) 当 $m=n$ 且非奇异时，此方程为恰定方程；

(2) 当 $m>n$ 时，此方程为超定方程；

(3) 当 $m<n$ 时，此方程为欠定方程。

这三种方程都可以用矩阵的除法求解。

例 9-8

```
>>A=[3 2 1; 4 5 2; 5 6 7];
>>b=[6 7 8]';    %对 b 进行转置
>>x=A\ b
x=
        2.3125
        -0.3750
        -0.1875
```

4）矩阵与常数间的运算

矩阵与常数间的运算是指矩阵的每一个元素与该常数做运算。如数加是指每个元素都加上此常数，数乘是指每个元素都乘以此常数。需要注意的是，当进行数除时，常数通常只能做除数。

例 9-9

```
>>A=[1 2 3; 3 4 5; 5 6 7];
>>B=A+5
B=
        6     7     8
        8     9     10
        10    11    12
>>C=5*A
C=
        5     10    15
        15    20    25
        25    30    35
>>D=A/5
D=
        0.2000    0.4000    0.6000
        0.6000    0.8000    1.0000
        1.0000    1.2000    1.4000
```

5）矩阵求逆

矩阵的求逆运算是矩阵运算中一种重要的运算。它在线性代数和数值分析中都有很多的论述，而在 MATLAB 中，众多的复杂理论归结为一个简单的命令 inv。

例 9-10

```
>>A=[4 3 2 1; 1 4 3 2; 5 6 7 4; 6 7 8 9];
>>B=inv(A)
B=
        0.2750    -0.2500    0          0.0250
        0.2250    0.5000     -0.2500    -0.0250
        0.3750    -0.2500    0.5000     -0.1250
        0.0250    0.0000     -0.2500    0.2250
```

3. 特殊矩阵的生成

1）空阵

在 MATLAB 中定义“[]”为空阵。一个被赋予空阵的变量，它不包含任何元素，它的阶数是 0×0。空阵可以参与各种矩阵运算。

2）几种常用的工具阵

(1) 全 0 阵。全 0 阵可由函数 zeros 生成，其主要调用格式如下：

- zeros(N)　　　%生成 $N\times N$ 阶的全 0 阵；
- zeros(M, N)　%生成 $M\times N$ 阶的全 0 阵；
- zeros(size(A)) %生成与 A 同阶的全 0 阵。

(2) 单位阵。单位阵可由函数 eye 生成，其主要调用格式如下：

- eye(N)　　　%生成 $N\times N$ 阶的单位阵；
- eye(M, N)　%生成 $M\times N$ 阶的单位阵；

· eye(size(A)) %生成与 A 同阶的单位阵。

(3) 全 1 阵。全 1 阵可由函数 ones 生成，其主要调用格式如下：

· ones(N)　　%生成 $N\times N$ 阶的全 1 阵；

· ones(M, N)　%生成 $M\times N$ 阶的全 1 阵；

· ones(size(A)) %生成与 A 同阶的全 1 阵。

(4) 随机阵。随机阵可由函数 rand 生成，其主要调用格式如下：

· rand(N)　　%产生一个 $N\times N$ 阶均匀分布的随机矩阵；

· rand(M, N)　%产生一个 $M\times N$ 阶均匀分布的随机矩阵；

· rand(size(A)) %产生一个与 A 同阶的均匀分布的随机矩阵。

9.2 MATLAB 程序设计入门

MATLAB 作为一种应用最广泛的科学计算软件，它不仅具有强大的数值计算、符号运算等功能，而且它可以像 Basic、C 等计算机高级语言一样，进行程序设计。

9.2.1 运算符和操作符

MATLAB 的运算符可以分为算术运算符、关系运算符和逻辑运算符三类。

1. 算术运算符

算术运算符是构成运算的最基本的操作命令，可以在 MATLAB 的命令窗口中直接运行。算术运算符如表 9-1 所示。

表 9-1　算术运算符

符　号	意　义	符　号	意　义
+	相加	−	相减
*	矩阵相乘	.*	数组相乘
\	矩阵左除	.\	数组左除
/	矩阵右除	./	数组右除

例 9-11

```
>>A=[3 2 1; 5 6 4; 7 8 9];
>>B=[1 1 1; 2 2 2; 3 3 3];
>>C=A*B
C=

          10    10    10
          29    29    29
          50    50    50

>>D=A.*B
D=

          3      2     1
          10    12     8
          21    24    27
```

```
>>E= A\ B
E=
        0.2667     0.2667     0.2667
        0.0667     0.0667     0.0667
        0.0667     0.0667     0.0667
>>F=A.\ B
F=
        0.3333     0.5000     1.0000
        0.4000     0.3333     0.5000
        0.4286     0.3750     0.3333
```

2. 关系运算符

关系运算符主要用来比较数、字符串、矩阵之间的大小或不等关系，其返回值是 0 或 1。关系运算符如表 9-2 所示。

表 9-2 关系运算符

符 号	意 义	符 号	意 义
>	大于	<	小于
>=	大于等于	<=	小于等于
==	等于	~=	不等于

例 9-12

```
>>a=[1 2 -3; 4 -5 6; 7 8 -9]
a=
      1    2    -3
      4    -5    6
      7    8    -9
>>b=a>1
b=
      0    1    0
      1    0    1
      1    1    0
```

3. 逻辑运算符

MATLAB 有四种基本的逻辑运算符：&(与)、|(或)、~(非)和 xor(异或)。逻辑表达式和逻辑函数的值应该是一个逻辑量“真”或“假”，其中 0 表示“假”，任意非零表示“真”。

例 9-13

```
>>a=[0 1 2 0];
>>b=[4 3 0 0];
>>a&b
ans=
      0    1    0    0
>>a | b
ans =
      1    0    1    0
```

9.2.2　M文件简介

就实质而言，MATLAB是一种解释性语言。用MATLAB编程语言编写的可以在MATLAB工作空间运行的程序，称为M文件。M文件可以根据调用方式的不同分为命令文件和函数文件。命令文件不需要输入任何参数，也不返回任何参数，它只是简单的命令叠加，MATLAB会自动按照顺序执行文件中的各个语句行。这样就解决了在命令窗口反复运行命令的繁琐操作。函数文件通常包含输入参数，也可以返回输出参数，它主要解决参数传递和函数调用的问题。函数文件的第一个语句必须以function开始。命令文件对工作空间中变量进行操作，而函数文件中的变量为区域变量，只有其输入和输出变量保存在工作区间中。

1. 命令文件

由于命令文件没有输入/输出参数，只是一些命令的组合，它的运行相当于在命令窗口逐行输入并运行命令，因此用户在编写此类文件时，只需把想要执行的命令写到指定的文件中。

例9-14　建立一个M文件来绘制两条曲线。M文件如下：

```
%文件名为test2.m
x=0:0.1:2*pi
plot(x, sin(x), 'green')
plot(x, sin(2*x), 'red')
```

在命令窗口键入文件名test2，回车后即可得到如图9-2所示的曲线。

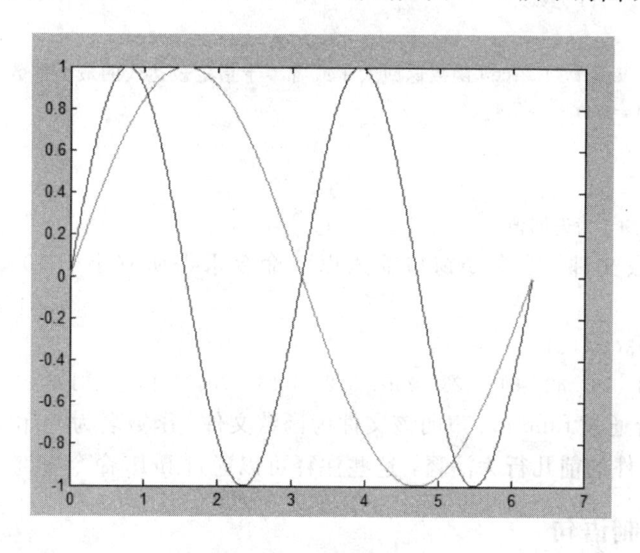

图9-2　结果曲线

说明：x是一个数组，该数组的元素从0到2*pi，相连的两个元素相差0.1，如0，0.1，0.2，0.3，…，2*pi。MATLAB中pi表示数学上的π。plot为绘图函数，plot(x, sin(x), 'green')表示数组x的值为横坐标，sin(x)的值为纵坐标，绘制图9-2中浅色的曲线。

2. 函数文件

1）函数文件的组成

要实现计算中的参数传递和函数的嵌套调用，需要编写函数文件。函数文件可以有返回值。函数文件在MATLAB中应用最为广泛，MATLAB提供的绝大多数功能函数都是由函数文件实现的。函数文件通常包括以下几个部分：

（1）函数的定义行。文件的第一行为函数的定义行，定义函数名、输入变量和输出变量。

（2）函数帮助信息行。用于给出函数的帮助信息，每一行以%开始。

（3）函数体。函数功能的实现部分。

（4）注释部分。在函数体中以符号%开始直到该行的结束。

函数文件执行后，只保留最后的返回结果，不保留任何中间过程，所定义的变量会随着函数调用的结束而从工作空间清除。

2）函数文件的生成过程

例9-15　用M文件编辑器编写函数文件如下：

```
%test2.m
function f=test2(n)
%求小于某自然数且为2的整数次幂的正整数
%调用格式：c=test2(n)
%参数说明：n可以取任意正整数
f(1)=2;        %f为数组
i=1;
while f(i)<ceil(n/2) %ceil函数返回大于或者等于指定表达式的最小整数
    f(i+1)=f(i)*2;
    i=i+1;
end
f;      %数组f为返回值
```

根据以上函数文件，在命令窗口输入以下命令求得所有小于10 000的2的正整数次幂。

```
>>c=test3(10000)
c=2  4  8  16  32  64  128  256  512  1024  2048  4096  8192
```

说明：第一行通过function声明该文件为函数文件，函数名为test3，返回值为f，输入变量为n。函数文件的前几行为注释，这些注释可以通过help命令查询。

9.2.3　流程控制语句

MATLAB的程序结构一般可分为顺序结构、循环结构和选择结构。顺序结构是指程序语句按顺序逐条执行，循环结构和选择结构可以增强程序的可读性。这里主要介绍两种循环结构（for…end与while…end）和一种选择结构（if…else…end）。

1. for循环结构

for循环结构用于循环执行某些语句，每执行一次就要判断是否继续执行，判断条件为循环终止条件。语法结构如下：

```
for i=1 初值：增量：终值
    语句1；
    …
    语句n；
end
```

说明：for 与 end 之间的语句称为循环体。i 为循环变量，初值、增量和终值可正可负，可以是正数或小数。增量可以自己设定，也可以缺省，缺省值为1。

例9-16　设计一个程序，计算阶乘10！。

MATLAB 程序如下：

```
%test4.m
clear；%清屏命令
temp=1；
for i=1:10
    temp=temp*i；
end
temp
```

在命令窗口输入：

```
>>test4
temp=
        3628800
```

2. while 循环结构

while 循环结构也用于循环执行某些语句，与 for 循环不同之处在于，在执行循环体之前先判断循环条件是否成立，如果成立则立即执行，否则终止循环。其语法结构如下：

```
while 逻辑表达式
    循环体语句
end
```

说明：while 结构依据逻辑表达式的值决定是否执行循环语句。若逻辑表达式的值为真，则执行循环体语句一次，然后返回再次判断逻辑表达式的值是否为真。在反复执行时，每次都要判断。若逻辑表达式的值为假，则程序转到执行 end 之后的语句。

例9-17　设计一个程序，求1到100之间所有的偶数的和。

MATLAB 程序如下：

```
%test5.m
clear；
x=2；sum=0；
while x<=100
    sum=sum+x；
    x=x+2；
end
sum
```

在命令窗口输入：

```
>>test5
```

```
sum=
        2550
```

3. if 分支结构

if 结构是一种条件分支结构，判断某个条件是否成立，如果成立则执行结构内的语句，否则跳出 if 分支结构，执行后面的语句。语法结构如下：

```
if 表达式 1
    语句 1
elseif 表达式 2(可选)
    语句 2
else(可选)
    语句 3
end
```

例 9－18 计算分段函数

$$y=\begin{cases} x & x<0 \\ 0 & x=0 \\ 2x^2 & x>0 \end{cases}$$

的值。

编辑 Math.m 文件如下：

```
function y=Math(x)
if x<0
      y=x;
elseif x>0
      y=2*x^2;
else
      y=0;
end
```

在命令窗口输入

```
>>Math(0)
ans=
          0
>>Math(-1)
ans=
          -1
>>Math(2)
ans=
          8
```

4. 程序流程控制命令

1) continue 命令

continue 常用于 for 循环或 while 循环，其作用是结束本次循环，即跳过循环体中尚未执行的语句，接着进行下一次循环。

2）break 命令

break 语句也通常用于 for 循环或 while 循环体中，与 if 一同使用。当 if 后的条件为真时，跳出当前循环。通过使用 break 语句，可以不必等待循环的自然结束。

3）return 命令

return 命令能够使得当前的函数正常退出。这个语句通常用于函数的末尾，以正常结束函数的运行。当然，该函数也常用于其它地方，首先对特定条件进行判断，然后根据需要，调用该语句终止当前运行并返回。

9.3　MATLAB 在数值计算方法中的应用

9.3.1　线性方程组的直接解

1. 列主元消去法

在 MATLAB 中没有提供专门的函数实现用列主元 Gauss 消去法求线性方程组的解，可通过编写 gauss.m 函数实现此方法。

例 9-19　用列主元高斯消去法解方程组 $\boldsymbol{Ax}=\boldsymbol{b}$，其中

$$\boldsymbol{A}=\begin{bmatrix}2 & -1 & 9\\4 & 2 & 5\\1 & 2 & 0\end{bmatrix},\ \boldsymbol{b}=\begin{bmatrix}1\\4\\7\end{bmatrix}$$

- MATLAB 程序：

```
function x=gauss(A, b)
n=3;
p=1:n;
y=[];
for k=1:n
    [c, i]=max(abs(A(k:n, k)));
    ik=i+k-1;
    if ik~=k
        m=p(k); p(k)=p(ik); p(ik)=m;
        ck=A(k, :); A(k, :)=A(ik, :); A(ik, :)=ck;
    end
    if k==n
        break;
    end
    A(k+1:n, k)=A(k+1:n, k)/A(k, k);
    A(k+1:n, k+1:n)=A(k+1:n, k+1:n)-A(k+1:n, k) * A(k, k+1:n);
end
l=diag(ones(n, 1))+tril(A, -1);
u=triu(A);
y(1)=b(p(1));
```

```
for i=2:n
    y(i)=b(p(i))-l(i, 1:i-1)*y(1:i-1)';
end
x(n)=y(n)/u(n, n);
for i=n-1:-1:1
    x(i)=(y(i)-u(i, i+1:n)*x(i+1:n)')/u(i, i);
end
```

● 运行 MATLAB 程序：

```
>>clear all;
A=[2 -1 9; 4 2 5; 1 2 0]; b=[1; 4; 7];
x=gauss(A, b)
%用列主元 Gauss 消去法求解线性方程组
```

运行程序，输出如下：

```
x=
      -3.4138
      5.2069
      1.4483
```

2. 平方根法

通过编写 CholSeparation.m 函数来实现平方根算法求解线性方程组 $\boldsymbol{Ax}=\boldsymbol{b}$。其中，eig(A)表示返回矩阵 $\boldsymbol{A}$ 的特征值和特征向量，isequal(A, A′)表示若两数组相同则为真，chol(A)表示乔列斯基分解矩阵 $\boldsymbol{A}$。

例 9-20　利用平方根算法求解线性方程组

$$\begin{cases}3x_1+2x_2+3x_3=9\\2x_1+2x_2\qquad\ =6\\3x_1+12x_3\qquad=10\end{cases}$$

● MATLAB 程序：

```
function x=CholSeparation(A, b)
%CholSeparation.m 函数利用分解法求线性方程组 Ax=b 的解
lambda=eig(A);
if lambda>eps&isequal(A, A');
  [n, n]=size(A);
  R=chol(A);                    %Cholesky 分解
  %解 R'y=b
  y(1)=b(1)/R(1, 1);
  if n>1
      for i=2:n
          y(i)=(b(i)-R(1:i-1, i)'*y(1:i-1)')/R(i, i);
      end
  end
  %解 Rx=y
  x(n)=y(n)/R(n, n);
  if n>1
```

```
        for i=n-1:-1:1
            x(i)=(y(i)-R(i, i+1:n)*x(i+1:n)')/R(i, i);
        end
    end
    x=x';
else
    x=[];
    disp('该方法只适用于系数矩阵 A 为对称正定的线性方程组！！！');
end
```

● 运行 MATLAB 程序：

```
clear all;
A=[3 2 3; 2 2 0; 3 0 12; ];
b=[9 6 10]';
x=CholSeparation(A, b)
```

输出结果：

```
x=
  2.0000
  1.0000
  0.3333
```

3. 追赶法

编写 threedia.m 函数来用追赶法解三对角线方程组 $\boldsymbol{A}*\boldsymbol{x}=\boldsymbol{f}$，$\boldsymbol{A}$ 为对角矩阵。

例 9-21　用追赶法解方程组

$$\begin{bmatrix}5 & 1 & \\ 1 & 5 & 1\\ & 1 & 5\end{bmatrix}\begin{bmatrix}x_1\\ x_2\\ x_3\end{bmatrix}=\begin{bmatrix}17\\ 14\\ 7\end{bmatrix}$$

● MATLAB 程序：

```
function x=threedia(a, b, c, f)
%a:三对角矩阵 A 的下对角线元素，a(1)=0
%b:三对角矩阵 A 的对角线元素
%c: 三对角矩阵 A 的上对角线元素，c(N)=0
%f:方程组的右端向量
N=length(f);
x=zeros(1, N);
y=zeros(1, N);
d=zeros(1, N);
u=zeros(1, N);
d(1)=b(1);
for i=1:N-1
    u(i)=c(i)/d(i);
    d(i+1)=b(i+1)-a(i+1)*u(i);
end
%追的过程
```

```
y(1)=f(1)/d(1);
for i=2:N
    y(i)=(f(i)-a(i)*y(i-1))/d(i);
end
%赶的过程
x(N)=y(N);
for i=N-1:-1:1
    x(i)=y(i)-u(i)*x(i+1);
end
```

- 运行 MATLAB 程序：

```
>>clear all;
x=threedia([0, 1, 1], [5, 5, 5], [1, 1, 0], [17 14 7])
```

输出结果：

```
x=
    3.0000   2.0000   1.0000
```

9.3.2 线性方程组的迭代解

高斯—赛德尔迭代法算法可看做是雅可比迭代法的一种修正，通过编写 gauseidel 函数来进行线性方程组的高斯—赛德尔迭代求解。其中，diag(diag(A))用来求矩阵 **A** 的对角矩阵，－tril(A，－1)用来求 **A** 的下三角阵，－triu(A，1)用来求 **A** 的上三角阵。

例 9-22　用高斯—赛德尔迭代法求解线性方程组

$$\begin{cases}10x_1-2x_2-x_3=3\\-2x_1+10x_2-x_3=15\\-x_1-2x_2+5x_3=10\end{cases}$$

- MATLAB 程序：

```
function[x, n]=gauseidel(A, b, x0, eps, M) %高斯—赛德尔迭代法求线性方程组 Ax=b 的解
if nargin==3   %n 阶系数矩阵 A、n 维向量 b、初始值 x0、精度要求 eps
eps=1.0e-6;  %最大迭代次数 M
M=200;
elseif nargin==4
M=200;
elseif nargin<3
  error
  return;
end
D=diag(diag(A));        %求 A 的对角矩阵
L=-tril(A, -1);         %求 A 的下三角阵
U=-triu(A, 1);          %求 A 的上三角阵
G=(D-L)\U;
f=(D-L)\b;
x=G*x0+f;
n=1;   %迭代次数
```

```
while norm(x－x0)>＝eps
x0＝x;
x＝G * x0＋f;
n＝n＋1;
if(n>＝M)
disp('Warning:? 迭代次数太多，可能不收敛!');
return;
end
end
```

● 运行 MATLAB 程序：

```
A＝[10 －2 －1; －2 10 －1; －1 －2 5];
b＝[3 15 10]';
x0＝[0 0 0]';
x＝gauseidel(A, b, x0, 1e－6, 200)
```

输出结果：

```
x＝
    1.0000
    2.0000
    3.0000
```

9.3.3 非线性方程的近似解

1. 二分法

通过计算隔根区间的中点，逐步将隔根区间缩小，从而可得方程的近似根。通过编写 demimethod.m 函数来实现这一功能。

例 9－23　用二分法求 $f(x)=x^3-x-1$ 在[－5, 2]上的单根，要求精确到小数点后 4 位。

● MATLAB 程序：

```
function demimethod(a, b, f, epsi, Nmax)
%a, b 求解区间的两个端点
%f 所求方程的函数名可用 inline 函数生成
%epsi 精度指标
%x 所求近似解
%n 二分次数
if f(a) * f(b)>0
    'the value of a and b are wrong'
    return
end
k＝1;
while k<＝Nmax
    p＝a＋(b－a)/2;
    fp＝f(p);
    if fp＝＝0|((b－a)/2)<epsi
        x＝p
```

```
        n=k
        return
    else
        k=k+1;
    end
    if f(a)*f(p)>0
        a=p;
        fa=fp;
    else
        b=p;
    end
end
```

● 运行 MATLAB 程序：

```
>>syms x
demimethod(-5, 2, inline(x^3-x-1), 0.0001, 100)
x=
    1.3247
n=
    17
```

2. 埃特金法

功能描述：编写 Aitken.m 函数来求解非线性方程组，通过改进迭代公式来提高收敛速度。

例 9-24　用埃特金加速法求 $x^5-3x^4-1=0$ 在 3 附近的根，结果保留 4 位有效数字（精确值为 $x\approx3.0121$）。

● MATLAB 程序：

```
function [x, time]=Aitken(f, x0, tol)
% Aitken.m 函数为 Aitken 加速迭代法求非线性方程的解
% x 为所求的近似解；time 为迭代次数
% f 为所求解的非线性方程；x0 为初始值
% tol 为给定的误差限
%如果缺省误差参数，默认为 10 的-5 次方
if(nargin==2)
    tol=1.0e-5;
end
time=0;   %记迭代次数
err=0.1;  %设置前后两次迭代的误差
x=x0;
while(err>tol)
    x1=x;
    y=subs(f, x1)+x1;
    z=subs(f, y)+y;
    %加速公式
```

```
        x=x1-(y-x1)^2/(z-2*y+x1);
        err=abs(x-x1);
        time=time+1;%迭代加一次的记录
    end
    err
    x;        %计算结果
    time;     %迭代次数
```

● 运行 MATLAB 程序：

```
>>clear all;
x0=3;
tol=0.5*1e-4;
[x, time]= Aitken ('x^5-3*x^4-1', x0, tol)
err=
      3.0313e-007
x=
      3.0121
time=
      25
```

3. 牛顿迭代法

牛顿迭代法的最大优点是在方程单根附近具有较高的收敛速度，通过编写 NewtonMethod 函数来进行牛顿迭代算法求解非线性方程。命令函数 diff()用来完成求导运算，inline()用来定义内联函数。

例 9-25　利用牛顿迭代法求 $f(x)=-3x^3+4x^2-5x+6=0$ 的近似解，要求其误差不超过 1.0×10^{-3}，并比较计算量。

● MATLAB 程序：

```
function NewtonMethod(x0, f, epsi, N)
%x0 表示迭代初值，此方法是局部收敛，初值选择要恰当
%f 表示所求解方程的函数，是字符型
%epsi 表示精度指标
%N 表示最大迭代次数
%x 表示所求近似解
%n 表示迭代次数
k=1;
syms x
y=diff(f);
while k<=N
    ff=inline(f);
    fx0=ff(x0);
    Dfx0=subs(y, {x}, {x0});
    x1=x0-fx0/Dfx0;
    if abs(x1-x0)<epsi
        x1
```

```
            n=k
            break
        else
            k=k+1;
        end
        x0=x1;
    end
```

- 运行 MATLAB 程序：

```
>>all clear
NewtonMethod(0, '-3*x^3+4*x^2-5*x+6', 0.1*10^(-2), 100)
```

运行结果：

```
x1 =
      1.2653
n=
      4
```

4. 弦截法

弦截法不需计算导数，它的收敛速度低于牛顿法，但又高于简单迭代法。本例中通过编写 SecantMethod 函数来实现弦截法求解非线性方程。

例 9-26　用弦截法求非线性方程 $x^3-x-1=0$，其初始值 $x_0=-1.5$，$x_1=-1.52$，误差容限为 1e−6。

- MATLAB 程序：

```
function SecantMethod(x0, x1, f, epsi, N)
k=1;
fx0=f(x0);
fx1=f(x1);
while k<=N
     x=x1-fx1*(x1-x0)/(fx1-fx0);
     if abs(x-x1)<epsi
          x
          n=k
          return
     else
          k=k+1;
     end
     x0=x1;
     fx0=fx1;
     x1=x;
     fx1=f(x);
end
```

- 运行 MATLAB 程序：

```
syms x
SecantMethod(-1.5, -1.52, inline(x^3-x+1), 10^(-6), 100)
```

输出结果如下：

```
x=
    -1.3247
n=
    5
```

9.3.4　插值问题

1. 拉格朗日插值

在 MATLAB 中没有提供专门的函数实现拉格朗日插值，通过编写 Lagrange.m 函数实现拉格朗日插值计算，并根据已知的数据点求出拉格朗日插值多项式。

程序中用到的数学函数是：length(A)用于求数组 A 的长度；simplify(S)对表达式 S 进行化简；subs(S, old, new)利用 new 的值代替符号表达式 S 中 old 的值，old 为符号变量或字符串变量名，new 是一个符号货数值变量或表达式；collect(S)展开多项式 S，返回系数整理后的多项式。

例 9-27　已知插值点为(0.56160, 0.82741)，(0.56280, 0.82659)，(0.56401, 0.82577)，(0.56521, 0.82495)，用三次拉格朗日插值多项式求 $x=0.5635$ 时的函数近似值。

● MATLAB 程序：

```
function s=Lagrange(x, y, x0)
%Lagrange.m 函数为求已知数据点的拉格朗日插值多项式
%x 为数据点的 x 坐标向量
%y 为数据点的 y 坐标向量
%x0 为插值的 x 坐标
%s 为求得的拉格朗日插值多项式或在 x0 处的插值
syms p;
n=length(x);                          %读取 x 向量维数
s=0;
for(k=1:n)
    la=y(k);
    for(j=1:k-1)
        la=la*(p-x(j))/(x(k)-x(j));
    end;
    for(j=k+1:n)
        la=la*(p-x(j))/(x(k)-x(j));
    end;
    s=s+la;
    simplify(s);
end
%对输入参数个数做判断，如果只有两个参数，则直接给出插值多项式
%如果有三个参数，则给出插值点的插值结果，第三个参数可以为向量
if(nargin==2)
```

```
        s=subs(s, 'p', 'x');
        s=collect(s);       %多项式展开
        s=vpa(s, 4);        %把系数取到6位精度表达
    else
        m=length(x0);       %读取 x0 长度
    %分别对 x0 的每一个分量插值
    for i=1:m
        temp(i)=subs(s, 'p', x0(i));
    end
    %得到的是系列插值点的插值结果
        s=temp;
    end
```

● 运行 MATLAB 程序：

```
>>clear all;
x=[0.56160, 0.56280, 0.56401, 0.56521];
y=[0.82741, 0.82659, 0.82577, 0.82495];
%需要插值点
x0=[0.5635];
disp('插值结果')
yt=Lagrange(x, y, x0)   %插值结果
yt=Lagrange(x, y)       %插值多项式
```

输出结果如下：

```
yt =
     0.8261
yt =
     233.4- 1298.0 * x^3 + 2194.0 * x^2 - 1237.0 * x
```

2. 牛顿插值

在 MATLAB 中没有提供专门的函数实现牛顿插值，通过编写 Newtoninter.m 函数来求已知数据点的牛顿插值结果。

例 9-28 已知零阶 Bessel 函数 $f(x)$在若干点处的函数值如表 9-3 所示。

表 9-3 Bessel 函数值表

x	1	2	3	4
y	0	−5	−6	3

用牛顿插值法计算 x 在 1.5 处的近似值。

● MATLAB 程序：

```
function s=Newtoninter(x, y, x0)
%Newtoninter.m 函数为求已知数据点的牛顿插值
%x 为数据点的 x 坐标向量
```

```
%y 为数据点的 y 坐标向量
%x0 为插值的 x 坐标
%s 为求得的牛顿插值多项式或在 x0 处的插值
syms p;                    %定义符号变量
s=y(1);
h=0;
dxs=1;
n=length(x);               %读取 x 的长度
%构造牛顿插值方法
for(i=1:n-1)
    for(j=i+1:n)
        h(j) = (y(j)-y(i))/(x(j)-x(i));
    end
    temp1(i)=h(i+1);
    dxs=dxs*(p-x(i));
    s=s+temp1(i)*dxs;
    y=h;
end
simplify(s);
%如果插值点函数缺省，则直接输出多项式
if(nargin == 2)
    s=subs(s, 'p', 'x');
    s=collect(s);
    s=vpa(s, 4);
else
%读取要插值点向量长度，可以直接对多点插值计算
m=length(x0);
for i=1:m
temp(i)=subs(s, 'p', x0(i));
end
%得到的是系列插值点的插值结果
s=temp;
end
```

- 运行 MATLAB 程序：

```
clear all;
x=[1 2 3 4];
y=[0 -5 -6 3];
x0=1.5;
disp('用牛顿法在 x=1.5 处插值：')
yx=Newtoninter(x, y, x0)          %用牛顿法在 x=1.5 处插值
```

输出结果如下：

```
用牛顿法在 x=1.5 处插值
yx =
        -2.6250
```

3. 埃尔米特插值

在一些实际问题中，不仅要求插值多项式在插值点与函数值相同，而且还要求导数相同，这类问题就是埃尔米特插值问题。在 MATLAB 中没有提供专门的函数实现埃尔米特插值算法，在此通过编写 Hermite 函数来实现此算法。

例 9－29　根据表 9－4 所列的数据点分别求出其埃尔米特插值多项式，并计算当 $x=5$ 时的 y 值。

表 9－4　输 入 数 据

x	1	2	3	4
y	1	3	5	6
y'	3	7	5	4

- MATLAB 程序：

```
function f = Hermite(x, y, y_1, x0)
%Hermite.m 插值求已知数据点的埃尔米特插值多项式
%x 为数据点的 x 坐标向量
%y 为数据点的 y 坐标向量
%x0 为插值的 x 坐标
%f 为求得的埃尔米特插值多项式或在 x0 处的插值
syms t;
f = 0.0;
if(length(x) == length(y))
    if(length(y) == length(y_1))
        n = length(x);
    else
        disp('y 和 y 的导数的维数不相等!');
        return;
    end
else
    disp('x 和 y 的维数不相等!');
    return;
end
for i=1:n
    h = 1.0;
    a = 0.0;
    for j=1:n
        if( j ~= i)
            h = h*(t-x(j))^2/((x(i)-x(j))^2);
            a = a + 1/(x(i)-x(j));
        end
    end
    f = f + h*((x(i)-t)*(2*a*y(i)-y_1(i))+y(i));
```

```
    if(i==n)
        if(nargin == 4)
                                        f = subs(f, 't', x0);
        else
            f = vpa(f, 6);
        end
    end
end
```

● 运行 MATLAB 程序：

```
>> clear all;
x=[1 2 3 4];
y=[1 3 5 6];
y0=[3 7 5 4];
disp('显示在 x=5 处的 Hermite 插值:')
f = Hermite (x, y, y0, 5)
```

输出结果如下：

```
显示在 x=5 处的 Hermite 插值
    f=
        543.6667
```

4. 三次样条插值

在某些情况下，插值函数不仅要求保证各段曲线在连接点上的连续性，还要求确保整条曲线在这些点上的光滑性。函数 csape 是专门的三次样条插值函数，输出参数 pp 是一个结构体，需要调用函数 ppval 来计算各因变量的数值。

例 9-30 利用 csape 函数对表 9-5 中的数据进行样条插值计算。

表 9-5 csape 函数数据

x_i	27.7	28	29	30
$f(x_i)$	4.1	4.3	4.1	3.0

● MATLAB 程序：

```
clear all;
x = [27.7 28 29 30];
y = [4.1 4.3 4.1 3.0];
xx = linspace(min(x), max(x), 200);
pp = csape(x, y, 'comlete');        % 拉格朗日边界条件
yy = ppval(pp, xx);                 % 计算插值曲线数据
plot(x, y, 'ko', xx, yy, 'r');
xlabel('数据'); ylabel('插值');
text(28, 4.3, '拉格朗日边界条件');
```

● 运行 MATLAB 程序：

程序运行效果如图 9-3 所示。

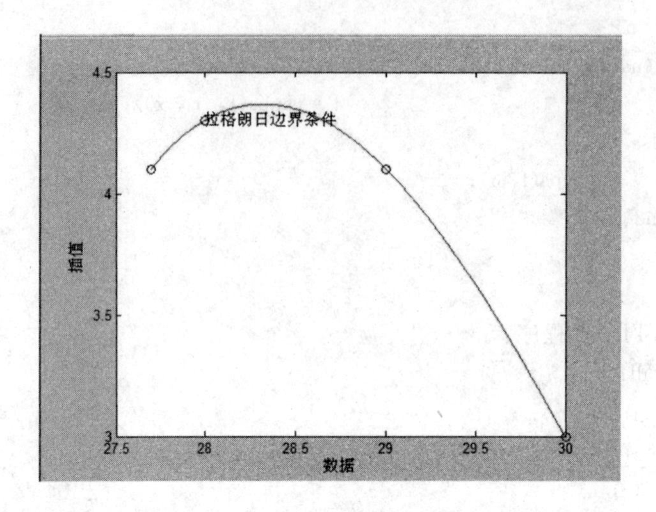

图 9-3　程序运行效果图

9.3.5　最小二乘法的曲线拟合

MATLAB 提供了 lsqcurvefit 函数可以实现最小二乘拟合，调用格式为 x=lsqcurvefit(fun,x0, xdata, ydata)，其中 fun 为拟合函数，(xdata, ydata)为一组观测数据，满足 ydata=fun(xdata, x)，以 x0 为初始点求解该数据拟合问题。根据给出的各个数值点来用最小二乘法拟合出曲线。

例 9-31　由表 9-6 输入数据求系数 a、b、c、d 使得函数 $f(x)=a+bx+cx^2+dx^3$，求以上数据中的最佳拟合函数。

表 9-6　输入数据

x	0	0.5	1.2	1.6	2.2	2.6	3	3.6	4.2
y	0	3.2	4.2	4.8	6.1	6.9	8.2	9.9	12

- MATLAB 程序：

```
function f=zxec(x, xdata)
n=length(xdata);
for i=1:n
    f(i)=x(1)+x(2)*xdata(i)+x(3)*xdata(i)^2+x(4)*xdata(i)^3;
end
```

- 运行 MATLAB 程序：

```
clear all;
xdata=[0 0.5 1.2 1.6 2.2 2.6 3 3.6 4.2];
ydata=[0 3.2 4.2 4.8 6.1 6.9 8.2 9.9 12];
x0=[1 1 1 1]';                          %初始点选为全 1 向量
[x]=lsqcurvefit('zxec', x0, xdata, ydata)
plot(xdata, ydata, 'ro');
xi=0:0.1:4;
y=zxec(x, xi);
grid on; hold on
```

```
plot(xi, y);
legend('观测数据点','拟合数据点');
```

输出结果如下：

```
x =
        0.421084
        4.535392
        -1.343237
        0.221386
```

因此，a、b、c、d 分别为 0.421 084、4.535 392、－1.343 237、0.221 386，最小二乘曲线拟合效果图如图 9－4 所示。

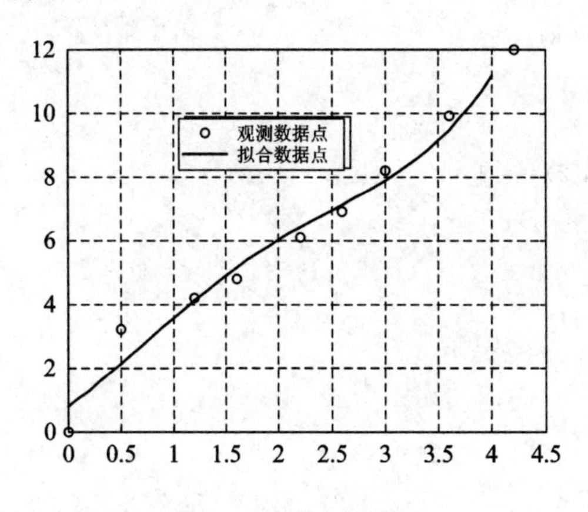

图 9－4　拟合效果图

9.3.6　数值积分

1. 柯特斯公式

通过编写 NCotes 函数来实现利用科特斯公式进行数值积分。

例 9－32　利用牛顿—柯特斯公式计算积分 $\int_4^5 \ln x \mathrm{d}x$。

● MATLAB 程序：

```
function [C, g]=NCotes(a, b, n, m)
%a、b 分别为积分的上下限
%n 是子区间的个数
%m 是调用上面第几个被积函数
%当 n=1 时计算梯形公式；当 n=2 时，计算辛甫生公式，依次类推
i=n;
h=(b-a)/i;
z=0;
for j=0:i
    x(j+1)=a+j*h;
    s=1;
    if j==0
        s=s;
```

```
    else
        for k=1:j
        s=s*k;
        end
    end
    r=1;
    if i-j==0
        r=r;
    else
        for k=1:(i-j)
            r=r*k;
        end
    end
    if mod((i-j), 2)==1
        q=-(i*s*r);
    else
        q=i*s*r;
    end
    y=1;
    for k=0:i
        if k~=j
            y=y*(sym('t')-k);
        end
    end
    l=int(y, 0, i);
    C(j+1)=l/q;
    z=z+C(j+1)*f1(m, x(j+1));
end
g=(b-a)*z
function f=f1(i, x)
g(1)=log(x);
f=g(i);
```

- 运行 MATLAB 程序：

```
>> NCotes(4, 5, 4, 1)
g =
    304400753067804299/202661983231672320
ans =
```

$$\left[\frac{7}{90}, \frac{16}{45}, \frac{2}{15}, \frac{16}{45}, \frac{7}{90}\right]$$

```
>> 304400753067804299/202661983231672320
ans =
  1.5020
```

2. 龙贝格算法

在 MATLAB 中没有提供专门的函数实现龙贝格公式积分，可通过编写 romberg. m 函数实现此方法。

例 9-33　用龙贝格求积公式求函数 $I=\int_0^1 \frac{4}{1+x}dx$ 的积分。

- MATLAB 程序：

```
function [I, step]=Roberg(f, a, b, eps)
%龙贝格积分法求函数 f 在区间[a, b]上的定积分
% f 为函数名
% a 为积分下限
% b 为积分上限
% eps 为积分精度
% I 为积分值
 % step 为积分划分的子区间次数
if(nargin==3)
    eps=1.0e-4;
end;
M=1;
tol=10;
k=0;
T=zeros(1, 1);
h=b-a;
T(1, 1)=(h/2)*(subs(sym(f), findsym(sym(f)), a)+subs(sym(f), findsym(sym(f)), b));
while tol>eps
    k=k+1;
    h=h/2;
    Q=0;
    for i=1:M
        x=a+h*(2*i-1);
        Q=Q+subs(sym(f), findsym(sym(f)), x);
    end
    T(k+1, 1)=T(k, 1)/2+h*Q;
    M=2*M;
    for j=1:k
        T(k+1, j+1)=T(k+1, j)+(T(k+1, j)-T(k, j))/(4^j-1);
    end
    tol=abs(T(k+1, j+1)-T(k, j));
end
I=T(k+1, k+1);
step=k;
```

- 运行 MATLAB 程序：

```
clear all;
```

```
a=0; b=1; eps=1e-6;
[I, step]=romberg('4/(1+x^2)', a, b, eps);
```

输出结果如下：

```
I =
        3.1416
step =
        4
```

9.3.7 求解常微分方程的初值问题

1. 改进的欧拉公式

通过编写 TranEuler 函数来使用改进的欧拉公式求解常微分方程的初值问题。函数 feval()就是把已知的数据或符号带入到一个定义好的函数中。

例 9-34 用改进的欧拉公式求解常微分方程

$$\begin{cases} y' = -xy^2 & (0 \leqslant x \leqslant 5) \\ y(0) = 2 \end{cases}$$

● MATLAB 程序：

```
function x=TranEuler(f, x0, y0, yn, N)
%TranEuler.m 函数为改进的欧拉公式求微分方程的解
%f 为一阶常微分方程的一般表达式的右端函数
%x0, y0 为初始条件
%yn 为取值范围的一个端点
%n 为区间的个数
%x 为求解微分方程组的值
x=zeros(1, N+1); %x 为 xn 构成的向量
y=zeros(1, N+1); %y 为 Yn 构成的向量
x(1)=x0;
y(1)=y0;
h=(abs(yn-y0))/N;
for n=1:N
     x(n+1)=x(n)+h;
     z0=y(n)+h*feval(f, x(n), y(n));
     y(n+1)=y(n)+h/2*(feval(f, x(n), y(n))+feval(f, x(n+1), z0));
end
T=[x', y']
function z=gjol(x, y)
z=-x*y^2;
```

● 运行 MATLAB 程序：

```
clear all;
x0=0; y0=2; yn=7; n=25;
x=TranEuler('gjol', x0, y0, yn, n);
```

程序输出，常微分方程在区间[0，5]上的数值解 T：

```
T =
```

```
0          2.0000
0.2000     1.9200
0.4000     1.7206
0.6000     1.4701
0.8000     1.2231
1.0000     1.0067
1.2000     0.8278
1.4000     0.6839
1.6000     0.5695
1.8000     0.4786
2.0000     0.4060
2.2000     0.3476
2.4000     0.3002
2.6000     0.2614
2.8000     0.2293
3.0000     0.2026
3.2000     0.1802
3.4000     0.1612
3.6000     0.1449
3.8000     0.1309
4.0000     0.1189
4.2000     0.1084
4.4000     0.0992
4.6000     0.0911
4.8000     0.0839
5.0000     0.0776
```

2. 四阶经典龙格—库塔法

通过编写四阶经典龙格—库塔法(RK4)求微分方程的解。

例 9-35　用四阶龙格—库塔法求解微分方程

$$\begin{cases} y' = y - \dfrac{2x}{y} \quad (0 \leqslant x \leqslant 1) \\ y(0) = 1 \end{cases}$$

- MATLAB 程序：

```
function R=RK4(f, x0, y0, xn, N)
% RK4.m 函数为用四阶龙格—库塔法求微分方程的解
% f 为微分方程
% x0, y0 为左右端点
% xn 为给定的初始值
% N 为给定迭代步长
% R 为求微分方程的解
h=(y0-x0)/N;
x=zeros(1, N+1);
```

```
    y=zeros(1, N+1);
    T=x0:h:y0;
    y(1)=xn;
    for n=1:N
        k1=h*feval(f, T(n), y(n));
        k2=h*feval(f, T(n)+h/2, y(n)+k 1/2);
        k3=h*feval(f, T(n)+h/2, y(n)+k 2/2);
        k4=h*feval(f, T(n)+h, y(n)+k3);
        y(n+1)=y(n)+(k1+2*k2+2*k3+k4)/6;
    end
    R=[T', y'];
%建立常微分方程的M文件
function z=rk41(x, y)
z=y-2*x/y;
```

● 运行 MATLAB 程序：

```
x0=0; y0=1; xn=1; n=5;
R=RK4('rk41', x0, y0, xn, n)
```

输出结果如下：

```
R =
        0         1.0000
        0.2000    1.1832
        0.4000    1.3417
        0.6000    1.4833
        0.8000    1.6125
        1.0000    1.7321
```

本章小结

本章简明扼要地介绍了数学软件 MATLAB 的入门知识和必要的程序设计知识，并根据前面章节的算法思想，应用 MATLAB 进行编程，所给各算法的通用程序都可以直接应用于实际计算。所有程序都在计算机上经过调试和运行，简洁而准确。

习　　题

1. 在 MATLAB 中建立矩阵$\begin{bmatrix}5 & 7 & 3\\4 & 9 & 1\end{bmatrix}$，并将其赋予变量 a。

2. 建立矩阵的方法有几种？各有什么优点？

3. 在进行算术运算时，数组运算和矩阵运算各有什么要求？

4. 数组运算和矩阵运算的运算符有什么区别？

5. “左除”与“右除”有什么区别？

6. 计算矩阵$\begin{bmatrix}5 & 3 & 5\\3 & 7 & 4\\7 & 9 & 8\end{bmatrix}$与$\begin{bmatrix}2 & 4 & 2\\6 & 7 & 9\\8 & 3 & 6\end{bmatrix}$之和。

7. $a=\begin{bmatrix}1 & 2 & 5\\3 & 6 & -4\end{bmatrix}$，$b=\begin{bmatrix}8 & -7 & 4\\3 & 6 & 2\end{bmatrix}$，观察$a$与$b$之间的六种关系运算(大于、小于、大于等于、小于等于、等于、不等于)的结果。

8. 计算$a=\begin{bmatrix}6 & 9 & 3\\2 & 7 & 5\end{bmatrix}$与$b=\begin{bmatrix}2 & 4 & 1\\4 & 6 & 8\end{bmatrix}$的数组乘积。

9. 对于$\boldsymbol{AX}=\boldsymbol{B}$，如果$\boldsymbol{A}=\begin{bmatrix}4 & 9 & 2\\7 & 6 & 4\\3 & 5 & 7\end{bmatrix}$，$\boldsymbol{B}=\begin{bmatrix}37\\26\\28\end{bmatrix}$，求解$\boldsymbol{X}$。

10. 分别计算角度30°、45°、60°的正弦、余弦、正切和余切。

第 10 章 工程数值计算方法实验指导

数值计算主要用于解决工程中常见的基本数学问题，研究其相关的数值解法，包含线性方程组、非线性方程组的解法以及矩阵求逆、数值逼近、数值微积分、常微分方程、偏微分方程的数值解法等。数值计算的基本理论和研究方法建立在数学建模的基础上，与计算机科学密切相关。采用计算机解决这些问题的主要步骤是：分析实际问题、建立数学模型、设计算法、编写程序代码并上机实现。

本章精选前面章节中的重点内容组成了 7 个实验项目，要求学生上机实现各个实验项目并编写实验报告。这 7 个实验分别如下：

实验一：线性方程组的直接解——列主元消去法解线性方程组；

实验二：线性方程组的迭代解——雅可比法、高斯—赛德尔迭代法解线性方程组；

实验三：非线性方程的近似解——二分法、牛顿法求非线性方程的根；

实验四：插值问题——拉格朗日插值与牛顿插值；

实验五：曲线拟合问题——最小二乘法；

实验六：数值积分——复化辛甫生公式；

实验七：求解常微分方程的初值问题——改进欧拉方法与四阶龙格—库塔方法。

实验一 线性方程组的直接解
——列主元消去法解线性方程组

一、实验目的

掌握列主元消去法解线性方程组的理论。

二、实验环境

PC 一台，C 语言、MATLAB 任选。

三、实验内容

用 Gauss 列主元消去法求解方程组

$$\begin{cases} 0.01x_1+2x_2-0.5x_3=-5 \\ -x_1-0.5x_2+2x_3=5 \\ 5x_1-4x_2+0.5x_3=9 \end{cases}$$

四、实验原理

本实验采用 Gauss 列主元消去法。

第一步：消元过程。对于 $\boldsymbol{AX}=\boldsymbol{B}$，将 $(\boldsymbol{A}|\boldsymbol{B})$ 变换为 $(\widetilde{\boldsymbol{A}}|\widetilde{\boldsymbol{B}})$，其中 $\widetilde{\boldsymbol{A}}$ 是上三角矩阵。即

$$\left(\begin{array}{cccc|c} a_{11} & a_{12} & \cdots & a_{1n} & b_1 \\ a_{21} & a_{22} & \cdots & a_{2n} & b_2 \\ \vdots & \vdots & & \vdots & \vdots \\ a_{n1} & a_{n2} & \cdots & a_{nn} & b_n \end{array}\right) \rightarrow \left(\begin{array}{cccc|c} 1 & a_{12} & \cdots & a_{1n} & b_1 \\ 0 & 1 & \cdots & a_{2n} & b_2 \\ \vdots & \vdots & & \vdots & \vdots \\ 0 & 0 & \cdots & a_{nn} & b_n \end{array}\right)$$

(1) 选列主元：选取第 k 列中绝对值最大的元素 $\max\limits_{k\leqslant i\leqslant n}|a_{ik}|$ $(k=1, 2, \cdots, n)$作为主元。

(2) 换行：

$$a_{kj}\Leftrightarrow a_{ij} \quad (j=k+1, \cdots, n)$$
$$b_k\Leftrightarrow b_i$$

(3) 归一化：

$$a_{kj}/a_{kk}\Rightarrow a_{kj} \quad (j=k+1, \cdots, n)$$
$$b_k/a_{kk}\Rightarrow b_k$$

(4) 消元：

$$a_{ij}-a_{ik}a_{kj}\Rightarrow a_{ij} \quad (i=k+1, \cdots, n;\ j=k+1, \cdots, n)$$
$$b_i-a_{ik}b_k\Rightarrow b_i \quad (i=k+1, \cdots, n)$$

第二步：回代过程。由$(\widetilde{A}|\widetilde{B})$解出 x_n，x_{n-1}，…，x_1。

$$b_n/a_{nn}\Rightarrow x_n$$

$$b_k-\sum_{j=k+1}^{n}a_{kj}x_j\Rightarrow x_k, \ k=n-1, \cdots, 2, 1$$

五、实验步骤

(1) 要求上机实验前先编写出程序代码。

(2) 编辑录入程序。

(3) 调试程序，记录调试过程中出现的问题并修改程序。

(4) 记录运行时的输入数据和输出结果。

(5) 撰写实验报告。

六、思考题

进一步思考全主元消去法的实现步骤。

七、参考代码

```
#include "stdio.h"
#include "math.h"
#define n 3
main()
{
  int i, j, k;
  int mi;
  float mv, tmp;
  float a[n][n]={{0.01, 2, -0.5}, {-1, -0.5, 2}, {5, -4, 0.5}};
  float b[n]={-5, 5, 9}, x[n];
```

```
for(k=0; k<n-1; k++)
{
  mi=k;
  mv=fabs(a[k][k]);
  for(i=k+1; i<n; i++)
  if(fabs(a[i][k])>mv)
  {
    mi=i;
    mv=fabs(a[i][k]);
  }
  if(mi>k)
  {
    tmp=b[k];
    b[k]=b[mi];
    b[mi]=tmp;
    for(j=k; j<n; j++)
    {
      tmp=a[k][j];
      a[k][j]=a[mi][j];
      a[mi][j]=tmp;
    }
  }
  for(i=k+1; i<n; i++)
  {
    tmp=a[i][k]/a[k][k];
    b[i]=b[i]-b[k]*tmp;
    for(j=k+1; j<n; j++)
      a[i][j]=a[i][j]-a[k][j]*tmp;
  }
}
x[n-1]=b[n-1]/a[n-1][n-1];
for(i=n-2; i>=0; i--)
{
  x[i]=b[i];
  for(j=i+1; j<n; j++)
  x[i]=x[i]-a[i][j]*x[j];
  x[i]=x[i]/a[i][i];
}
printf("\nThe result is:");
for(i=0; i<n; i++)
printf("\nx%d=%4.2f", i, x[i]);
}
```

程序运行后，输出结果如下：

$x_1 = 0.00$

$x_2 = -2.00$

$x_3 = 2.00$

实验二　线性方程组的迭代解
——雅可比迭代法、高斯—赛德尔迭代法解线性方程组

一、实验目的

掌握雅可比迭代法和高斯—赛德尔迭代法求解线性方程组的理论。

二、实验环境

PC 一台，C 语言、MATLAB 任选。

三、实验内容

分别采用雅可比迭代法、高斯—赛德尔迭代法求解线性方程组

$$\begin{cases} 5x_1 + 2x_2 + x_3 = 8 \\ 2x_1 + 8x_2 - 3x_3 = 21 \\ x_1 - 3x_2 - 6x_3 = 1 \end{cases}$$

四、实验原理

1. 雅可比迭代法

设方程组 $\mathbf{A}x = b$ 的系数矩阵的对角线元素 $a_{ii} \neq 0 (i = 1, 2, \cdots, n)$，$M$ 为迭代次数容许的最大值，ε 为容许误差。

(1) 取初始向量 $\boldsymbol{x} = (x_1^{(0)}, x_2^{(0)}, \cdots, x_n^{(0)})^{\mathrm{T}}$，令 $k = 0$。

(2) 对 $i = 1, 2, \cdots, n$，计算

$$x_i^{(k+1)} = \frac{1}{a_{ii}} \left(b_i - \sum_{\substack{j=1 \\ j \neq i}}^{n} a_{ij} x_j^{(k)} \right)$$

(3) 如果 $\max\limits_{1 \leqslant i \leqslant n} \left| x_i^{(k+1)} - x_i^{(k)} \right| < \varepsilon$ 并且 $k \leqslant M$，则输出方程的解 $x^{(k+1)}$，结束；如果 $k \geqslant M$，则说明方程组不收敛，输出方程组无解，终止程序；否则 $k \leftarrow k+1$，转(2)。

2. 高斯—赛德尔迭代法

(1) 判断线性方程组是否主对角占优，即判断是否满足 $\sum\limits_{\substack{j=1 \\ j \neq i}}^{n} |a_{ij}| \leqslant |a_{ii}| (i = 1, 2, \cdots, n)$。

(2) 取初始向量 $\boldsymbol{x} = (x_1^{(0)}, x_2^{(0)}, \cdots, x_n^{(0)})^{\mathrm{T}}$，令 $k = 0$。

(3) 直接分离 x_i，$x_i = \left(d_i - \sum\limits_{j=1}^{n} b_{ij} x_j \right) / a_{ii} (i = 1, 2, \cdots, n)$，并建立高斯 — 赛德尔迭代格式

$$x_i^{(k+1)} = \left(d_i - \sum_{j=1}^{i-1} a_{ij} x_j^{(k+1)} - \sum_{j=i+1}^{n} a_{ij} x_j^{(k)} \right) / a_{ii} (i = 1, 2, \cdots, n)$$

五、实验步骤

（1）要求上机实验前先编写出程序代码。

（2）编辑录入程序。

（3）调试程序，记录调试过程中出现的问题并修改程序。

（4）记录运行时的输入数据和输出结果。

（5）撰写实验报告。

六、实验注意事项

雅可比迭代法和高斯—赛德尔迭代法解线性方程组应注意迭代初值的选取和迭代终止的条件。

七、思考题

为节省计算时间，提高精度，如何选择合适的数据结构使得迭代收敛的速度更快？

八、参考代码

1. 雅可比迭代法

```
#include<stdio.h>
#include<conio.h>
#include<malloc.h>
#include<math.h>
#define EPS 1e-6
#define MAX 100
float * Jacobi(float a[3][4], int n)
{
    float *x, *y, epsilon, s;
    int i, j, k=0;
    x=(float *)malloc(n*sizeof(float));
    y=(float *)malloc(n*sizeof(float));
    for ( i = 0; i < n; i++)
        x[i]=0;
    while(1)
    {
        epsilon=0;
        k++;
        for (i = 0; i < n; i++)
        {
            s=0;
            for (j = 0; j < n; j++)
            {
                if(j==i)
                continue;
                s+=a[i][j]*x[j];
            }
```

```
            y[i]=(a[i][n]-s)/a[i][i];
            epsilon+=fabs(y[i]-x[i]);
        }
        if (epsilon<EPS)
        {
          printf("迭代次数为：%d\n", k );
          return x;
          if (k>=MAX)
            printf("The Method is disconvergent! \n");
            return y;
        }
        for (i = 0; i < n; i++)
        x[i]=y[i];
    }
}
main()
{
    int i;
    float a[3][4]={5, 2, 1, 8, 2, 8, -3, 21, 1, -3, -6, 1};
    float *x;
    x=(float *)malloc(3*sizeof(float));
    x=Jacobi(a, 3);

    for ( i = 0; i < 3; i++)
    {  printf("x[%d]=%f\n", i, x[i] ); }
    getch();
}
```

程序运行后，输出结果如下：

```
x[0]=1.000000
x[1]=2.000000
x[2]=-1.000000
```

2. 高斯赛德尔迭代法

```
#include "stdio.h"
#include "math.h"
#define MAX 100
#define n 3
#define exp 0.005
main()
{
  int i, j, k, m;
  float temp, s;
  float a[n][n]={{5, 2, 1}, {2, 8, -3}, {1, -3, -6}};
  float static b[n]={8, 21, 1};
```

```
    float static x[n]={0, 0, 0}, B[n][n], g[n];
    for(i=0; i<n; i++)
      for(j=0; j<n; j++)
      { B[i][j]=-a[i][j]/a[i][i];
        g[i]=b[i]/a[i][i];
      }
      for(i=0; i<n; i++)
        B[i][i]=0;
      m=0;
      do
      { temp=0;
        for(i=0; i<n; i++)
        { s=x[i];
          x[i]=g[i];
          for(j=0; j<n; j++)
            x[i]=x[i]+B[i][j]*x[j];
          if (fabs(x[i]-s)>temp)
            temp=fabs(x[i]-s);
        }
        m++;
        printf("\n%dth result is:", m);
        printf("\nx0=%7.5f, x1=%7.5f, x2=%7.5f", x[0], x[1], x[2]);
        printf("\ntemp=%f", temp);
      }while(temp>=exp);
      printf("\n\nThe last result is:");
      for(i=0; i<n; i++)
      printf("\nx[%d]=%7.5f", i, x[i]);
  }
```

输出结果如下：

$x[0]=0.99776$

$x[1]=1.99187$

$x[2]=-0.99631$

实验三　非线性方程的近似解
——二分法、牛顿法求非线性方程的根

一、实验目的

掌握二分法与牛顿迭代法求非线性方程组的根的理论。

二、实验环境

PC 一台，C 语言、MATLAB 任选。

三、实验内容

(1) 用二分法计算 $f(x)=x^3-x-1$ 在$[-5, 2]$上的单根，要求精确到小数点后 4 位。

(2) 用牛顿迭代法计算 $f(x)=-3x^3+4x^2-5x+6=0$ 的近似解，要求其误差不超过 1.0×10^{-3}。

四、实验原理

二分法通过将含根区间逐步二分，从而将根的区间缩小到容许误差范围内；牛顿法通过迭代逐步求解出近似解。

1. 二分法

设 $f(x)$为连续函数，方程 $f(x)=0$ 的隔根区间为$[a, b]$，设 $f(a)<0$，$f(b)>0$。首先将区间$[a, b]$二分得中点$(a+b)/2$，计算 $f(x)$在中点的函数值 $f\left(\frac{a+b}{2}\right)$。若 $f\left(\frac{a+b}{2}\right)=0$，则 $x^*=\frac{a+b}{2}$就是方程 $f(x)=0$ 的根；否则，若 $f\left(\frac{a+b}{2}\right)<0$，则隔根区间变为$\left[\frac{a+b}{2}, b\right]$。若 $f\left(\frac{a+b}{2}\right)>0$，则方程的有根区间变为$\left[a, \frac{a+b}{2}\right]$，将新的隔根区间记为$[a_1, b_1]$。

再将$[a_1, b_1]$二分，重复上述过程，就得到一系列隔根区间：

$$[a, b]\supset[a_1, b_1]\supset\cdots\supset[a_n, b_n]\supset\cdots$$

并有 $f(a_n)f(b_n)<0$，$x^*\in(a_n, b_n)$，$b_n-a_n=\frac{b-a}{2^n}$。当 $n\to\infty$时，$[a_n, b_n]$趋近于零，$x_n=\frac{a_n+b_n}{2}$收敛于点 x^*，此点即为方程 $f(x)=0$ 的根。

2. 牛顿法

设 x_0是方程 $f(x)=0$ 隔根区间中的一个初始值，把 $f(x)$在 x_0点附近展开成泰勒级数：

$$f(x)=f(x_0)+(x-x_0)f'(x_0)+(x-x_0)^2\frac{f''(x_0)}{2!}+\cdots$$

取其线性部分作为非线性方程 $f(x)=0$ 的近似方程，则有

$$f(x)=f(x_0)+(x-x_0)f'(x_0)$$

设 $f'(x_0)\neq0$，则其解为

$$x_1=x_0-\frac{f(x_0)}{f'(x_0)}$$

再把 $f(x)$在 x_1附近展开成泰勒级数，也取其线性部分作为 $f(x)=0$ 的近似方程。若 $f'(x_1)\neq0$，则得

$$x_2=x_1-\frac{f(x_1)}{f'(x_1)}$$

由此得到牛顿迭代法的一个迭代序列

$$x_{n+1}=x_n-\frac{f(x_n)}{f'(x_n)}\quad(n=0, 1, 2, \cdots)$$

五、实验步骤

(1) 要求上机实验前先编写出程序代码。

（2）编辑录入程序。

（3）调试程序，记录调试过程中出现的问题并修改程序。

（4）记录运行时的输入数据和输出结果。

（5）撰写实验报告。

六、实验注意事项

二分法应注意区间二分后，判断根可能的区间范围；牛顿法应注意确定迭代过程结束的判定。

七、参考代码

1. 二分法

```
#include<stdio.h>
#include <math.h>
#define f(x) ((x*x-1)*x-1)
void main()
{
    float a, b, x, eps;
    int k=0;
    printf("intput eps\n");
    scanf("%f", &eps);
    printf("a, b=\n");
    for(;;)
    { scanf("%f, %f", &a , &b);
      if(f(a)*f(b)>=0)
      printf("二分法不可使用，请重新输入:\n");
      else break;
    }
    do
    {   x=(a+b)/2;
        k++;
        if(f(a)*f(x)<0)
            b=x;
        else if(f(a)*f(x)>0)
            a=x;
        else break;
    }while(fabs(b-a)>eps);
    x=(a+b)/2;
    printf("\n The root is x=%f, k=%d\n", x, k);
}
```

程序运行后，输出结果如下：

$x=1.3247$

2. 牛顿法

```
#include <stdio.h>
```

```
#include <math.h>
float f(float x)
{  return((-3 * x+4) * x-5) * x+6; }
float f1(float x)
{  return (-9 * x+8) * x-5; }

void main()
{  float  eps, x0, x1=1.0;
   printf("input eps:\n");
   scanf("%f", &eps);
   do
   {  x0=x1;
      x1=x0-f(x0)/f1(x0);
   }while(fabs(x1-x0)>eps);
   printf("x=%f\n", x1);
}
```

程序运行后，输出结果如下：

$x=1.265$

实验四　插值问题——拉格朗日插值与牛顿插值

一、实验目的

掌握拉格朗日插值法与牛顿插值法的理论。

二、实验环境

PC 一台，C 语言、MATLAB 任选。

三、实验内容

已知一组数据：

x_i	0.561 60	0.562 80	0.564 01	0.565 21
y_i	0.827 41	0.826 59	0.825 77	0.824 95

分别采用拉格朗日插值公式和牛顿插值公式计算 $x_0=0.5635$ 时的函数值。

四、实验原理

已知 n 个插值节点的函数值，分别采用由拉格朗日插值公式、牛顿插值公式构造插值多项式，并由该插值多项式计算待求点的函数值。

1. Lagrange 插值公式

输入 n，x_i，$y_i(i=0, 1, 2, \cdots, n)$，取 n 次多项式 $P_n(x)=a_0+a_1x+a_2x^2+\cdots+a_nx^n$ 作为插值函数，构造一组插值基函数：

$$L_i(x)=\frac{(x-x_0)\cdots(x-x_{i-1})(x-x_{i+1})\cdots(x-x_n)}{(x_i-x_0)\cdots(x_i-x_{i-1})(x_i-x_{i+1})\cdots(x_i-x_n)}=\prod_{\substack{j=0\\ j\neq i}}^{n}\frac{(x-x_j)}{(x_i-x_j)}(i=0, 1, 2, \cdots, n)$$

它满足 $L_i(x_j)=\begin{cases}0 & (j\neq i)\\1 & (j=i)\end{cases}$，并称 $L_i(x)$为拉格朗日插值基函数。

插值多项式为 $P_n(x) = y_0L_0(x) + y_1L_1(x) + \cdots + y_nL_n(x) = \sum_{i=0}^{n} y_iL_i(x)$，其满足插值条件 $P_n(x_i) = y_i(i = 0, 1, 2, \cdots, n)$，并称此多项式为拉格朗日插值多项式。

特别地，当 $n=1$ 时称为线性插值，其插值多项式为

$$p_1(x) = y_0 \frac{x - x_1}{x_0 - x_1} + y_1 \frac{x - x_0}{x_1 - x_0}$$

满足 $p_1(x_i)=y_i$，从几何上看，$y=p_1(x)(i=0, 1)$为过两点(x_0, y_0)、(x_1, y_1)的直线。

当 $n=2$ 时，称为抛物线插值，其插值多项式为

$$p_2(x) = y_0 \frac{(x-x_1)(x-x_2)}{(x_0-x_1)(x_0-x_2)} + y_1 \frac{(x-x_0)(x-x_2)}{(x_1-x_0)(x_1-x_2)} + y_2 \frac{(x-x_0)(x-x_1)}{(x_2-x_0)(x_2-x_1)}$$

满足 $P_2(x_i)=y_i(i=0, 1, 2)$。从几何上看 $y=P_2(x)$为过点(x_0, y_0)、(x_1, y_1)和(x_2, y_2)的一条抛物线。

2. Newton 插值公式

输入 n，x_i，$y_i(i=0, 1, 2, \cdots, n)$，对 $k=1, 2, 3, \cdots, n$，计算函数 $f(x)$的各阶差商 $f[x_0, x_1, \cdots x_k]$，计算 Newton 插值函数值：

$$N_n(x)=f(x_0)+f[x_0, x_1](x-x_0)+f[x_0, x_1, x_2](x-x_0)(x-x_1) + \cdots + f[x_0, x_1, \cdots x_n](x-x_0)(x-x_1)\cdots(x-x_{n-1})$$

五、实验步骤

(1) 要求上机实验前先编写出程序代码。

(2) 编辑录入程序。

(3) 调试程序，记录调试过程中出现的问题并修改程序。

(4) 记录运行时的输入数据和输出结果。

(5) 撰写实验报告。

六、思考题

比较 Lagrange 插值法与 Newton 插值法的计算复杂性。

七、参考代码

1. 拉格朗日插值

```
#include<stdio.h>
#include<conio.h>
#include<malloc.h>
float Lagrange(float *x, float *y, float xx, int n)
{
    int i, j;
    float *a, yy=0.0;
    a=(float *)malloc(n*sizeof(float));
    for(i=0; i<=n-1; i++)
    {
```

```
        a[i]=y[i];
        for(j=0; j<=n-1; j++)
        {  if(j! =i)
              a[i] *=(xx-x[j])/(x[i]-x[j]);
        }
        yy+=a[i];
    }
    free(a);
    return yy;
}
void main()
{
    float x[4]={0.56160, 0.56280, 0.56401, 0.56521};
    float y[4]={0.82741, 0.82659, 0.82577, 0.82495};
    float xx=0.5635, yy;
    float Lagrange(float *, float *, float , int);
    yy=Lagrange(x, y, xx, 4);
    printf("x=%f, y=%f\n", xx, yy);
    getch();
}
```

程序运行后，输出结果如下：

x=0.563500，y=0.826116

2. 牛顿插值

```
#include "stdio.h"
main()
{
    float static x[4]={0.56160, 0.56280, 0.56401, 0.56521};
    float static y[4]={0.82741, 0.82659, 0.82577, 0.82495};
    int i, k;
    double c, p;
    for (k=1; k<=4; k++)
    { printf("\n%dth is:", k);
      for(i=4; i>=k; i--)
      { y[i]=(y[i]-y[i-1])/(x[i]-x[i-k]);
        printf("\n%8.6f", y[i]);
      }
    }
    c=0.5635;
    printf("\np[%4.2f]=%8.6f", c, y[0]+y[1]*(c-x[0])+y[2]*(c-x[0])*(c-x[1])
+y[3]*(c-x[0])*(c-x[1])*(c-x[2])+y[4]*(c-x[0])*(c-x[1])*(c-x[2])*(c-x[3]));
    p=y[4];
    for(i=3; i>=0; i--)
      p=p*(c-x[i])+y[i];
```

```
}
```

程序运行后，输出结果如下：

x=0.563 500，y=0.826 116

实验五　曲线拟合问题——最小二乘法

一、实验目的

掌握最小二乘法的基本原理。

二、实验环境

PC 一台，C 语言、MATLAB 任选。

三、实验内容

已知一组数据：

x_i	0	0.5	1.2	1.6	2.2	2.6	3	3.6	4.2
y_i	0	3.2	4.2	4.8	6.1	6.9	8.2	9.9	12

试用最小二乘法求出与此组数据相拟合的多项式函数。

四、实验原理

已知数据对$(x_j, y_j)(j=1, 2, \cdots, n)$，求多项式 $p(x)=\sum_{i=0}^{m} a_i x^i (m<n)$，使得

$$\Phi(a_0, a_1, \cdots, a_m)=\sum_{j=1}^{n}\left(\sum_{i=0}^{m} a_i x_j^i - y_j\right)^2$$

为最小。注意到此时 $\Phi_k(x)=x^k$，多项式系数 $a_0, a_1, \cdots, a_m$ 满足下面的线性方程组：

$$\begin{bmatrix} S_0 & S_1 & \cdots & S_m \\ S_1 & S_2 & \cdots & S_{m+1} \\ \vdots & \vdots & & \vdots \\ S_m & S_{m+1} & \cdots & S_{2m} \end{bmatrix}\begin{bmatrix} a_0 \\ a_1 \\ \vdots \\ a_m \end{bmatrix}=\begin{bmatrix} T_0 \\ T_1 \\ \vdots \\ T_m \end{bmatrix}$$

其中，$S_k=\sum_{j=1}^{n} x_j^k (k=0, 1, 2, \cdots, 2m)$，$T_k=\sum_{j=1}^{n} y_j x_j^k (k=0, 1, 2, \cdots, m)$。调用解线性方程组的函数程序即可。

五、实验步骤

（1）要求上机实验前先编写出程序代码。

（2）编辑录入程序。

（3）调试程序，记录调试过程中出现的问题并修改程序。

（4）记录运行时的输入数据和输出结果。

（5）撰写实验报告。

六、参考代码

用最小二乘法求拟合函数。

```
#include<stdio.h>
#include<math.h>
#define MAX 100
void main()
{
  int i, j, k, m, n, N, mi;
  float tmp, mx;
  float X[MAX][MAX], Y[MAX], x[MAX], y[MAX], a[MAX];
  printf("\n 输入拟合多项式的次数:\n");
  scanf("%d", &m);
  printf("\n 输入给定点的个数 n 及坐标(x, y):\n");
  scanf("%d", &N);
  printf("\n");
  for(i=0; i<N; i++)
      scanf("%f, %f", &x[i], &y[i]);
  for(i=0; i<=m; i++)
  {
    for(j=i; j<=m; j++)
    {
      tmp=0;
      for(k=0; k<N; k++)
      tmp=tmp+pow(x[k], (i+j));
      X[i][j]=tmp;
      X[j][i]=X[i][j];
    }
  }
  for(i=0; i<=m; i++)
  {
    tmp=0;
    for(k=0; k<N; k++)
    tmp=tmp+y[k] * pow(x[k], i);
    Y[i]=tmp;
  }
    for(j=0; j<m; j++)
    {
      for(i=j+1, mi=j, mx=fabs(X[j][j]); i<=m; i++)
      if(fabs(X[i][j])>mx)
      {
        mi=i;
        mx=fabs(X[i][j]);
      }
      if(j<mi)
      {
```

```
            tmp=Y[j];
            Y[j]=Y[mi];
            Y[mi]=tmp;
            for(k=j; k<=m; k++)
            {
              tmp=X[j][k];
              X[j][k]=X[mi][k];
              X[mi][k]=tmp;
            }
        }
        for(i=j+1; i<=m; i++)
        {
          tmp=-X[i][j]/X[j][j];
          Y[i]+=Y[j] * tmp;
          for(k=j; k<=m; k++)
          X[i][k]+=X[j][k] * tmp;
        }
    }
    a[m]=Y[m]/X[m][m];
    for(i=m-1; i>=0; i--)
    {
        a[i]=Y[i];
        for(j=i+1; j<=m; j++)
          a[i]-=X[i][j] * a[j];
          a[i]/=X[i][i];
    }
      printf("\n 所求的二次多项式为:\n");
      printf("P(x)=%f", a[0]);
      for(i=1; i<=m; i++)
      printf("+(%f) * x^%d", a[i], i);
      printf("\n");
  }
```

程序运行后，输出结果如下：

$$f(x)=0.421084+4.535392x-1.343237x^2+0.221386x^3$$

实验六　数值积分——复化辛甫生公式

一、实验目的

掌握复化辛甫生公式计算定积分的理论。

二、实验环境

PC一台，C语言、MATLAB任选。

三、实验内容

用复化辛甫生公式求 $I=\int_0^1 \frac{4}{1+x^2}\mathrm{d}x$，要求误差不超过 $\varepsilon=10^{-5}$。

四、实验原理

复化辛甫生公式为$\int_a^b f(x)\mathrm{d}x = S \approx \frac{h}{6}\left[f(a)+4\sum_{k=1}^{N-1} f(x_{2k-1})+2\sum_{k=1}^{N-1} f(x_{2k})+f(b)\right]$。

五、实验步骤

(1) 要求上机实验前先编写出程序代码。

(2) 编辑录入程序。

(3) 调试程序，记录调试过程中出现的问题并修改程序。

(4) 记录运行时的输入数据和输出结果。

(5) 撰写实验报告。

六、实验注意事项

在 $I=\int_0^1 \frac{4}{1+x^2}\mathrm{d}x$ 积分中，注意构造函数下标的选取。

七、参考代码

采用复化辛甫生公式，计算定积分的值。

```
#include<stdio.h>
#include<conio.h>
void main()
{
    int i, n=2;
    float s;
    float f(float);
    float Simpson(float (*)(float), float, float, int);
    for (int i = 0; i <= 2; i++)
    {
        s=Simpson(f, 0, 1, n);
        printf("s=%f\n", s );
    }
    getch();
}
float Simpson(float (*f)(float), float a, float b, int n)
{
    int k;
    float s, s1, s2=0.0;
    float h=(b-a)/n;
    s1=f(a+h/2);
    for (int k = 1; k <=n-1 ; k++)
    {
```

```
            s1+=f(a+k*h+h/2);
            s2+=f(a+k*h);
        }
        s=h/6*(f(a))+4*s1+2*s2+f(b);
        return s;
    }
    float f(float x)
    {
        return 4/(1+x*x);
    }
```

程序运行后，输出结果如下：

s=3.141569

实验七　求解常微分方程的初值问题
——改进欧拉方法与四阶龙格—库塔方法

一、实验目的

掌握用改进欧拉法与四阶龙格—库塔法求解一阶常微分方程的初值问题的理论。

二、实验环境

PC一台，C语言、MATLAB任选。

三、实验内容

(1) 用改进欧拉算法求微分方程 $\begin{cases} y' = -xy^2 \\ y(0) = 2 \end{cases}$ $(0 \leqslant x \leqslant 5)$的数值解，步长 $h=0.25$。

(2) 用四阶龙格—库塔法求微分方程 $\begin{cases} y' = y - \dfrac{2x}{y} \\ y(0) = 1 \end{cases}$ $(0 \leqslant x \leqslant 1)$的数值解，步长 $h=0.2$。

四、实验原理

1. 改进欧拉法公式

$$\overline{y_{n+1}} = y_n + hf(x_n, y_n)$$

$$y_{n+1} = y_n + \frac{h}{2}[f(x_n, y_n) + f(x_{n+1}, \overline{y_{n+1}})]$$

2. 四阶龙格—库塔法公式

$$\begin{cases} y_{n+1} = y_n + \dfrac{h}{6}(k_1 + 2k_2 + 2k_3 + k_4) \\ k_1 = f(x_n, y_n) \\ k_2 = f\left(x_n + \dfrac{h}{2}, y_n + \dfrac{h}{2}k_1\right) \\ k_3 = f\left(x_n + \dfrac{h}{2}, y_n + \dfrac{h}{2}k_2\right) \\ k_4 = f(x_n + h, y_n + hk_3) \end{cases}$$

五、实验步骤

（1）要求上机实验前先编写出程序代码。

（2）编辑录入程序。

（3）调试程序，记录调试过程中出现的问题并修改程序。

（4）记录运行时的输入数据和输出结果。

（5）撰写实验报告。

六、参考代码

1. 改进欧拉法计算微分方程

```
#include <stdio.h>
#define MAXSIZE 20
double f(double x, double y);
void main(void)
{   double a, b, h, x[MAXSIZE], y[MAXSIZE];
    long i, n;
    printf("\n 请输入求解区间 a, b: "); scanf("%lf, %lf", &a, &b);
    printf("\n 请输入步长 h: "); scanf("%lf", &h);
    n=(long)((b-a)/h); x[0]=a;
    printf("\n 请输入起点 x[0]=%lf 处的纵坐标 y[0]: ", x[0]);
    scanf("%lf", &y[0]);
    for(i=0; i<n; i++)
    {   x[i+1]=x[i]+h;
        y[i+1]=y[i]+h*f(x[i], y[i]);
        y[i+1]=y[i]+h*(f(x[i], y[i])+f(x[i+1], y[i+1]))/2; }
    printf("\n 计算结果为: ");
    for(i=0; i<=n; i++)printf("\nx[%ld]=%lf, y[%ld]=%lf", i, x[i], i, y[i]); }
    double f(double x, double y)
{
    return(-x*y*y);
}
```

输出结果如下：

$x[0]=0.000\,000$，$y[0]=2.000\,000$

$x[1]=0.250\,000$，$y[1]=1.875\,000$

$x[2]=0.500\,000$，$y[2]=1.593\,891$

$x[3]=0.750\,000$，$y[3]=1.282\,390$

$x[4]=1.000\,000$，$y[4]=1.009\,621$

$x[5]=1.250\,000$，$y[5]=0.793\,188$

$x[6]=1.500\,000$，$y[6]=0.628\,151$

$x[7]=1.750\,000$，$y[7]=0.503\,730$

$x[8]=2.000\,000$，$y[8]=0.409\,667$

$x[9]=2.250\,000$，$y[9]=0.337\,865$

$x[10]=2.500\,000$，$y[10]=0.282\,357$

x[11]=2.750 000, y[11]=0.238 857
x[12]=3.000 000, y[12]=0.204 300
x[13]=3.250 000, y[13]=0.176 490
x[14]=3.500 000, y[14]=0.153 836
x[15]=3.750 000, y[15]=0.135 175
x[16]=4.000 000, y[16]=0.119 642
x[17]=4.250 000, y[17]=0.106 592
x[18]=4.500 000, y[18]=0.095 530
x[19]=4.750 000, y[19]=0.086 080
x[20]=5.000 000, y[20]=0.077 948

2. 四阶龙格—库塔法计算微分方程

```
#include "stdio.h"
#include "math.h"
float f(float x, float y)
{return(y-2*x/y);}
main()
{ float x1, y1, x2=0, y2=1, h=0.2;
  float k1, k2, k3, k4;
  int i;
  for (i=1; i<=5; i++)
  { x1=x2;
    y1=y2;
    k1=f(x1, y1);
    k2=f(x1+0.5*h, y1+0.5*h*k1);
    k3=f(x1+0.5*h, y1+0.5*h*k2);
    k4=f(x1+h, y1+h*k3);
    y2=y1+h*(k1+2*k2+2*k3+k4)/6;
    x2=x1+h;
    printf("\ny[%3.1f]=%7.5f", x2, y2);
  }
}
```

输出结果如下：

y[0.2]=1.183 23
y[0.4]=1.341 67
y[0.6]=1.483 28
y[0.8]=1.612 51
y[1.0]=1.732 14

部分习题参考答案

第 1 章

5. 解：根据绝对误差限不超过末位数的半个单位，相对误差限为绝对误差限除以有效数字本身，有效数字的位数根据有效数字的定义来求。因此

49×10^{-2}：$E=0.005$，$E_r=0.0102$，2 位有效数字；

0.0490：$E=0.00005$，$E_r=0.001\,02$，3 位有效数字；

490.00：$E=0.005$，$E_r=0.000\,010\,2$，5 位有效数字。

6. 解：$\sqrt{101}$的近似值的首位非 0 数字 $\alpha_1=1$，因此有

$$|E_r^*(x)|=\frac{1}{2\times1}\times10^{-(n-1)}\leqslant\frac{1}{2}\times10^{-4}\text{，解之得 } n\geqslant5\text{，所以 } n=5\text{。}$$

7. 证明：$E(\sqrt[n]{x^*})\approx\frac{1}{n}(x^*)^{\frac{1}{n}-1}E(x^*)=\frac{1}{n}(x^*)^{\frac{1}{n}-1}(x-x^*)$

$$E_r(\sqrt[n]{x^*})\approx\frac{E(\sqrt[n]{x^*})}{\sqrt[n]{x^*}}\approx\frac{1}{n}\frac{(x^*)^{\frac{1}{n}-1}(x-x^*)}{\sqrt[n]{x^*}}=\frac{1}{n}\frac{x-x^*}{x^*}=\frac{1}{n}E_r(x^*)$$

8. 解：因$\sqrt{5}$与 2 及 9 与 $4\sqrt{5}$(=8.944)均为较接近的数，应避免相减。因此 0.000 017 2 的近似程度较好。

9. 解：设近似数为 x^*，则

(1) $|x-x^*|\leqslant\frac{1}{2}\times10^{-1}$，所以可取 $x^*=6018.06$。

(2) $\frac{|x-x^*|}{x}\leqslant\frac{1}{2}\times10^{-6}$，所以可取 $x^*=6018.02$。

(3) 它们均具有 5 位有效数字。

10. 解：因为 $E(x^n)\approx nx^{n-1}(x-x^*)$，所以

$$E_r(x^n)=\frac{E(x^n)}{x^n}\approx n\frac{x-x^*}{x}=nE_r(x)=0.01n$$

11. 解：$\sqrt{70}$的近似值的首位非零数字是 $\alpha_1=8$，则 $|E_r^*(x)|=\frac{1}{2\times8}\times10^{-(n-1)}<0.1\%$，解之得 $n\geqslant2.8$，故取 $n=3$ 即可满足要求。

12. 解：由二次方程求根公式得 $x_1=8-\sqrt{63}$，$x_2=8+\sqrt{63}$，对较小正根：

$$x_1=8-\sqrt{63}=\frac{1}{8+\sqrt{63}}\approx\frac{1}{8+7.94}\approx0.0627$$

这时较小正根具有 3 位有效数字，应取这个结果。

13. 解：(1) $\frac{1}{x}-\frac{\cos x}{x}=\frac{1-\cos x}{x}=\frac{\sin^2x}{x(1+\cos x)}\approx\frac{\sin x}{1+\cos x}$(因 x 接近于零时，$\frac{\sin x}{x}\approx1$)

(2) $\tan x-\sin x=\frac{\sin x}{\cos x}-\sin x=\sin x\,\frac{1-\cos x}{\cos x}=\frac{\sin x}{\cos x}\cdot\frac{\sin^2x}{1+\cos x}\approx\frac{1}{2}\sin^3x$(因 $\cos x\approx1$，

$x\approx 0$)

(3) $\sqrt{x+\frac{1}{x}}-\sqrt{x-\frac{1}{x}}=\frac{2}{x\left(\sqrt{x+\frac{1}{x}}+\sqrt{x-\frac{1}{x}}\right)}$，当$|x|$充分大时，等式左端是相近二数相减，而等式右端却避免了这种情形。

(4) $e^x-1=\left(1+x+\frac{x^2}{2}+\frac{x^3}{6}+\cdots\right)-1=x+\frac{x^2}{2}+\frac{x^3}{6}+\cdots\approx x+\frac{x^2}{2}+\frac{x^3}{6}$，当 $x\approx 0$ 时，$e^x\approx 1$，所以等式左端是相近二数相减，应当避免。

14. 解：

$$E(x^n)\approx nx^{n-1}(x-x^*)$$

$$E_r(x^n)\approx\frac{nx^{n-1}(x-x^*)}{x^n}=n\frac{x-x^*}{x^*}=nE_r(x)=0.02n$$

15. 解：$I=\int_N^{N+1}\frac{1}{1+x^2}dx=\arctan x\,\Big|_N^{N+1}=\arctan(N+1)-\arctan(N)$，当$N$充分大时，这是相近二数相减，应当避免。利用三角公式，可将上式变形。

设 $\theta_1=\arctan(N+1)$，$\theta_2=\arctan(N)$，因此

$$\tan\theta_1=N+1,\ \tan\theta_2=N$$

而

$$\tan(\theta_1-\theta_2)=\frac{\tan\theta_1-\tan\theta_2}{1+\tan\theta_1\tan\theta_2}=\frac{N+1-N}{1+(N+1)N}=\frac{1}{1+(N+1)N}$$

所以

$$\theta_1-\theta_2=\arctan\frac{1}{1+(N+1)N}$$

于是

$$I=\arctan\frac{1}{1+(N+1)N}$$

这就避免了相近二数相减。

16. 证明：设 x_i的近似值为 x_i^* ($i=1, 2, \cdots, n$)，则

$$\left|E\left(\sum_{i=1}^n x_i\right)\right|=\left|\sum_{i=1}^n x_i-\sum_{i=1}^n x_i^*\right|=\left|\sum_{i=1}^n(x_i-x_i^*)\right|\leqslant\sum_{i=1}^n|x_i-x_i^*|=\sum_{i=1}^n|E(x_i)|$$

即

$$\left|E\left(\sum_{i=1}^n x_i\right)\right|\leqslant\sum_{i=1}^n|E(x_i)|$$

17. 解：设正方形的边长为 x，则其面积为 $y=x^2$，由题设知 x 的近似值 $x^*=100$ cm。记 y^* 为 y 的近似值，则

$$E(y^*)=y^*-y=(x^2)'|_{x=x^*}(x^*-x)=2x^*(x^*-x)=200(x^*-x)$$

又由已知条件知：

$$E(y^*)\approx 200E(x^*)\leqslant 1$$

故

$$E(x^*)<\frac{1}{200}=0.005\text{ cm}$$

即：若边长的测量误差不超过 0.005 cm，则正方形面积的测量误差不会超过 1 cm^2。

18. 解：因为 $x_0=\sqrt{2}$，$x_0^*=1.41$，所以

$$|x_0-x_0^*|\leqslant\frac{1}{2}\times10^{-2}=\delta$$

于是有

$$|x_1-x_1^*| = |10x_0-1-10x_0^*+1| = 10|x_0-x_0^*|\leqslant10\delta$$
$$|x_2-x_2^*| = |10x_1-1-10x_1^*+1| = 10|x_1-x_1^*|\leqslant10^2\delta$$

类推有

$$|x_{10}-x_{10}^*|\leqslant10^{10}\delta=\frac{1}{2}\times10^8$$

即计算到 x_{10}，其误差限为 $10^{10}\delta$，亦即若在 x_0 处有误差限为 δ，则 x_{10} 的误差将扩大 10^{10} 倍，可见这个计算过程是不稳定的。

第 2 章

1. (1) 解法一：顺序高斯消去法。

增广矩阵为

$$[\boldsymbol{A}\quad\boldsymbol{b}]=\begin{bmatrix}1 & 2 & -1 & 1\\-3 & 1 & 2 & 2\\3 & -2 & 1 & 3\end{bmatrix}$$

第 1 步消元，乘子 $m_{21}=\frac{-3}{1}=-3$，$m_{31}=\frac{3}{1}=3$，

$$[\boldsymbol{A}\quad\boldsymbol{b}]=\begin{bmatrix}1 & 2 & -1 & 1\\-3 & 1 & 2 & 2\\2 & -2 & 1 & 3\end{bmatrix}\xrightarrow{r_2-m_{21}r_1,\ r_3-m_{31}r_1}\begin{bmatrix}1 & 2 & -1 & 1\\0 & 7 & -1 & 5\\0 & -8 & 4 & 0\end{bmatrix}$$

第 2 步消元，乘子 $m_{32}=-8/7$，

$$\begin{bmatrix}1 & 2 & -1 & 1\\0 & 7 & -1 & 5\\0 & -8 & 4 & 0\end{bmatrix}\xrightarrow{r_3-m_{32}r_2}\begin{bmatrix}1 & 2 & -1 & 1\\0 & 7 & -1 & 5\\0 & 0 & 20/7 & 40/7\end{bmatrix}$$

从而得到上三角方程组：

$$\begin{bmatrix}1 & 2 & -1\\ & 7 & -1\\ & & 20/7\end{bmatrix}\begin{bmatrix}x_1\\x_2\\x_3\end{bmatrix}=\begin{bmatrix}1\\5\\40/7\end{bmatrix}$$

由回代过程解得方程组的解为

$$x_3=2,\ x_2=1,\ x_1=1$$

解法二：列主元消去法。

选主元

$$[\boldsymbol{A}\quad\boldsymbol{b}]=\begin{bmatrix}1 & 2 & -1 & 1\\-3 & 1 & 2 & 2\\3 & -2 & 1 & 3\end{bmatrix}\xrightarrow{r_1\leftrightarrow r_2}\begin{bmatrix}-3 & 1 & 2 & 2\\1 & 2 & -1 & 1\\3 & -2 & 1 & 3\end{bmatrix}$$

第 1 步消元，乘子 $m_{21}=-1/3$，$m_{31}=-1$，

$$\begin{bmatrix}-3 & 1 & 2 & 2\\ 1 & 2 & -1 & 1\\ 3 & -2 & 1 & 3\end{bmatrix}\xrightarrow{r_2-m_{21}r_1,\ r_3-m_{31}r_1}\begin{bmatrix}-3 & 1 & 2 & 2\\ 0 & 7/3 & -1/3 & 5/3\\ 0 & -1 & 3 & 5\end{bmatrix}$$

第 2 步消元，乘子 $m_{32}=-3/7$，

$$\begin{bmatrix}-3 & 1 & 2 & 2\\ 0 & 7/3 & -1/3 & 5/3\\ 0 & -1 & 3 & 5\end{bmatrix}\xrightarrow{r_3-m_{32}r_2}\begin{bmatrix}-3 & 1 & 2 & 2\\ 0 & 7/3 & -1/3 & 5/3\\ 0 & 0 & 20/7 & 40/7\end{bmatrix}$$

从而得到上三角方程组

$$\begin{bmatrix}-3 & 1 & 2\\ & 7/3 & -1/3\\ & & 20/7\end{bmatrix}\begin{bmatrix}x_1\\ x_2\\ x_3\end{bmatrix}=\begin{bmatrix}2\\ 5/3\\ 40/7\end{bmatrix}$$

由回代过程解得方程组的解为

$$x_3=2,\ x_2=1,\ x_1=1$$

(2) 解法一：顺序高斯消去法。

消元过程

$$[\boldsymbol{A}\quad \boldsymbol{b}]=\begin{bmatrix}2 & 3 & 5 & 5\\ 3 & 4 & 7 & 6\\ 1 & 3 & 3 & 5\end{bmatrix}\longrightarrow\begin{bmatrix}2 & 3 & 5 & 5\\ 0 & -1/2 & -1/2 & -3/2\\ 0 & 3/2 & 1/2 & 5/2\end{bmatrix}\longrightarrow\begin{bmatrix}2 & 3 & 5 & 5\\ 0 & -1/2 & -1/2 & -3/2\\ 0 & 0 & -1 & -2\end{bmatrix}$$

由回代过程解得方程组的解为

$$x_3=2,\ x_2=1,\ x_1=-4$$

解法二：列主元消去法。

消元过程

$$[\boldsymbol{A}\quad \boldsymbol{b}]=\begin{bmatrix}2 & 3 & 5 & 5\\ 3 & 4 & 7 & 6\\ 1 & 3 & 3 & 5\end{bmatrix}\longrightarrow\begin{bmatrix}3 & 4 & 7 & 6\\ 2 & 3 & 5 & 5\\ 1 & 3 & 3 & 5\end{bmatrix}\longrightarrow\begin{bmatrix}3 & 4 & 7 & 6\\ 0 & 1/3 & 1/3 & 1\\ 0 & 5/3 & 2/3 & 3\end{bmatrix}$$

$$\longrightarrow\begin{bmatrix}3 & 4 & 7 & 6\\ 0 & 5/3 & 2/3 & 3\\ 0 & 1/3 & 1/3 & 1\end{bmatrix}\longrightarrow\begin{bmatrix}3 & 4 & 7 & 6\\ 0 & 5/3 & 2/3 & 3\\ 0 & 0 & 1/5 & 2/5\end{bmatrix}$$

由回代过程解得方程组的解为

$$x_3=2,\ x_2=1,\ x_1=-4$$

2. 解：按式(2 - 26)和式(2 - 27)计算 $\boldsymbol{U}$ 的第一行和 $\boldsymbol{L}$ 的第一列元素，有

$$u_{11}=a_{11}=2,\ u_{12}=a_{12}=1,\ u_{13}=a_{13}=4$$

$$l_{21}=a_{21}/u_{11}=2,\ l_{31}=a_{31}/u_{11}=3$$

再按式(2 - 28)和式(2 - 29)计算 $\boldsymbol{U}$ 的第二、第三行和 $\boldsymbol{L}$ 的第二列元素，有

$$u_{22}=a_{22}-l_{21}u_{12}=2,\ u_{23}=a_{23}-l_{21}u_{13}=-7$$

$$l_{32}=(a_{32}-l_{31}u_{12})/u_{22}=1,\ u_{33}=a_{33}-(l_{31}u_{13}+l_{32}u_{23})=7$$

从而完成了 $\boldsymbol{A}=\boldsymbol{LU}$ 分解，

$$L=\begin{bmatrix}1 & & \\ 2 & 1 & \\ 3 & 1 & 1\end{bmatrix},\ U=\begin{bmatrix}2 & 1 & 4\\ & 2 & -7\\ & & 7\end{bmatrix}$$

解方程组 $\boldsymbol{Ly}=\boldsymbol{b}$ 得

$$y_1=1,\ y_2=4,\ y_3=7$$

解方程组 $\boldsymbol{Ux}=\boldsymbol{y}$ 得

$$x_3=1,\ x_2=11/2,\ x_1=-17/4$$

3. 证明：根据高斯消去法的矩阵分析，当 $\det(\boldsymbol{A}_k)\neq 0(k=1, 2, \cdots, n)$时，高斯消去法可以进行到底，即 $\boldsymbol{A}=\boldsymbol{LU}$ 的存在性已证。以下证明分解的唯一性。

设 $\boldsymbol{A}$ 为非奇异矩阵，且

$$\boldsymbol{A}=\boldsymbol{LU}=\boldsymbol{L}_1\boldsymbol{U}_1$$

其中，$\boldsymbol{L}$ 和 $\boldsymbol{L}_1$ 为单位下三角矩阵，$\boldsymbol{U}$ 和 $\boldsymbol{U}_1$ 为单位上三角矩阵。由于 $\boldsymbol{U}_1^{-1}$ 存在，因此

$$\boldsymbol{L}^{-1}\boldsymbol{L}_1=\boldsymbol{U}\boldsymbol{U}_1^{-1}$$

容易证明上(下)三角矩阵的逆矩阵仍然为上(下)三角矩阵，因此上式右边为上三角矩阵，左边为单位下三角矩阵，故上式要成立，两边都必须等于单位矩阵，从而 $\boldsymbol{U}=\boldsymbol{U}_1$、$\boldsymbol{L}=\boldsymbol{L}_1$。

证毕。

4. 解：对矩阵 $\boldsymbol{A}$ 进行 $\boldsymbol{A}=\bar{\boldsymbol{L}}\bar{\boldsymbol{L}}^{\mathrm{T}}$ 分解，$\bar{\boldsymbol{L}}$ 中元素为

$$\bar{l}_{11}=\sqrt{a_{11}}=1,\ \bar{l}_{21}=a_{21}/\bar{l}_{11}=2,\ \bar{l}_{31}=a_{31}/\bar{l}_{11}=6$$

$$\bar{l}_{22}=\sqrt{a_{22}-\bar{l}_{21}^2}=1,\ \bar{l}_{32}=(a_{32}-\bar{l}_{31}\bar{l}_{21})/\bar{l}_{22}=3$$

$$\bar{l}_{33}=\sqrt{a_{33}-(\bar{l}_{31}^2+\bar{l}_{32}^2)}=1$$

因此有

$$\bar{\boldsymbol{L}}=\begin{bmatrix}1 & 0 & 0\\ 2 & 1 & 0\\ 6 & 3 & 1\end{bmatrix}\qquad \bar{\boldsymbol{L}}^{-1}=\begin{bmatrix}1 & 0 & 0\\ -2 & 1 & 0\\ 0 & -3 & 1\end{bmatrix}$$

$$\boldsymbol{A}^{-1}=(\boldsymbol{L}^{-1})^{\mathrm{T}}(\boldsymbol{L}^{-1})=\begin{bmatrix}1 & -2 & 0\\ 0 & 1 & -3\\ 0 & 0 & 1\end{bmatrix}\begin{bmatrix}1 & 0 & 0\\ -2 & 1 & 0\\ 0 & -3 & 1\end{bmatrix}=\begin{bmatrix}-5 & -2 & 0\\ -2 & 10 & -3\\ 0 & -3 & 1\end{bmatrix}$$

5. 解法一：平方根法。

将对称正定矩阵 $\boldsymbol{A}$ 分解为 $\boldsymbol{A}=\bar{\boldsymbol{L}}\bar{\boldsymbol{L}}^{\mathrm{T}}$，$\bar{\boldsymbol{L}}$ 中元素为

$$\bar{l}_{11}=\sqrt{a_{11}}=\sqrt{3}=1.7321,\ \bar{l}_{21}=a_{21}/\bar{l}_{11}=2\sqrt{3}/3=1.1547,\ \bar{l}_{31}=a_{31}/\bar{l}_{11}=\sqrt{3}/3=0.5774$$

$$\bar{l}_{22}=\sqrt{a_{22}-\bar{l}_{21}^2}=\sqrt{2/3}=0.8165,\ \bar{l}_{32}=(a_{32}-\bar{l}_{31}\bar{l}_{21})/\bar{l}_{22}=\sqrt{6}/6=0.4082$$

$$\bar{l}_{33}=\sqrt{a_{33}-(\bar{l}_{31}^2+\bar{l}_{32}^2)}=\sqrt{2}/2=0.7071$$

则有

$$\bar{\boldsymbol{L}}=\begin{bmatrix}1.7321 & 0 & 0\\ 1.1547 & 0.8165 & 0\\ 0.5774 & 0.4082 & 0.7071\end{bmatrix}$$

解方程组 $\bar{\boldsymbol{L}}\boldsymbol{y}=\boldsymbol{b}$ 得

$$y_1 = 2.3094,\ y_2 = 0.4082,\ y_3 = 6.3640$$

解方程组 $\bar{L}^T x = y$ 得

$$x_3 = 9.0,\ x_2 = -4.0,\ x_1 = 1.0$$

解法二：改进的平方根法。

将对称正定矩阵 A 分解为 $A = LDL^T$，L 和 D 中元素为

$$d_1 = a_{11} = 3,\ l_{21} = \frac{a_{21}}{d_1} = \frac{2}{3},\ l_{31} = \frac{a_{31}}{d_1} = \frac{1}{3}$$

$$d_2 = a_{22} - l_{21}^2 d_1 = \frac{2}{3},\ l_{32} = \frac{(a_{32} - l_{31} l_{21} d_1)}{d_2} = \frac{1}{2}$$

$$d_3 = a_{33} - (l_{31}^2 d_1 + l_{32}^2 d_2) = \frac{1}{2}$$

从而有

$$L = \begin{bmatrix} 1 & 0 & 0 \\ 2/3 & 1 & 0 \\ 1/3 & 1/2 & 1 \end{bmatrix},\ D = \begin{bmatrix} 3 & 0 & 0 \\ 0 & 2/3 & 0 \\ 0 & 0 & 1/2 \end{bmatrix}$$

解方程组 $Ly = b$ 得

$$y_1 = 4,\ y_2 = 1/3,\ y_3 = 9/2$$

解方程组 $\bar{L}^T x = D^{-1} y$ 得

$$x_3 = 9,\ x_2 = -4,\ x_1 = 1$$

6. 解：计算 $\{\beta_i\}$，

$$\beta_1 = \frac{c_1}{b_1} = 1/2$$

$$\alpha_2 = b_2 - a_2 \beta_1 = 7/2,\ \beta_2 = \frac{c_2}{\alpha_2} = 2/7$$

$$\alpha_3 = b_3 - a_3 \beta_2 = 19/7,$$

计算 $\{y_i\}$，

$$y_1 = \frac{f_1}{b_1} = \frac{3}{2},\ y_2 = \frac{f_2 - a_2 y_1}{\alpha_2} = 21/7,\ y_3 = \frac{f_3 - a_3 y_2}{\alpha_3} = 56/19$$

求解计算 $\{x_i\}$，

$$x_3 = y_3 = \frac{56}{19},\ x_2 = y_2 - \beta_2 x_3 = \frac{287}{133},\ x_1 = y_1 - \beta_1 x_2 = \frac{56}{133}$$

7. (1) 解：

$$\|x\|_1 = \sum_{i=1}^{n} |x_i| = 7$$

$$\|x\|_2 = \left(\sum_{i=1}^{n} x_i^2\right)^{\frac{1}{2}} = \sqrt{21}$$

$$\|x\|_\infty = \max_{1 \leqslant i \leqslant n} |x_i| = 4$$

(2) 解：

$$\|x\|_1 = \sum_{i=1}^{n} |x_i| = 6$$

$$\|\boldsymbol{x}\|_2 = \left(\sum_{i=1}^{n} x_i^2\right)^{\frac{1}{2}} = \sqrt{20}$$

$$\|\boldsymbol{x}\|_\infty = \max_{1\leqslant i\leqslant n} |x_i| = 4$$

8. (1) 解

$$\|\boldsymbol{A}\|_1 = \max_{1\leqslant j\leqslant n} \sum_{i=1}^{n} |a_{ij}| = \max\{2,\ 5\} = 5$$

$$\|\boldsymbol{A}\|_2 = \sqrt{\lambda_1} = \sqrt{13.0902} = 3.618$$

$$\|\boldsymbol{A}\|_\infty = \max_{1\leqslant i\leqslant n} \sum_{j=1}^{n} |a_{ij}| = \max\{4,\ 3\} = 4$$

(2) 解

$$\|\boldsymbol{A}\|_1 = \max_{1\leqslant j\leqslant n} \sum_{i=1}^{n} |a_{ij}| = \max\{9,\ 12,\ 7\} = 12$$

$$\|\boldsymbol{A}\|_2 = \sqrt{\lambda_1} = \sqrt{117.8398} = 10.8554$$

$$\|\boldsymbol{A}\|_\infty = \max_{1\leqslant i\leqslant n} \sum_{j=1}^{n} |a_{ij}| = \max\{3,\ 10,\ 15\} = 15$$

9. 证明：$\boldsymbol{A}$ 为非奇异阵，则其逆阵 $\boldsymbol{A}^{-1}$ 存在，由矩阵范数的性质 $\|\boldsymbol{AB}\|\leqslant\|\boldsymbol{A}\|\times\|\boldsymbol{B}\|$ 有

$$\|\boldsymbol{A}^{-1}\|\times\|\boldsymbol{A}\|\geqslant\|\boldsymbol{A}^{-1}\boldsymbol{A}\|=\|\boldsymbol{E}\|=1$$

故有

$$\|\boldsymbol{A}^{-1}\|\geqslant\frac{1}{\|\boldsymbol{A}\|}$$

证毕。

10. 解：该方程系数矩阵为

$$\boldsymbol{A}=\begin{bmatrix}12 & 35\\ 12 & 35.000001\end{bmatrix}$$

可以计算，该系数矩阵的条件数 $\text{cond}(\boldsymbol{A})_\infty=2.2817\times10^8\gg1$。同时，注意到该系数矩阵两行(列)近似线性相关，因此可以断定该方程组是病态的。

第 3 章

1. 解：雅可比迭代法的分量形式为

$$\begin{cases}x_1^{(n+1)}=1.2-0.1x_2^{(n)}-0.15x_3^{(n)}\\ x_2^{(n+1)}=1.5-0.125x_1^{(n)}-0.125x_3^{(n)}\\ x_3^{(n+1)}=2-\dfrac{2}{15}x_1^{(n)}+0.2x_3^{(n)}\end{cases}$$

取初值 $\boldsymbol{X}^{(0)}=(0,0,0)^{\mathrm{T}}$，迭代 9 次，得近似值 $\boldsymbol{X}\approx(0.76735,1.13841,2.12537)^{\mathrm{T}}$。

2. 解：高斯—赛德尔迭代法的分量形式为

$$\begin{cases}x_1^{(n+1)}=1.2-0.1x_2^{(n)}-0.15x_3^{(n)}\\ x_2^{(n+1)}=1.5-0.125x_1^{(n+1)}-0.125x_3^{(n+1)}\\ x_3^{(n+1)}=2-\dfrac{2}{15}x_1^{(n+1)}+0.2x_3^{(n+1)}\end{cases}$$

取初值 $\boldsymbol{X}^{(0)}=(0,0,0)^{\mathrm{T}}$，迭代 5 次，得近似值 $\boldsymbol{X}\approx(0.76735,1.13841,2.12537)^{\mathrm{T}}$。

3. 解：观察方程组中未知数的系数，将方程顺序调整为

$$\begin{cases}9x_1-x_2-x_3=7\\-x_1+8x_2=7\\-x_1+9x_3=8\end{cases}$$

这时系数矩阵为

$$\boldsymbol{A}'=\begin{bmatrix}9&-1&-1\\-1&8&0\\-1&0&9\end{bmatrix}$$

$\boldsymbol{A}'$严格对角占优，所以对$\boldsymbol{A}'$实施雅可比和高斯—赛德尔迭代均收敛。

4. 解：$\omega=1.1$ 时的超松弛迭代格式为

$$\begin{cases}x_1^{(n+1)}=x_1^{(n)}+\dfrac{11}{20}(1-2x_1^{(n)}+x_2^{(n)})\\x_2^{(n+1)}=x_2^{(n)}+\dfrac{11}{30}(8+x_1^{(n+1)}-3x_2^{(n)}+x_3^{(n)})\\x_3^{(n+1)}=x_3^{(n)}+\dfrac{11}{20}(-5+x_2^{(n+1)}-2x_3^{(n)})\end{cases}$$

由初值 $\boldsymbol{X}^{(0)}=(0,0,0)^{\mathrm{T}}$，迭代计算 7 次后得到满足精度要求的近似解

$$\boldsymbol{x}^{(7)}=(2.0000,3.0000,-1.0000)^{\mathrm{T}}$$

5. 解：(1) 因系数矩阵按行严格对角占优，故雅可比法与高斯—赛德尔法均收敛。

(2) 雅可比的迭代格式为

$$\begin{cases}x_1^{(n+1)}=-\dfrac{2}{5}x_2^{(n)}-\dfrac{1}{5}x_3^{(n)}-\dfrac{12}{5}\\x_2^{(n+1)}=\dfrac{1}{4}x_1^{(n)}-\dfrac{1}{2}x_3^{(n)}+5\\x_3^{(n+1)}=-\dfrac{1}{5}x_1^{(n)}+\dfrac{3}{10}x_2^{(n)}+\dfrac{3}{10}\end{cases}$$

取 $\boldsymbol{x}^{(0)}=(1,1,1)^{\mathrm{T}}$，迭代 18 次达到精度要求

$$\boldsymbol{x}^{(8)}=(-4.000036,2.999985,2.000003)^{\mathrm{T}}$$

6. 解：迭代公式为

$$\begin{cases}x_1^{(n+1)}=x_1^{(n)}+\dfrac{0.9}{5}(-12-5x_1^{(n)}-2x_2^{(n)}-x_3^{(n)})\\x_2^{(n+1)}=x_2^{(n)}+\dfrac{0.9}{4}(20+x_1^{(n+1)}-4x_2^{(n)}-2x_3^{(n)})\qquad(n=0,1,2,\cdots)\\x_3^{(n+1)}=x_3^{(n)}+\dfrac{0.9}{10}(3-2x_1^{(n+1)}+3x_2^{(n+1)}-10x_3^{(n)})\end{cases}$$

取 $\boldsymbol{X}^{(0)}=(0,0,0)^{\mathrm{T}}$，得 $\boldsymbol{X}^{(1)}=(-2.16,4.014,1.74258)^{\mathrm{T}}$

$$\boldsymbol{X}^{(2)}=(-4.13470,3.18693,2.04898)^{\mathrm{T}}$$

$$\boldsymbol{X}^{(3)}=(-4.08958,2.97650,2.01468)^{\mathrm{T}}$$

$$\boldsymbol{X}^{(4)}=(-4.00314,2.99034,1.99943)^{\mathrm{T}}$$

$$\boldsymbol{X}^{(5)}=(-3.99673,3.00003,1.99936)^{\mathrm{T}}$$

$$X^{(6)}=(-3.99957, 3.00039, 1.99996)^T$$
$$X^{(7)}=(-4.00009, 3.00004, 2.00002)^T$$
$$X^{(8)}=(-4.00003, 2.99999, 2.00000)^T$$

迭代 8 次，得

$$X^{(8)}=(-4.00003, 2.99999, 2.00000)^T$$

7. 解：此方程组的系数矩阵为

$$A=\begin{bmatrix}4 & 3 & 0\\3 & 4 & -1\\0 & -1 & 4\end{bmatrix}$$

是正定矩阵，故用 $\omega=1.25$ 的 SOR 方法求解必收敛。迭代公式为

$$\begin{cases}x_1^{(k+1)}=1.25(-0.2x_1^{(k)}-0.75x_2^{(k)}+4)\\x_2^{(k+1)}=1.25(-0.75x_1^{(k+1)}-0.2x_2^{(k)}+0.25x_3^{(k)}+5)\\x_3^{(k+1)}=1.25(0.25x_2^{(k+1)}-0.2x_3^{(k)}-3)\end{cases}\quad(k=0, 1, \cdots)$$

计算结果见下表：

k	$x_1^{(k)}$	$x_2^{(k)}$	$x_3^{(k)}$
0	0.0	0.0	0.0
1	5.000 00	1.562 50	−3.261 72
2	2.285 16	2.697 75	−2.091 52
3	1.899 57	2.779 63	−2.358 49
…	…	…	…
11	1.500 05	3.333 31	−2.166 67
12	1.500 01	3.333 33	−2.166 67

由于 $\|X^{(12)}-X^{(11)}_\infty\|=0.00004<5\times10^{-6}$，故得方程组的解为

$$x^*=(1.50001, 3.33333, -2.16667)^T$$

8. 解：(1) 高斯—赛德尔迭代格式为

$$\begin{cases}x_1^{(n+1)}=\dfrac{d_1-cx_2^{(n)}}{a}\\x_2^{(n+1)}=\dfrac{d_2-cx_1^{(n+1)}-ax_3^{(n)}}{b}\\x_3^{(n+1)}=\dfrac{d_3-ax_2^{(n+1)}}{a}\end{cases}\quad(n=0, 1, 2, \cdots)$$

(2) 高斯—赛德尔迭代矩阵 M_G 的特征方程为

$$\begin{vmatrix}a\lambda & c & 0\\c\lambda & b\lambda & 0\\0 & a\lambda & c\lambda\end{vmatrix}=\lambda^2(abc\lambda-a^3-c^3)=0$$

特征值

$$\lambda_{1,2}=0, \lambda_3=\frac{a^3+c^3}{abc}$$

所以 $\boldsymbol{M}_G$ 的谱半径

$$\rho(\boldsymbol{M}_G)=\left|\frac{a^3+c^3}{abc}\right|$$

故高斯—赛德尔迭代收敛的充要条件是 $\rho(\boldsymbol{M}_G)<1$，即 $|a^3+c^3|<|abc|$。

9. 证明：
$$(I+A)(I+A)^{-1}=(I+A)^{-1}+A(I+A)^{-1}=I$$
$$(I+A)^{-1}=I-A(I+A)^{-1}$$

两边同时取范数得

$$\begin{aligned}\|(I+A)^{-1}\|&=\|I-A(I+A)^{-1}\|\\&\leqslant\|I\|+\|A(I+A)^{-1}\|\\&\leqslant 1+\|A\|\cdot\|(I+A)^{-1}\|\end{aligned}$$

移项得

$$\|(I+A)^{-1}\|(1-\|A\|)\leqslant 1$$

从而有

$$\|(I+A)^{-1}\|\leqslant\frac{1}{1-\|A\|}$$

10. 证明：(1)按照向量范数的定义

$$n\|x\|_\infty=n\max_{1\leqslant i\leqslant n}\{|x_i|\}\geqslant|x_1|+|x_2|+\cdots+|x_n|=\|x\|_1 \qquad ①$$

又

$$\begin{aligned}\|x\|_1^2&=(|x_1|+|x_2|+\cdots+|x_n|)^2\\&\geqslant x_1^2+x_2^2+\cdots+x_n^2\\&\geqslant(\max_{1\leqslant i\leqslant n}\{|x_i|\})^2=\|x\|_\infty^2\end{aligned}$$

所以有

$$\|x\|_1\geqslant\|x\|_\infty \qquad ②$$

结合①、②得

$$\|x\|_\infty\leqslant\|x\|_1\leqslant n\|x\|_\infty$$

(2)
$$\begin{aligned}n\|x\|_\infty^2&=n(\max_{1\leqslant i\leqslant n}\{|x_i|\})^2\\&\geqslant x_1^2+x_2^2+\cdots+x_n^2\\&\geqslant(\max_{1\leqslant i\leqslant n}\{|x_i|\})^2\end{aligned}$$

即

$$\|x\|_\infty\leqslant\|x\|_2\leqslant\sqrt{n}\|x\|_\infty$$

第 4 章

7. 解：这里 $a=1.5$，$b=2$ 且 $f(a)=f(1.5)=0.4350>0$，$f(b)=-0.0907<0$，$f(x)=\sin x-\left(\frac{x}{2}\right)^2$ 在[1.5，2]上连续，所以[1.5，2]是 $f(x)$ 的有根区间。用二分法的计算结果见下表：

n	a_n	b_n	x_n	$f(x_n)$的符号
0	1.5	2	1.75	+
1	1.75	2	1.875	+
2	1.875	2	1.9375	−
3	1.875	1.9375	1.906 25	+
4	1.906 25	1.9375	1.921 875	+

若取根的近似值为 $x^* \approx x_4 = 1.921\ 875$，则其误差为

$$|R| \leqslant \frac{1}{2^5}(2-1.5) = \frac{1}{2^6} = 0.001\ 562\ 5$$

8. 解：$f(x)=x^4-3x+1$ 在区间$[0.3, 0.4]$上 $f'(x)=4x^3-3<0$，故 $f(x)$在区间$[0.3, 0.4]$上严格单调减少，又 $f(0.3)>0$，$f(0.4)<0$，所以方程在区间$[0.3, 0.4]$上有唯一实根。令$(0.4-0.3)/2^{n+1} \leqslant \frac{1}{2} \times 10^{-2}$，解得 $n \geqslant 4$，即应至少分 4 次，取 $x_0=0.35$ 开始计算，于是有：

当 $n=1$ 时，$x_1=0.35$，$f(x_1)<0$，隔根区间是$[0.3, 0.35]$；

当 $n=2$ 时，$x_2=0.325$，$f(x_2)>0$，隔根区间是$[0.325, 0.35]$；

当 $n=3$ 时，$x_3=0.3375$，$f(x_3)>0$，隔根区间是$[0.3375, 0.35]$；

当 $n=4$ 时，$x_4=0.34375$，$f(x_4)<0$，隔根区间是$[0.3375, 0.34375]$。

所以 $x^* \approx (0.3375 + 0.34375)/2 \approx 0.341$。

9. 解：设 $f(x)=x^k-c$，构造牛顿迭代格式

$$x_{n+1} = x_n - \frac{x_n^k - c}{k x_n^{k-1}} = \frac{(k-1)x_n^k + c}{k x_n^{k-1}}$$

取$\sqrt[k]{c}$的近似值 $x^* = x_{n+1}$，将迭代公式用于求$\sqrt[5]{3}$得近似值，即

$$x_{n+1} = \frac{4x_n^5 + 3}{5x_n^4}$$

取 $x_0=1$，则

$x_1=1.400\ 000\ 0$，$x_2=1.276\ 184\ 9$，$x_3=1.247\ 150\ 1$，$x_4=1.245\ 734\ 2$，$x_5=1.245\ 730\ 9$，$x_6=1.245\ 730\ 9$

因此$\sqrt[5]{3} \approx 1.245\ 73$，它有 6 位有效数字。

10. 解：利用牛顿迭代法

$$x_{k+1} = x_k - \frac{x_k^4 - 4x_k^2 + 4}{4x_k^3 - 8x_k} = \frac{3}{4}x_k + \frac{1}{2x_k}$$

取 $x_0=1.5$，得

$$x_1=1.458\ 333\ 333, \quad x_2=1.436\ 666\ 667, \quad x_3=1.425\ 497\ 619$$

取 $x_1^* = x_3 = 1.425\ 497\ 619$。

11. 解：由于 $\varphi'(x)$在根 $x^*=0.5$ 附近变化不大，$\varphi'(x)=-e^{-x}|_{x=0.5}=-0.607$。迭代—加速公式为

$$\begin{cases}\bar{x}_{n+1}=e^{-x_n}\\ x_{n+1}=\bar{x}_{n+1}/1.607+0.6x_n/1.607\end{cases}$$

取 $x_0=0.5$ 开始计算，于是有：

$$x_1=0.566\ 291\ 7,\ x_2=0.567\ 122\ 3,\ x_3=0.567\ 142\ 77$$

由于$|x_3-x_2|<\dfrac{1}{2}\times10^{-4}$，故可取 $x^*\approx x_3=0.5671$。

12. 解：埃特金加速公式为

$$\begin{cases}\tilde{x}_{n+1}=\varphi(x_n)\\ \bar{x}_{n+2}=\varphi(\tilde{x}_{n+1}) \qquad (n=0,1,2,\cdots)\\ x_{n+1}=\dfrac{\bar{x}_{n+2}x_n-\tilde{x}_{n+1}^2}{\bar{x}_{n+2}-2\tilde{x}_{n+1}+x_n}\end{cases}$$

给定初值 $x_0=1.5$，按照以上步骤计算，结果如下表：

k	$x_0^{(k)}$	$x_1^{(k)}$	$x_2^{(k)}$
0	1.500 000 000	1.348 399 725	1.367 376 372
1	1.365 265 224	1.365 225 534	1.365 230 583
2	1.365 230 013		

13. 解：用牛顿法求解的迭代公式为

$$x_{n+1}=x_n-\frac{x_n-\cos x_n}{1+\sin x_n}=\frac{x_n\sin x_n+\cos x_n}{1+\sin x_n} \quad (n=0,1,2,\cdots)$$

取初值 $x_0=1$，计算结果见下表：

n	0	1	2	3
x_n	1.000	0.7504	0.7391	0.7391

14. 解：取 $x_0=1.9$，$x_1=2$，按双点弦截法迭代公式(4-18)迭代的计算结果见下表：

k	0	1	2	3	4
x_k	1.9	2	1.881 09	1.882 65	1.8794

所以取 $x^*\approx x_4=1.8794$。

第 5 章

1. 证明：因为 $f(x)$在$[a,b]$上有连续的二阶导数，所以插值余项的绝对值

$$|R(x)|=|f(x)-P(x)|\leqslant\frac{1}{8}(b-a)^2|f''(x)|$$

而 $P(x)=\dfrac{x-a}{b-a}f(b)+\dfrac{x-b}{a-b}f(a)$，且 $f(a)=f(b)=0$，即 $P(x)=0$，所以有

$$\max_{a\leqslant x\leqslant b}|f(x)|\leqslant\frac{1}{8}(b-a)^2\max_{a\leqslant x\leqslant b}|f''(x)|$$

2. 解：令 $x_0=1.4$，$x_1=1.5$，$x_2=1.6$，$y_0=1.602$，$y_1=1.837$，$y_2=2.121$，则

$$L_2(x)=\frac{(x-x_1)(x-x_2)}{(x_0-x_1)(x_0-x_2)}y_0+\frac{(x-x_0)(x-x_2)}{(x_1-x_0)(x_1-x_2)}y_1+\frac{(x-x_0)(x-x_1)}{(x_2-x_0)(x_2-x_1)}y_2$$

故

$$f(1.54)\approx L_2(1.54)=1.944\ 72$$

3. 解：利用拉格朗日插值把题目中的节点代入得

$$L_3(x)=\frac{1}{162}(23x^3-63x^2-234x+324)$$

利用牛顿插值把题目中的节点代入得

$$N_3(x)=\frac{1}{162}(23x^3-63x^2-234x+324)$$

可见 $L_3(x)=N_3(x)$，即该插值多项式是唯一的。

4. 证明：(1) $F[x_0, x_1, \cdots, x_n]=\sum\limits_{k=0}^{n}\frac{F(x_k)}{\omega'(x_k)}$，其中 $\omega'(x_k)=\prod\limits_{\substack{i=0\\i\neq k}}^{n}(x_k-x_i)$，由 $F(x)=cf(x)$ 得 $F(x_k)=cf(x_k)$，所以

$$F[x_0, x_1, \cdots, x_n]=\sum_{k=0}^{n}\frac{cf(x_k)}{\omega'(x_k)}=c\sum_{k=0}^{n}\frac{f(x_k)}{\omega'(x_k)}=cf[x_0, x_1, \cdots, x_n]$$

(2) $F[x_0, x_1, \cdots, x_n]=\sum\limits_{k=0}^{n}\frac{F(x_k)}{\omega'(x_k)}$，$\omega'(x_k)=\prod\limits_{\substack{i=0\\i\neq k}}^{n}(x_k-x_i)$，由 $F(x)=f(x)+g(x)$，得 $F(x_k)=f(x_k)+g(x_k)$，所以

$$\begin{aligned}F[x_0, x_1, \cdots, x_n]&=\sum_{k=0}^{n}\frac{f(x_k)+g(x_k)}{\omega'(x_k)}\\&=\sum_{k=0}^{n}\frac{f(x_k)}{\omega'(x_k)}+\sum_{k=0}^{n}\frac{g(x_k)}{\omega'(x_k)}=f[x_0, x_1, \cdots, x_n]+g[x_0, x_1, \cdots, x_n]\end{aligned}$$

(3) $F[x_0, x_1, \cdots, x_n]=\sum\limits_{k=0}^{n}\frac{F(x_k)}{\omega'(x_k)}$，又因为 $F(x)=a_nx^n+a_{n-1}x^{n-1}+\cdots+a_0$，所以

$$F[x_0, x_1, \cdots, x_n]=\sum_{k=0}^{n}\frac{F(x_k)}{\omega'(x_k)}=\sum_{k=0}^{n}\frac{a_nx_k^n+a_{n-1}x_k^{n-1}+\cdots+a_0}{\omega'(x_k)}=a_n$$

5. 解：因为已知条件中给出了 5 个插值节点，所以需建立如下 4 次牛顿插值多项式

$$\begin{aligned}N_4(x)=&f(x_0)+f[x_0, x_1](x-x_0)+f[x_0, x_1, x_2](x-x_0)(x-x_1)+\\&f[x_0, x_1, x_2, x_3](x-x_0)(x-x_1)(x-x_2)+f[x_0, x_1, x_2, x_3, x_4](x-x_0)(x-x_1)(x-x_2)(x-x_3)\end{aligned}$$

故 $f(1.682)\approx N_4(1.682)=2.5957$，$f(1.813)\approx N_4(1.813)=2.9833$。

6. 解：原函数是连续函数，可以用反插值法计算。将 x 看成是 y 的函数，即 $x=f^{-1}(y)$，用拉格朗日插值计算时，节点 $y_0=-2$，$y_1=-1$，$y_2=1$，$y_3=2$，相应函数值 $x_0=-1$，$x_1=0$，$x_2=1$，$x_3=2$，有

$$\begin{aligned}Q(y)=&\frac{(y-y_1)(y-y_2)(y-y_3)}{(y_0-y_1)(y_0-y_2)(y_0-y_3)}x_0+\frac{(y-y_0)(y-y_2)(y-y_3)}{(y_1-y_0)(y_1-y_2)(y_1-y_3)}x_1\\&+\frac{(y-y_0)(y-y_1)(y-y_3)}{(y_2-y_0)(y_2-y_1)(y_2-y_3)}x_2+\frac{(y-y_0)(y-y_1)(y-y_2)}{(y_3-y_0)(y_3-y_1)(y_3-y_2)}x_3\end{aligned}$$

所以 $x=f^{-1}(0)\approx Q(0)=0.5$，即方程 $P(x)=0$ 在 $[-1, 2]$ 内的根的近似值为 0.5。

7. 解：利用牛顿向前插值公式计算得 $\cos(0.048)\approx 0.998\,84$。

8. 解：利用分段二次插值截断误差公式计算得步长应取 2.498×10^{-2}。

9. 解：以牛顿插值多项式为基础，则

$$H_3(x)=f(x_0)+f[x_0,x_1](x-x_0)+f[x_0,x_1,x_2](x-x_0)(x-x_1)+A(x-x_0)(x-x_1)(x-x_2)$$

又因为 $f(x_0)=1$，$f[x_0,x_1]=-1$，$f[x_0,x_1,x_2]=\frac{3}{2}$，故

$$H_3(x)=5-\frac{11}{2}x+\frac{3}{2}x^2+Ax^3-6Ax^2+11Ax-6A$$

$$H_3'(x)=-\frac{11}{2}+3x+3Ax^2-12Ax+11A$$

把 $x=2$，$f'(x)=-\frac{1}{2}$ 代入上式中，解得 $A=1$，所以

$$H_3(x)=x^3-\frac{9}{2}x^2+\frac{11}{2}x-1,\ R_3(x)=\frac{f^{(4)}(\xi)}{4!}(x-1)(x-2)^2(x-3),\ \xi\in(1,3)$$

10. 解：(1) $m_0=f'(0)=1$ 和 $m_3=f'(3)=0$ 为两个边界条件。$h_i=x_i-x_{i-1}(i=1,2,3)$，$\lambda_i=\frac{1}{2}(i=1,2)$，$\mu_i=\frac{1}{2}(i=1,2)$，所以

$$f_1=3\left(\mu_1\frac{y_2-y_1}{1}+\lambda_1\frac{y_1-y_0}{1}\right)=0$$

$$f_2=3\left(\mu_2\frac{y_3-y_2}{1}+\lambda_2\frac{y_2-y_1}{1}\right)=0$$

故当 $i=1$ 时

$$\lambda_1 m_0+2m_1+\mu_1 m_2=f_1 \qquad ①$$

当 $i=2$ 时

$$\lambda_2 m_1+2m_2+\mu_2 m_3=f_2 \qquad ②$$

由①和②建立方程组，解得

$$\begin{cases} m_1=-\frac{4}{15} \\ m_2=\frac{1}{15} \end{cases}$$

所求的三次样条插值函数为

$$\begin{cases} S_1(x)=\frac{1}{15}x(1-x)(15-11x),\ x\in[0,1] \\ S_2(x)=\frac{1}{15}(x-1)(x-2)(7-3x),\ x\in[1,2] \\ S_3(x)=\frac{1}{15}(x-3)^2(x-2),\ x\in[2,3] \end{cases}$$

(2) $\lambda_i=\frac{1}{2}(i=1,2)$，$\mu_i=\frac{1}{2}(i=1,2)$，故

$$f_1=3(y_2-y_0)=0,\ f_2=3(y_3-y_1)=0$$

建立方程组

$$\begin{cases}\frac{1}{2}M_0+2M_1+\frac{1}{2}M_2=0\\ \frac{1}{2}M_1+2M_2+\frac{1}{2}M_3=0\end{cases}$$

解得

$$\begin{cases}M_1=-\frac{4}{15}\\ M_2=\frac{1}{15}\end{cases}$$

所求的三次样条插值函数为

$$\begin{cases}S_1(x)=\frac{1}{90}x(1-x)(19x-26),\ x\in[0,1]\\ S_2(x)=\frac{1}{90}(x-1)(x-2)(5x-12),\ x\in[1,2]\\ S_3(x)=\frac{1}{90}(3-x)(x-2)(x-4),\ x\in[2,3]\end{cases}$$

第 6 章

6．解：记点 -2，-1，0，1，2 分别为 x_0，x_1，x_2，x_3，x_4，则 $\varphi_0(x)=1$，$\varphi_1(x)=x$，$\varphi_2(x)=x^2$。正规方程组的系数矩阵为

$$\boldsymbol{G}=\begin{bmatrix}5 & 0 & 10\\ 0 & 10 & 0\\ 10 & 0 & 34\end{bmatrix}$$

正规方程组的右端项为$(4, 0, 2)^{\mathrm{T}}$，于是解正规方程组

$$\begin{bmatrix}5 & 0 & 10\\ 0 & 10 & 0\\ 10 & 0 & 34\end{bmatrix}\begin{bmatrix}a_0\\ a_1\\ a_2\end{bmatrix}=\begin{bmatrix}4\\ 0\\ 2\end{bmatrix}$$

得 $a_0=\frac{58}{35}$，$a_1=0$，$a_2=-\frac{3}{7}$，则求得拟合多项式为

$$p(x)=\frac{58}{35}-\frac{3}{7}x^2$$

7．解：由题意得

$$\boldsymbol{A}=\begin{bmatrix}1 & -1\\ -1 & 1\\ 2 & -2\\ -3 & 1\end{bmatrix},\ \boldsymbol{b}=\begin{bmatrix}1\\ 2\\ 3\\ 4\end{bmatrix}$$

所以

$$\boldsymbol{A}^{\mathrm{T}}\boldsymbol{A}=\begin{bmatrix}15 & -9\\ -9 & 7\end{bmatrix},\ \boldsymbol{A}^{\mathrm{T}}\boldsymbol{b}=\begin{bmatrix}-7\\ -1\end{bmatrix}$$

又 $\boldsymbol{A}^{\mathrm{T}}\boldsymbol{A}\boldsymbol{X}=\boldsymbol{A}^{\mathrm{T}}\boldsymbol{b}$，所以

$$\boldsymbol{X}=\begin{bmatrix}-2.4167\\ 3.25\end{bmatrix}$$

8. 解：令 $Y=1/y$，则拟合函数变为 $Y=a+bx=a\varphi_0(x)+b\varphi_1(x)$，$\varphi_0(x)=1$，$\varphi_1(x)=1$，因此所给的数据转化为下表：

x_i	1.0	1.4	1.8	2.2	2.6
y_i	1.074	2.114	3.367	4.464	5.592

从而正规方程为

$$\begin{bmatrix}5 & 9\\9 & 17.8\end{bmatrix}\begin{bmatrix}a\\b\end{bmatrix}=\begin{bmatrix}16.611\\34.4542\end{bmatrix}$$

解之得

$$a=-1.8015,\ b=2.8465$$
$$Y=-1.8015+2.8465x$$
$$y=\frac{1}{-1.8015+2.8465x}$$

9. 解：对公式 $y=ae^{bx}$ 两边取常用对数得

$$\lg y=\lg a+bx\lg e$$

令 $u=\lg y$，$A=\lg a$，$B=b\lg e$，则得线性模型 $u=A+Bt$。计算各元素：

$$n=5,\ \sum_{i=1}^{5}x_i=7.5,\ \sum_{i=1}^{5}x_i^2=11.875,\ \sum_{i=1}^{5}y_i=4.0848,\ \sum_{i=1}^{5}x_iy_i=6.2645$$

故法方程组为

$$\begin{bmatrix}5 & 7.5\\7.5 & 11.875\end{bmatrix}\begin{bmatrix}A\\B\end{bmatrix}=\begin{bmatrix}4.0848\\6.2645\end{bmatrix}$$

解得 $A=0.4874$，$B=0.2197$，故 $a=3.072$，$b=0.5057$，所以 $y=3.072e^{0.5057x}$。

10. 解：设 $\varphi_0(x)=1$，$\varphi_1(x)=x$，则 $y=b\varphi_0(x)+a\varphi_1(x)$，因此正规方程为

$$\begin{bmatrix}5 & 0\\0 & 10\end{bmatrix}\begin{bmatrix}b\\a\end{bmatrix}=\begin{bmatrix}2.5\\2.6\end{bmatrix}$$

解之得 $a=0.26$，$b=0.5$，所以 $y=0.5+0.26x$。

11. 解：对 $y=ax^b$，两边取对数得

$$\ln y=\ln a+b\ln x$$

令 $Y=\ln y$，$a_0=\ln a$，$a_1=b$，$X=\ln x$，则拟合函数可转变为

$$Y=a_0+a_1X$$

所给数据转换为

X	0.6931	1.0986	1.3863	1.7918
Y	−0.2744	−1.0788	−1.6607	−2.4651

则正规方程组为

$$\begin{bmatrix}4 & 4.9698\\4.9698 & 6.8197\end{bmatrix}\begin{bmatrix}a_0\\a_1\end{bmatrix}=\begin{bmatrix}-5.4790\\-8.0946\end{bmatrix}$$

解之，得

$$a_0=1.1098,\ a_1=-1.9957$$

因而所求拟合函数为

$$Y=1.1098-1.9957X$$

从而

$$Y=e^Y=e^{1.1098-1.9957X}=3.0338x^{-1.9957}$$

12. 解：设 $X=x^3$，则相应数据转变为

x	-27	-8	-1	0	1	8	27
y	-1.76	0.42	1.20	1.34	1.43	2.25	4.38

设 $\varphi(X)=a+bX$，则正规方程组为

$$\begin{bmatrix}7 & 0\\0 & 1588\end{bmatrix}\begin{bmatrix}a\\b\end{bmatrix}=\begin{bmatrix}9.26\\180.65\end{bmatrix}$$

解之得

$$a=1.3329,\ b=0.113\ 76$$

得拟合函数

$$y=1.3329+0.113\ 76X=1.3329+0.113\ 76x^3$$

13. 解：将给出的数据标在坐标纸上，我们将看到各点在一条直线附近，故设拟合曲线为 $Y=a_0+a_1x$。计算得正规方程为

$$\begin{bmatrix}5 & 702\\702 & 99864\end{bmatrix}\begin{bmatrix}a_0\\a_1\end{bmatrix}=\begin{bmatrix}758\\108396\end{bmatrix}$$

解得

$$a_0=-60.9392,\ a_1=1.5138$$

于是所求拟合曲线为

$$y=-60.9392+1.5138x$$

第 7 章

1. 解：(1) 梯形公式

$$\int_0^1 e^{-x}dx\approx\frac{1-0}{2}[e^{-0}+e^{-1}]\approx 0.683\ 94,\ |R_1[f]|\leqslant 0.083\ 33$$

(2) 辛甫生公式

$$\int_0^1 e^{-x}dx\approx\frac{1-0}{6}[e^{-0}+4e^{-0.5}+e^{-1}]\approx 0.632\ 33,\ |R_2[f]|\leqslant 0.000\ 35$$

2. 解：

$$\int_{1.8}^{2.6}f(x)dx\approx\frac{2.6-1.8}{90}[7f(1.8)+32f(2.0)+12f(2.2)+32f(2.4)+7f(2.6)]$$
$$\approx 5.032\ 92$$

3. 证明：梯形公式的余项

$$R(f)=-\frac{(b-a)^3}{12}f''(\eta),\ \eta\in[a,b]$$

若 $\eta\in[a,b]$，$f''(\eta)>0$，则 $R(f)<0$，从而得到

$$I=\int_a^b f(x)dx=T+R(f)<T$$

可见，利用梯形公式计算积分所得结果比准确值大。几何意义是当 $f''(x)>0$ 时，$f(x)$ 为下凹函数，梯形面积大于曲边梯形面积。

4. 解：(1) $A_{-1}=A_1=\frac{1}{3}h$，$A_0=\frac{4}{3}h$，具有 3 次代数精确度。

(2) $\begin{cases}x_1=0.289\,897\,948\\x_2=-0.526\,598\,632\end{cases}$ 或 $\begin{cases}x_1=-0.689\,897\,948\\x_2=0.126\,598\,632\end{cases}$，具有 2 次代数精确度。

(3) $a=\frac{1}{12}$，具有 3 次代数精确度。

(4) $A_0=A_2=\frac{2}{3}$，$A_1=-\frac{1}{3}$，具有 3 次代数精确度。

5. 解：当 $f(x)=x^5$ 时，柯特斯求积公式左边 $=\frac{b^6-a^6}{6}$，右边 $=\frac{b^6-a^6}{6}$，所以左边 = 右边，即当 $f(x)=x^5$ 时，柯特斯求积公式成立。

6. 解：(1) 复化梯形公式

$$\int_0^1 f(x)\mathrm{d}x \approx T_{10} = \frac{h}{2}\left[f(0)+2\sum_{k=1}^{9}f(x_k)+f(1)\right]=1.114\,204$$

这里有 11 个节点，故 $n=10$，所以 $h=\frac{1}{10}$。

(2) 复化辛甫生公式

$$\int_0^1 f(x)\mathrm{d}x \approx S_5 = \frac{h}{6}\left[f(a)+4\sum_{k=0}^{4}f(x_{k+\frac{1}{2}})+2\sum_{k=1}^{4}f(x_k)+f(b)\right]=1.114\,145$$

这里有 11 个节点，故 $n=5$，所以 $h=\frac{1}{5}$。

7. 解：(1) 计算积分 $\int_0^1 \sqrt{x}\mathrm{d}x$。

① 利用复化梯形公式计算：

$$\int_0^1 \sqrt{x}\mathrm{d}x \approx T_{10} = \frac{h}{2}\left[f(0)+2\sum_{k=1}^{9}f(x_k)+f(1)\right]=0.660\,509$$

用 11 个节点上的函数值计算时，$n=10$，所以 $h=\frac{1}{10}$。

② 利用复化辛甫生公式计算：

$$\int_0^1 \sqrt{x}\mathrm{d}x \approx S_5 = \frac{h}{6}\left[f(a)+4\sum_{k=0}^{4}f(x_{k+\frac{1}{2}})+2\sum_{k=1}^{4}f(x_k)+f(b)\right]=0.664\,100$$

用 11 个节点上的函数值计算时，$n=5$，所以 $h=\frac{1}{5}$。

(2) 计算积分 $\int_0^{10} \mathrm{e}^{-x^2}\mathrm{d}x$。

① 利用复化梯形公式计算：

$$\int_0^{10} \mathrm{e}^{-x^2}\mathrm{d}x \approx T_{10} = \frac{h}{2}\left[f(0)+2\sum_{k=1}^{9}f(x_k)+f(1)\right]=0.886\,319$$

用 11 个节点上的函数值计算时，$n=10$，所以 $h=1$。

② 利用复化辛甫生公式计算：

$$\int_0^{10} e^{-x^2} dx \approx S_5 = \frac{h}{6}\left[f(a) + 4\sum_{k=0}^{4} f(x_{k+\frac{1}{2}}) + 2\sum_{k=1}^{4} f(x_k) + f(b) \right] = 0.836\ 214$$

用 11 个节点上的函数值计算时，$n=5$，所以 $h=2$。

8. 解：利用复化梯形公式的截断误差计算可得到至少取 672 个节点。

9. 证明：复化辛甫生公式为

$$S_n = \frac{h}{6}\left[f(a) + 4\sum_{i=1}^{n-1} f(x_{i-\frac{1}{2}}) + 2\sum_{i=1}^{n-1} f(x_i) + f(b) \right]$$

该公式可以改写为

$$S_n = \frac{h}{6}\left\{ f(a) - f(b) + \sum_{i=0}^{n}\left[4f(x_{i+\frac{1}{2}}) + 2f(x_i) \right] \right\}$$

所以当 $n \to \infty$ 时，

$$S_n \to \frac{1}{6}\left[4\int_a^b f(x)dx + 2\int_a^b f(x)dx \right] = \int_a^b f(x)dx$$

即复化辛甫生公式收敛于积分$\int_a^b f(x)dx$。

10. 解：详细计算步骤见本章算例分析，$I = \frac{2}{\sqrt{\pi}}\int_0^1 e^{-x}dx \approx 0.713\ 271$。

11. 解：令 $x=2\cos\theta$，$y=\sin\theta$，则椭圆周长可表示为线积分

$$l = \int_L ds = 4\int_0^{\frac{\pi}{2}} \sqrt{4\sin^2\theta + \cos^2\theta}d\theta = 4\int_0^{\frac{\pi}{2}} \sqrt{1+3\sin^2\theta}d\theta$$

记 $I = \int_0^{\frac{\pi}{2}} \sqrt{1+3\sin^2\theta}d\theta$，则$\frac{\pi}{2} < I < \pi$，$I$ 有 1 位整数，要使其具有 5 位有效数字，需要使截断误差小于等于$\frac{1}{2}\times 10^{-4}$。利用区间逐次分半，由复化梯形公式计算，用事后误差估计来控制是否结束计算，其计算结果如下：

k	等分数	T_{2^k}	$\lvert T_{2^k} - T_{2^{k+1}} \rvert$
0	1	2.356 194 5	
1	2	2.419 920 78	0.063 726 3
2	4	2.422 103 10	0.002 182 32
3	8	2.422 112 06	0.000 008 958

故取 $I \approx T_8 = 2.4221$，则 I 有 5 位有效数字，从而所求椭圆周长为 $l=4I\approx 9.6684$。

12. 解：$\int_0^1 \frac{1}{1+x}dx \approx 0.693\ 147\ 19$。

13. 证明：把 $f(x)=1$ 代入求积公式：左边=2，右边=2，左边=右边。

把 $f(x)=x$ 代入求积公式：左边=0，右边=0，左边=右边。

把 $f(x)=x^2$ 代入求积公式：左边$=\frac{2}{3}$，右边$=\frac{2}{3}$，左边=右边。

把 $f(x)=x^3$ 代入求积公式：左边=0，右边=0，左边=右边。

把 $f(x)=x^4$ 代入求积公式：左边 $=\frac{2}{5}$，右边 $=\frac{2}{5}$，左边 = 右边。

把 $f(x)=x^5$ 代入求积公式：左边 = 0，右边 = 0，左边 = 右边。

把 $f(x)=x^6$ 代入求积公式：左边 $=\frac{2}{7}$，右边 $=\frac{6}{25}$，左边 ≠ 右边。所以该求积公式的代数精确度为 5。

计算积分 $\int_0^1 \frac{\sin x}{1+x}\mathrm{d}x$，把 $x\in[0,1]$ 转换成 $t\in[-1,1]$，所以令 $x=\frac{t}{2}+\frac{1}{2}$，则

$$\int_0^1 \frac{\sin x}{1+x}\mathrm{d}x \approx \int_{-1}^1 \frac{\sin\left(\frac{t}{2}+\frac{1}{2}\right)}{3+t}\mathrm{d}t \approx 0.284\ 25$$

14. 解：(1) 利用龙贝格求积算法计算，得 $\int_1^2 \frac{1}{x}\mathrm{d}x \approx 0.693\ 147\ 18$；

(2) 利用三点和五点高斯—勒让德求积公式分别计算得到积分的近似值为 0.693 121 69 和 0.693 147 16；

(3) 利用复合高斯型求积法计算得到积分的近似值为 0.693 142 29。

第 8 章

1. 解：二阶泰勒展开公式为

$$y(x_{n+1})=y(x_n)+y'(x_n)h+\frac{y''(x_n)}{2!}h^2+O(h^3)$$

用 $y'=x^2+y^2$，$y''=2x+2yy'=2x+2y(x^2+y^2)$ 代入上式并略去高阶项 $O(h^3)$，则得求解公式：

$$y_{n+1}=y_n+h(x_n^2+y_n^2)+\frac{h^2}{2}[2x_n+2y_n(x_n^2+y_n^2)]$$

由 $y(1)=y_0=1$，计算得

$$y(1.25)\approx y_1=1.6875$$

$$y(1.50)\approx y_2=3.333\ 298$$

2. 解：欧拉公式为

$$y_{n+1}=y_n+h(1+x_n^3+y_n^3),\ n=0,1,2,\cdots$$

由初值 $y_0=0$ 进行计算，其结果见下表：

x_n	y_n
0.1	0.100 000
0.2	0.201 100
0.3	0.305 944
0.4	0.418 004

3. 解：将积分问题转化为微分方程的初值问题，通过求导有

$$\begin{cases} y'=\mathrm{e}^{-x^2} \\ y(0)=0 \end{cases}$$

如果取步长 $h=0.5$，则欧拉格式为

$$y_{n+1}=y_n+0.5\mathrm{e}^{-x_n^2}\quad (n=0,1,2,\cdots)$$

由 $y_0=y(0)=0$，计算得

$$y(0.5)\approx y_1=0.500\ 00$$
$$y(1.0)\approx y_2=0.889\ 40$$
$$y(1.5)\approx y_3=1.073\ 34$$
$$y(2.0)\approx y_4=1.126\ 04$$

4. 解：改进的欧拉格式为

$$\begin{cases} y_{n+1}^{(0)}=y_n+h(-y_n)=y_n-0.1y_n=0.9y_n \\ y_{n+1}^{(k+1)}=y_n+\dfrac{h}{2}[(-y_n)+(-y_{n+1}^{(k)})]=y_n+0.05(-y_n-0.9y_n)=0.905y_n(k=0,1,2,\cdots) \\ y_0=1,\ n=0,1,\cdots \end{cases}$$

数值解 y_n 与精确解 $y(x_n)$ 及误差 $|y_n-y(x_n)|$ 的结果见下表：

x_n	y_n	$y(x_n)$	$\|y_n-y(x_n)\|$
0.0	1.000 000	1.000 000	0.000 000
0.1	0.905 000	0.904 837	0.000 163
0.2	0.819 025	0.818 731	0.000 294
0.3	0.741 218	0.740 818	0.000 400
⋮	⋮	⋮	⋮
0.9	0.407 228	0.406 570	0.000 658
1.0	0.368 541	0.367 879	0.000 662

5. 解：改进的欧拉格式为

$$\begin{cases} y_{n+1}^{(0)}=y_n+hf(x_n,y_n) \\ y_{n+1}^{(k+1)}=y_n+\dfrac{h}{2}[f(x_n,y_n)+f(x_{n+1},y_{n+1}^{(k)})] \end{cases}\quad (k=0,1,2,\cdots)$$

于是有

$$\begin{cases} y_{n+1}^{(0)}=y_n-0.2(y_n+y_n^2\sin x_n) \\ y_{n+1}^{(k+1)}=y_n-0.1(y_n+y_n^2\sin x_n+y_{n+1}^{(k)}+y_{n+1}^{(k)2}\sin x_{n+1}) \end{cases}$$

由 $y(1)=y_0=1$ 计算得

$$y(1.2)\approx y_1=0.715\ 488$$
$$y(1.4)\approx y_2=0.526\ 11$$

6. 解：由 $y'=x^2+x-y$ 得 $f(x,y)=x^2+x-y$。

(1) 改进的欧拉法迭代公式为

$$\begin{cases} y_{n+1}^{(0)}=y_n+h(x_n+y_n)=hx_n+(1+h)y_n \\ y_{n+1}^{(k+1)}=y_n+\dfrac{h}{2}[(x_n+y_n)+(x_{n+1}+y_{n+1}^{(k)})] \end{cases}$$

(2) 梯形公式

$$y_{n+1}=y_n+\frac{h}{2}[f(x_n,y_n)+f(x_{n+1},y_{n+1})]$$

用以上两种方法计算得到的 y_n 值见下表：

x_n	改进的欧拉方法 y_n	梯形方法 y_n
0.1	0.005 500 0	0.005 238 1
0.2	0.021 927 5	0.021 405 9
0.3	0.050 144 4	0.049 367 2
0.4	0.091 065 7	0.089 903 7
0.5	0.145 114 4	0.143 722 4

7. 解：考虑求解初值问题 $y'=f(x, y)$, $y(x_0)=\mu$ 改进的欧拉格式

$$\begin{cases} y_{n+1}^{(0)}=y_n+hf(x_n, y_n) \\ y_{n+1}^{(k+1)}=y_n+\dfrac{h}{2}[f(x_n, y_n)+f(x_{n+1}, y_{n+1}^{(k)})] \end{cases} \quad (k=0, 1, 2, \cdots; n=0, 1, 2, \cdots)$$

先来证明：如果 $|f_y'(x, y)|\leqslant L$，且 $\dfrac{hL}{2}<1$，则对任意 $n\geqslant 0$，上述格式关于 k 的迭代是收敛的。

证明：对任意 $n\geqslant 0$，设 y_{n+1} 是方程 $y_{n+1}=y_n+\dfrac{h}{2}[f(x_n, y_n)+f(x_{n+1}, y_{n+1})]$ 的解，由所给格式的第二式与上式两端分别相减有：

$$\begin{aligned} |y_{n+1}^{(k+1)}-y_{n+1}| &= \left|\frac{h}{2}f(x_{n+1}, y_{n+1}^{(k)})-\frac{h}{2}f(x_{n+1}, y_{n+1})\right| \quad (\text{微分中值定理}) \\ &= \frac{h}{2}|f_y'(x_{n+1}, \xi_{n+1}^{(k)})(y_{n+1}^{(k)}-y_{n+1})| \\ &\leqslant \frac{hL}{2}|y_{n+1}^{(k)}-y_{n+1}| \end{aligned}$$

反复递推得

$$|y_{n+1}^{(k+1)}-y_{n+1}|\leqslant\left(\frac{hL}{2}\right)^{k+1}|y_{n+1}^{(0)}-y_{n+1}|$$

由于 $0<\dfrac{hL}{2}<1$，故当 $k\to\infty$ 时 $y_{n+1}^{(k+1)}\to y_{n+1}$。

本题中 $f(x, y)=e^x\sin(xy)$，故 $0<x\leqslant 1$ 时 $|f_y'(x, y)|=|e^x\cos(xy)x|\leqslant|e^x x|\leqslant e$，由上面的结论可知，当 $\dfrac{he}{2}<1$ 即步长 $h<\dfrac{2}{e}$ 时上述格式关于 k 的迭代是收敛的。

8. 解：四阶经典龙格—库塔方法计算公式为

$$\begin{cases} y_{n+1}=y_n+\dfrac{h}{6}(K_1+2K_2+2K_3+K_4) \\ K_1=f(x_n, y_n) \\ K_2=f\left(x_n+\dfrac{1}{2}h, y_n+\dfrac{1}{2}hK_1\right) \\ K_3=f\left(x_n+\dfrac{1}{2}h, y_n+\dfrac{1}{2}hK_2\right) \\ K_4=f(x_n+h, y_n+hK_3) \end{cases} \quad (n=0, 1, 2, \cdots)$$

取 $h=0.2$，$y_0=y(0)=1$，数值解 y_n 的值见下表：

x_n	y_n
0.2	1.727 548 209
0.4	2.742 951 299
0.6	4.094 181 355
0.8	5.829 210 728
1.0	7.996 012 143

9．解：$f(x, y)=8-3y$，由四阶龙格—库塔公式得

$$y_{n+1}=1.2016+0.5561y_n$$

由于 $y(0)=y_0=2$，因此

$$y(0.2)\approx y_1=2.3138$$

$$y(0.4)\approx y_2=2.4883$$

10．解：求解此问题的经典四阶龙格—库塔公式为

$$\begin{cases} y_{n+1}=y_n+\dfrac{h}{6}(K_1+2K_2+2K_3+K_4) \\ K_1=y_n-\dfrac{2x_n}{y_n} \\ K_2=y_n+\dfrac{1}{2}hK_1-\dfrac{2x_n+h}{y_n+\dfrac{1}{2}hK_1} \\ K_3=y_n+\dfrac{1}{2}hK_2-\dfrac{2x_n+h}{y_n+\dfrac{1}{2}hK_2} \\ K_4=y_n+hK_3-\dfrac{2(x_n+h)}{y_n+hK_3} \end{cases} \quad (n=0, 1, 2, \cdots)$$

计算结果见下表：

n	x_n	y_n	$y(x_n)$	n	x_n	y_n	$y(x_n)$
0	0.0	1.0000	1.0000	3	0.6	1.4833	1.4832
1	0.2	1.1832	1.1832	4	0.8	1.6125	1.6125
2	0.4	1.3417	1.3416	5	1.0	1.7321	1.7321

11．解：分别利用亚当姆斯显式和隐式公式(8-29)和公式(8-34)进行计算。结果见下表：

x_n	精确解 $y(x_n)=1-e^{-x_n}$	显式法		隐式法	
		y_n	$\lvert y(x_n)-y_n\rvert$	y_n	$\lvert y(x_n)-y_n\rvert$
0.6	0.329 679 954	0.327	$2.679\ 953\ 964\times10^{-3}$	0.330	$3.200\ 460\ 36\times10^{-4}$
0.6	0.451 188 363	0.447	$4.188\ 363\ 903\times10^{-3}$	0.452	$8.116\ 369\ 07\times10^{-4}$
0.8	0.550 671 035	0.545	$5.671\ 035\ 881\times10^{-3}$	0.551	$3.289\ 641\ 19\times10^{-4}$
1.0	0.632 120 558	0.626	$6.120\ 588\ 28\times10^{-3}$	0.633	$8.795\ 411\ 7\times10^{-4}$

12．解：首先用四阶龙格—库塔求出起步值 y_1，y_2，y_3，即

$$y_1=0.832\ 783,\ y_2=0.723\ 067,\ y_3=0.660\ 429$$

该问题的四阶四步亚当姆斯显式为

$$y_{n+1}=y_n+\frac{0.1}{24}(-27x_{n-3}+111x_{n-2}-177x_{n-1}+165x_n-18y_{n-3}-74y_{n-2}+118y_{n-1}-110y_n)$$

将初始值带入上式，可得

$$y_4=0.636\ 466,\ y_5=0.643\ 976$$

13. 解：通过泰勒公式展开有关函数，经整理后比较同类项系数以列出参数的等式。泰勒公式为

$$y(x_{n+1})=y(x_n)+y'(x_n)h+\frac{y''(x_n)}{2!}h^2+\frac{y'''(x_n)}{3!}h^3+\frac{y^{(4)}(\xi_n)}{4!}h^4$$

考虑局部截断误差，设 $y_n=y(x_n)$，$y_{n-1}=y(x_{n-1})$，将原格式等价写为

$$\begin{aligned}y_{n+1}&=\alpha_0 y(x_n)+\alpha_1 y(x_{n-1})+h(\beta_0 f(x_n,\ y(x_n))+\beta_1 f(x_{n-1},\ y(x_{n-1})))\\&=\alpha_0 y(x_n)+\alpha_1 y(x_{n-1})+h(\beta_0 y'(x_n)+\beta_1 y'(x_{n-1}))\end{aligned}$$

分别将 $y(x_{n-1})$，$y'(x_{n-1})$在 x_n泰勒展开：

$$y(x_{n-1})=y(x_n)-y'(x_n)h+\frac{y''(x_n)}{2!}h^2-\frac{y'''(x_n)}{3!}h^3+\frac{y^{(4)}(\eta_n)}{4!}h^4$$

14. 取步长 $h=0.1$，节点 $x_n=nh=0.1n(n=0,1,\cdots5)$。根据 y_0，由精度相同的四阶龙格—库塔方法求出 y_1，y_2，y_3之值。再根据四阶四步亚当姆斯显式进行计算：

$$y_{n+1}=y_n+\frac{h}{24}(55f_n-59f_{n-1}+37f_{n-2}-9f_{n-3})$$

将 $f_n=f(x_n,\ y_n)=x_n+y_n$，$h=0.1$，$x_n=0.1n$ 带入上式：

$$y_{n+1}=y_n+\frac{0.1}{24}[55(x_n+y_n)-59(x_{n-1}+y_{n-1})+37(x_{n-2}+y_{n-2})-9(x_{n-3}+y_{n-3})]$$

由此算出

$$y_4=1.583\ 640\ 216,\ y_5=1.797\ 421\ 984$$

15. 解：(1) $\begin{cases}y'_1=y_2\\y'_2=y_2(1-y_1{}^2)-y_1\end{cases}$　(2) $\begin{cases}y'_1=y_2\\y'_2=y_3\\y'_3=y_3-2y_2+y_1-x+1\end{cases}$

第 9 章

1. 解：>> a=[5 7 3;4 9 1]

2. 解：可以用四种方法建立矩阵：

(1) 直接输入法，如 a=[2 5 7 3]，优点是输入方法方便简捷；

(2) 通过 M 文件建立矩阵，该方法适用于建立尺寸较大的矩阵，并且易于修改；

(3) 由函数建立，如 y=sin(x)，可以由 MATLAB 的内部函数建立一些特殊矩阵；

(4) 通过数据文件建立，该方法可以调用其它软件产生数据。

3. 解：进行数组运算的两个数组必须有相同的尺寸。进行矩阵运算的两个矩阵必须满足矩阵运算规则，如矩阵 a 与 b 相乘(a * b)时必须满足 a 的列数等于 b 的行数。

4. 解：在加、减运算时数组运算与矩阵运算的运算符相同，乘、除和乘方运算时，在矩阵运算的运算符前加一个点即为数组运算，如 a * b 为矩阵乘，a. * b 为数组乘。

5. 解：在通常情况下，左除 x=a\b 是 a * x=b 的解，右除 x=b/a 是 x * a=b 的解。一般情况下，a\b≠b/a。

6. 解：

```
>> a=[5 3 5; 3 7 4; 7 9 8];
>> b=[2 4 2; 6 7 9; 8 3 6];
>> a+b
ans=
     7    7    7
     9   14   13
    15   12   14
```

7. 解：

```
>> a=[1 2 3; 4 5 6];
>> b=[8 -7 4; 3 6 2];
>> a>b
ans =
     0  1  0
     1  0  1
>> a>=b
ans =
     0  1  0
     1  0  1
>> a<b
ans =
     1  0  1
     0  1  0
>> a<=b
ans =
     1  0  1
     0  1  0
>> a==b
ans =
     0  0  0
     0  0  0
>> a~=b
ans =
     1  1  1
     1  1  1
```

8. 解：

```
>> a=[6 9 3; 2 7 5];
>> b=[2 4 1; 4 6 8];
```

```
>> a. * b
ans =
      12   36   3
       8   42   40
```

9. 解：

```
>> A=[4 9 2; 7 6 4; 3 5 7];
>> B=[37 26 28]';
>> X=A\B
X =
      -0.5118
      4.0427
      1.3318
```

10. 解：

```
>> x=[30 45 60];
>> x1=x/180 * pi;
>> sin(x1)
ans =
      0.5000   0.7071   0.8660
>> cos(x1)
ans =
      0.8660   0.7071   0.5000
>> tan(x1)
ans =
      0.5774   1.0000   1.7321
>> cot(x1)
ans =
      1.7321   1.0000   0.5774
```

参考文献

[1] 肖筱南. 现代数值计算方法[M]. 北京：北京大学出版社，2003.
[2] 靳天飞. 计算方法：C语言版[M]. 北京：清华大学出版社，2010.
[3] 李桂成. 计算方法[M]. 北京：电子工业出版社，2005.
[4] 李信真. 计算方法[M]. 西安：西北工业大学出版社，2007.
[5] 颜庆津. 数值分析[M]. 北京：北京航空航天大学出版社，2012.
[6] 刘玲崔. 数值计算方法学习指导[M]. 北京：科学出版社，2006.
[7] 谭浩强. FORTRAN语言[M]. 北京：清华大学出版社，1992.
[8] 徐士良. 计算机常用算法[M]. 北京：清华大学出版社，2006.
[9] 张德丰. MATLAB数值计算方法[M]. 北京：机械工业出版社，2009.
[10] 朝伦巴根. 数值计算方法[M]. 北京：中国水利水电出版社，2011.
[11] 马东升. 数值计算方法习题及习题解答[M]. 北京：机械工业出版社，2006.
[12] 何汉林. 数值分析[M]. 北京：科学出版社，2011.
[13] 张韵华. 数值计算方法与算法[M]. 北京：科学出版社，2006.
[14] 袁东锦. 计算方法[M]. 南京：南京师范大学出版社，2007.
[15] 王英英，林玎. 数值计算方法[M]. 长春：吉林大学出版社，2009.
[16] 王能超. 数值分析简明教程[M]. 北京：高等教育出版社，2009.
[17] 王世儒. 计算方法[M]. 西安：西安电子科技大学出版社，2004.
[18] 钱焕延. 计算方法[M]. 西安：西安电子科技大学出版社，2007.
[19] 张池平. 计算方法[M]. 北京：科学出版社，2006.
[20] 黄云清. 数值计算方法[M]. 北京：科学出版社，2010.
[21] 朱功勤. 数值计算方法[M]. 合肥：合肥工业大学出版社，2004.
[22] 朱建新. 数值计算方法[M]. 北京：高等教育出版社，2012.
[23] 吕同富. 数值计算方法[M]. 北京：清华大学出版社，2008.
[24] 刘玲. 数值计算方法. 2版[M]. 北京：科学出版社，2010.
[25] 魏毅强. 数值计算方法[M]. 北京：科学出版社，2004.
[26] 陈基明. 数值计算方法[M]. 上海：上海大学出版社，2007.
[27] 何光辉. 数值计算[M]. 重庆：重庆大学出版社，2009.
[28] 冯有前. 数值分析[M]. 北京：清华大学出版社，2005.
[29] 宋国乡. 数值分析[M]. 西安：西安电子科技大学出版社，2002.
[30] 王能超. 数值分析简明教程. 修订版[M]. 武汉：华中科技大学出版社，2009.
[31] 徐士良. 数值方法与计算机实现. 2版[M]. 北京：清华大学出版社，2010.
[32] 周国标. 数值计算[M]. 北京：高等教育出版社，2008.
[33] 李庆扬. 数值计算原理[M]. 北京：清华大学出版社，2000.
[34] 封建湖. 数值分析原理. 2版[M]. 北京：科学出版社，2012.

[35] 袁东锦. 计算方法：数值分析[M]. 南京：南京师范大学出版社，2007.
[36] 张世禄. 计算方法[M]. 北京：电子工业出版社，2010.
[37] 关治. 数值分析基础. 2 版[M]. 北京：高等教育出版社，2010.
[38] 蔺小林. 计算方法[M]. 西安：西安电子科技大学出版社，2009.
[39] 李大明. 数值线性代数[M]. 北京：清华大学出版社，2010.
[40] 冯有前. 数学实验[M]. 北京：国防工业出版社，2008.